普通高等教育“十三五”规划教材

工程定额原理

主　编　田林钢
副主编　宋永嘉

中国水利水电出版社
www.waterpub.com.cn
·北京·

内 容 提 要

本教材系统地介绍了工程定额的制定原理、基础、原则，以及相关联的法律法规。全书共分十三章。第一章是基本建设概述，第二章是工程造价理论基础，第三章是工程定额原理，第四章是施工过程分析及定额测定，第五章是施工定额，第六章是预算定额，第七章是概算定额与概算指标，第八章是估算指标，第九章是建筑安装工程费用定额，第十章是水利工程项目工程造价构成，第十一章是建筑工程项目工程造价构成，第十二章是建设工程造价管理相关法规与制度，第十三章是工程经济。

本教材适用于高等教育中土木建筑、水利工程、工程管理、工程造价等学科和专业的学生。

图书在版编目（CIP）数据

工程定额原理 / 田林钢主编. -- 北京 : 中国水利水电出版社, 2019.10(2022.1重印)
普通高等教育“十三五”规划教材
ISBN 978-7-5170-8146-3

Ⅰ. ①工… Ⅱ. ①田… Ⅲ. ①建筑经济定额－高等学校－教材 Ⅳ. ①TU723.34

中国版本图书馆CIP数据核字(2019)第234940号

书　　名	普通高等教育“十三五”规划教材 **工程定额原理** GONGCHENG DING'E YUANLI
作　　者	主编　田林钢　副主编　宋永嘉
出版发行	中国水利水电出版社 （北京市海淀区玉渊潭南路 1 号 D 座　100038） 网址：www.waterpub.com.cn E-mail：sales@waterpub.com.cn 电话：(010) 68367658（营销中心）
经　　售	北京科水图书销售中心（零售） 电话：(010) 88383994、63202643、68545874 全国各地新华书店和相关出版物销售网点
排　　版	中国水利水电出版社微机排版中心
印　　刷	清淞永业（天津）印刷有限公司
规　　格	184mm×260mm　16 开本　15 印张　346 千字
版　　次	2019 年 10 月第 1 版　2022 年 1 月第 2 次印刷
印　　数	2001—4000 册
定　　价	**42.00** 元

凡购买我社图书，如有缺页、倒页、脱页的，本社营销中心负责调换

版权所有・侵权必究

编写人员名单

主　编　田林钢　　华北水利水电大学

副主编　宋永嘉　　华北水利水电大学

参　编　吴　迪　　河南建筑职业技术学院
焦艳菲　　河南建筑职业技术学院
宋　宵　　郑州工商学院
曹　震　　华北水利水电大学

前　言

随着我国经济的飞速发展，基本建设走上了快速发展的通道，一系列重大工程的成功建设，标志着我国在材料、技术、机械等众多方面取得了重大突破。许多新理念、新方法、新工艺、新材料、新型施工机械、新施工方法在工程建设中得到了广泛的应用。本教材根据教学的基本要求，在突出基本建设和工程造价的基本概念、基本原理基础上，对工程建设过程中所涉及的法律、法规、操作规程、定额的编制及应用等进行了介绍，使学生不仅掌握工程造价各阶段文件的编制方法，还要了解编制的依据和原理，做到知其然，且知其所以然。

本教材共分为十三章内容。第一章重点讲述基本建设的定义、程序和项目种类；第二章重点讲述工程造价的含义、作用和职能、计算种类；第三章重点讲述定额的概念、种类、工程定额管理；第四章重点讲述施工过程分析、工作时间分类、工时分析方法；第五章重点讲述施工定额概念、劳动定额及其编制、材料消耗定额及其编制、机械台班（时）使用定额；第六章重点讲述预算定额的概念、编制、组成和应用；第七章重点讲述概算定额的概念、组成内容与编制，概算指标的分类和作用；第八章重点讲述投资估算指标的概念、作用和内容；第九章重点讲述建筑安装工程费用定额的编制原则，间接费定额、利润和税金的计算；第十章重点讲述水利水电工程概（估）算工程部分费用构成、编制办法及计算标准、水利工程工程量清单计价；第十一章重点讲述建筑工程项目建设投资构成、建设工程工程量清单计价；第十二章重点讲述建设工程造价管理相关法律、法规、制度；第十三章重点讲述资金的时间价值及其计算、不确定性分析与风险分析。

本教材受篇幅限制，有些内容制作成数字化资源，在学习过程中，老师和同学们可以根据具体情况自主选用。

本教材由华北水利水电大学田林钢教授任主编，宋永嘉教授任副主编。编写分工如下：第一章由华北水利水电大学田林钢教授编写；第二章、第五章、第九章由河南建筑职业技术学院焦艳菲讲师编写；第三章、第四章、第七章由河南建筑职业技术学院吴迪讲师编写；第六章、第八章、第十二章、第十三章、数字化资源内容由华北水利水电大学宋永嘉教授、曹震讲师编写；第十章、第十一章由郑州工商学院宋宵讲师编写；全书由田林钢教授统稿。

本教材在编写中参考和引用了相关专业书籍，在此向有关人员表示衷心感谢！同时，也对支持、关心本书编写工作的所有专家学者和编辑表示衷心感谢！

本教材受到以下单位、平台（项目）的支持：华北水利水电大学，水资源高效利用与保障工程河南省协同创新中心，河南省水工结构安全工程技术研究中心，河南省高校科技创新团队支持计划（19IRTSTHN030）。

限于编者水平和时间，教材难免有缺陷和错误之处，恳请读者批评指正。

编　者

2019 年 7 月

目　录

第一章

基本建设概述

第一节 基 本 建 设

一、基本建设的概念

“基本建设”是20世纪50年代我国从俄语翻译过来的，美欧等西方国家称之为固定资本投资，在日本叫建设投资。20世纪20年代初期，苏联开始使用“基本建设”说明社会主义经济活动中基本的、需要耗用大量资金和劳动的固定资产的建设，用以区别流动资产的投资和形成过程。中华人民共和国建立以后，在社会主义经济建设中，也采用了这一术语。

在我国，基本建设是指国民经济各部门利用国家预算拨款、自筹资金、国内外基本建设贷款以及其他专项基金进行的，以扩大生产能力（或增加工程效益）为主要目的的新建、扩建、改建、技术改造、更新和恢复工程及有关工作。如建造工厂、矿山、港口、铁路、电站、水库、医院、学校、商店、住宅和购置机器设备、车辆、船舶等活动，以及与之紧密相连的征用土地、房屋拆迁、勘测设计、培训生产人员等工作。

关于基本建设，我国学术界有几种观点：第一种观点认为，基本建设是指固定资产的扩大再生产，不包括固定资产的恢复、更新和技术改造，也就是将固定资产的投资分为基本建设投资和更新改造投资；第二种观点认为，基本建设就是固定资产的再生产，既包括固定资产的扩大再生产，又包括固定资产的简单再生产，即基本建设投资就是通常所说的固定资产投资；第三种观点介于上述两种观点之间，认为基本建设是指固定资产扩大再生产和部分固定资产简单再生产。在实际工作中，要严格区分基本建设投资和更新改造投资很困难，由于基本建设项目有规模庞大、建设周期长、资金管理层级多等特点，硬性划分不符合经济建设客观规律，也给规划和管理增加不必要的额外工作。因此，我国在一些领域用固定资产投资代替基本建设投资，概念清晰，范围也容易区分。

基本建设是指固定资产的建设，即建筑、安装和购置固定资产的活动及与之相关的工作。基本建设是发展社会生产、增强国民经济实力的物质技术基础，是改善和提高人民群众物质生活水平和文化水平的重要手段，是实现社会扩大再生产的必要条件。

二、我国基本建设的成就

中华人民共和国自1949年成立以来，为了改变旧中国“一穷二白”的面貌，进行了大规模的基本建设，但由于经济基础薄弱，大型的建筑较少。1978年的改革开放，是个重要的时间节点，国外建筑信息大量涌入，对中国建筑设计的影响巨大。随着国家政策的扶持，建筑业环境的改善，建设规模逐渐扩大，到21世纪初，我国基本建设发生了翻天覆地的变化，成就斐然。

（一）建筑工程

1. 人民大会堂

人民大会堂位于中国北京市天安门广场西侧，西长安街南侧。人民大会堂坐西朝东，南北长336m，东西宽206m，高46.5m，占地面积15万m^2，建筑面积17.18万m^2。人民大会堂是中国全国人民代表大会开会地点，全国人民代表大会常务委员会的办公场所，是党、国家和各人民团体举行政治活动的重要场所，也是中国党和国家领导人和人民群众举行政治、外交、文化活动的场所，如图1-1所示。

图1-1　人民大会堂

人民大会堂于1958年11月动工兴建，历时10个月完工。人民大会堂由万人大礼堂、5000人宴会厅和全国人大常委会办公楼三个部分组成。笼式避雷网给大会堂罩上了一个巨大的罩子，使其免受雷击，此项设计比国外同行在理论上的研究提前了18年。人民大会堂总设计师、已故著名建筑师沈勃在《人民大会堂建设纪实》中回忆周恩来总理在国庆十周年时，高度评价说：“北京的人民大会堂这样大的建筑只用了10个多月的时间就建成。它的精美程度，不但远远超过我国原有同类建筑的水平，在世界上也是属于第一流。”

2. 毛主席纪念堂

毛主席纪念堂是为纪念开国领袖毛泽东主席而建造的，位于天安门广场、人民英雄纪念碑南面，占地面积5.72hm^2，总建筑面积33867m^2，始建于1976年11月，1977年9月9日举行落成典礼并对外开放。其主体建筑为柱廊型正方体，南北正面镶嵌着镌刻“毛主席纪念堂”六个金色大字的汉白玉匾额，44根方形花岗岩石柱环抱外廊，雄伟挺拔，庄严肃穆，具有独特的民族风格，如图1-2所示。

图 1-2　毛主席纪念堂

毛主席纪念堂主体建筑由三部分组成。台基高 4m，边长 105.5m。台基上有大方柱 44 根，断面 1.5m×1.5m，高 17.5m，台基四周是用来自大渡河畔的枣红色花岗石砌起，上部汉白玉栏板雕刻着象征江山永存的万年青。1976 年 11 月 24 日奠基。北大厅是举行纪念活动的地方，迎面有 3m 高的毛主席塑像，像后面为巨幅山河图，高 7m，长 24m。北大厅宽 34.6m，进深 19.3m，高 8.5m，厅内有 1m 见方的大柱 4 根，顶上葵花灯 110 盏。由北大厅南侧大门进去即是瞻仰厅，毛主席水晶棺距地面 80cm，围以万紫千红的山花，簇拥着由黑色花岗石砌成的梯形棺座，四周嵌着党徽、国徽和军徽。瞻仰厅南面为南大厅，汉白玉石墙上镌有毛主席的《满江红》诗词。三个大厅的东西两侧是休息厅和老革命家纪念室。1977 年 5 月 24 日主体工程完工，8 月底全部竣工，9 月 9 日正式开放。

3. 中国国家博物馆

中国国家博物馆简称国博，位于天安门广场东侧，东长安街南侧，与人民大会堂东西相对称，是历史与艺术并重，集收藏、展览、研究、考古、公共教育、文化交流于一体的综合性博物馆，隶属于中华人民共和国文化部，如图 1-3 所示。

中国国家博物馆是世界上建筑面积最大的博物馆，总建筑面积近 20 万 m^2。总用地面积 7 万 m^2，建筑高度 42.5m，地上 5 层，地下 2 层。建筑由两轴两区构成，两轴为：由西门到东门的东西轴线和由南到北的南北轴线。两区为：由中轴内中央大厅分隔的南北两个展区。西门面向天安门广场，与人民大会堂相对；北门面向长安街。南北艺术长廊长 260m，高 28m；顶部有 368 个采用中国传统建筑风格的藻井，有装饰、采光、照明和通风等作用。楼顶有近 2 万 m^2 的屋顶绿地，表现出了环保和节能的理念。

中国国家博物馆是在原中国历史博物馆和中国革命博物馆基础上组建的，2003 年 2 月 28 日挂牌成立。中国历史博物馆前身是国立历史博物馆，筹建于 1912 年，馆址最初在北京国子监旧址，1917 年迁至故宫午门、端门及东西朝房。新中国成立后，

图 1-3　中国国家博物馆

党和政府对博物馆事业十分重视，于 1958 年 8 月决定在天安门广场东侧兴建新馆，馆舍在 1959 年 9 月落成，定名为中国历史博物馆。

4. 中国人民革命军事博物馆

中国人民革命军事博物馆位于北京天安门西面的长安街延长线上，筹建于 1959 年，是向国庆 10 周年献礼的首都十大建筑之一。1959 年 3 月 12 日，经中共中央军事委员会批准，正式定名为中国人民革命军事博物馆。中国人民军事博物馆是中国唯一的大型综合性军事历史博物馆，占地面积 8 万多 m^2，全馆有 22 个陈列厅、2 个陈列广场，如图 1-4 所示。

图 1-4　中国人民革命军事博物馆

5. 20 世纪 90 年代后的著名建筑

20 世纪 90 年代至今，是我国经济高速发展的阶段，城市规模逐渐扩大，出现了众多新式建筑，如：中央电视台总部大楼、广州电视塔、上海东方明珠塔（如图 1-5 所示）、上海金茂大厦、上海环球金融中心（如图 1-6 所示）等，还出现了国家体育场“鸟巢”（如图 1－7 所示）、国家游泳馆“水立方”（如图 1－8 所示）和城市奥体中心等新型的奥林匹克运动竞技类建筑。

图 1－5　上海东方明珠塔

图 1－6　上海环球金融中心和金茂大厦

图 1－7　国家体育场“鸟巢”

图 1－8 国家游泳馆“水立方”

（二）水利工程

我国劳动人民世世代代为除水害、兴水利而斗争，修建了四川都江堰、陕西郑国渠、京杭大运河等一大批水利工程。

但是，在中华人民共和国成立之前，旧中国长期遭受帝国主义、封建主义和官僚资本主义的统治和压迫，社会生产力受到极大摧残，已有的一些水利设施，年久失修，甚至遭到破坏；有的地区水旱交替，灾患频繁，广大劳动人民饱受旱涝之苦。以黄河为例，在公元前 602 年至 1938 年的 2500 多年内共决口 1590 余次，其中大的改道有 26 次。1938 年国民党军队为阻挡侵华日军南下，人为造成黄河花园口堤防决口，直至 1947 年才堵上，淹没良田 133.3 万 hm^2，灾民达 1250 万人，有 89 万人死亡。长江、淮河等江河也时常发生水灾。同时旱灾也经常不断，水旱灾害频繁，给中华民族带来了深重的灾难。进入 20 世纪，中国逐渐有了电力工业，但基础薄弱，水力发电站更是少得可怜，1949 年水电站装机容量仅为 16.3 万 kW，年发电量仅为 7 亿 kW·h。

1949 年中华人民共和国成立以来，在中国共产党和人民政府的正确领导下，我国水利建设事业得到了迅速发展。从 20 世纪 50 年代初开始对黄河、长江、淮河等大江大河全流域进行规划和治理，修建了许多水利枢纽工程。截至 2012 年年底，已建、在建的水库 98002 座，其中库容大于 1 亿 m^3 的大型水库 756 座，库容在 0.1 亿～1 亿 m^3 的中型水库 3938 座，总库容达 9323 亿 m^3，水库数量为世界之首，这些水利枢纽在防洪、灌溉、供水等方面发挥了巨大作用。

水力发电得到了迅速发展，初步改变了我国的能源结构，节约了大量的煤、石油等不能再生的自然资源。至 2012 年共有水电站 46758 座，装机容量 3.33 亿 kW，灌溉面积 10.02 亿亩，为农业稳产、高产做出了突出的贡献。还完成了引滦入津、引黄济青、引碧入连等供水工程，这些成就都为我国的国民经济建设和社会发展提供了必要的基础条件，在改善工农业生产、交通运输和人民生活条件等方面发挥了巨大的作用。

随着水利工程建设的发展，我国的水利科学技术也迅速提高。流体力学、岩土力学、结构理论、工程材料、地基处理、施工技术以及计算技术的发展，为水利工程的建设和发展创造了有利的条件。以坝工建设为例，我国在20世纪50年代就依靠自己的力量，设计施工并建成坝高105m、库容220亿m^3、装机容量85万kW的新安江水电站（宽缝重力坝，如图1-9所示），同期还建成了永定河官厅水库（黏土心墙坝，如图1-10所示）、安徽省佛子岭水库（混凝土支墩坝）、梅山水库（混凝土连拱坝）、广东流溪河水电站（混凝土拱坝，如图1-11所示）、四川狮子滩水电站（堆石坝，如图1-12所示）等多座各种类型的大坝，为我国大型水利工程建设开创了良好的开端。

图1-9 新安江水电站

图1-10 官厅水库

20世纪60年代，建成了装机135万kW、坝高147m的刘家峡水电站（重力坝，如图1-13所示），以及装机90万kW坝高97m的丹江口水电站（宽缝重力坝，如图1-14所示），在高坝技术、抗震设计、解决高速水流问题等方面，都取得了较大的进展。

图 1-11　广东流溪河水电站

图 1-12　四川狮子滩水电站

20 世纪 70 年代，在石灰岩岩溶地区建成了坝高 165m 的乌江渡重力拱坝，成功地进行了岩溶地区的地基处理；在深覆盖层地基上建成坝高 101.8m 的碧口心墙土石坝，混凝土防渗墙最大深度达 65.4m，成功地解决了深层透水地基的防渗问题，为复杂地基的处理积累了宝贵的经验。

80 年代在黄河上游建成了坝高 178m 的龙羊峡重力拱坝，成功地解决了坝肩稳定、泄洪消能布置等一系列结构与水流问题；同时还在长江干流上建成了葛洲坝水利枢纽工程，总装机容量达 271.5 万 kW，成功地解决了大江截流、单宽流量泄水闸消能、防冲及大型船闸建设等一系列复杂的技术问题。在福建坑口建成了第一座坝高 56.7m 的碾压混凝土重力坝，在湖北西北口建成了坝高 95m 的混凝土面板堆石坝，为这两种新坝型在我国的建设与发展开创了道路。

图 1-13　刘家峡水电站

图 1-14　丹江口水电站

90 年代我国在四川又建成了装机 330 万 kW、坝高 240m 的二滩水电站（双曲拱坝）；在广西红水河建成了坝高 178m 的天生桥一级水电站（混凝土面板堆石坝）；在四川建成了坝高 132m 的宝珠寺碾压混凝土重力坝；在河南建成了坝高 154m 的黄河小浪底土石坝；举世瞩目的三峡水利枢纽（如图 1-15 所示）于 1994 年 12 月 14 日正式开工，1997 年实现大江截流，2003 年首批机组发电，2009 年全部竣工。三峡工程水电站总装机容量达 2250 万 kW，单机容量 70 万 kW；双线五级船闸，总水头 113m，可通过万吨级船队；垂直升船机总重 11800t，过船吨位 3000t，均位居世界之首。这些成就标志着我国坝工技术（包括勘测、设计、施工、科研等）已跨入世界先进水平。

坝高均在 250～300m 的清江水布垭水电站、雅砻江锦屏一级电站、澜沧江小湾水电站及金沙江溪洛渡大坝，为黄河调洪调沙的小浪底水电站（如图 1-16 所示），跨世纪的南水北调东线、中线工程，都是世界上少有的巨型工程。由此可见，我国的水利水电建设事业方兴未艾，面临着新的机遇，有着广阔的发展前景。

图 1－15　长江三峡大坝

图 1－16　小浪底水电站

(三) 交通工程

我国新中国成立初期，由于生产力发展水平相对落后，大部分地区交通不便，交通工具也比较单一，大城市（如北京、上海）电车、汽车比较多见，公交车、自行车是比较普遍的代步工具，步行是最普遍的出行方式。

随着社会主义经济建设的发展，我国的基本建设取得了一定的成绩，交通状况也有了一定的改善。如 1957 年，武汉长江大桥建成，连接了长江南北的交通；“一五”计划期间兴建了成渝铁路、宝成铁路、鹰厦铁路；新藏、青藏、川藏公路修到“世界屋脊”，密切了我国各地之间的联系，也方便了经济文化的交流，国家整体交通水平有所提高。

1978 年改革开放以来，交通建设迅速提速，铁路、公路和航线增长很快，1993 年 5 月 2 日，新中国成立以来兴建的规模最大、投资最多、一次建成里程最长的京九铁路开工。1996年9月1日，京九铁路实现全线开通运营，比原计划提前四个月。这条钢铁大动脉跨越九个省（市），缓解了南北运输的矛盾，解决了铁路运输的瓶颈问题；把即将回归祖国的香港和北京连接在一起。

高速公路是一个国家交通现代化的主要标志之一，高速公路的拥有量，也成为衡量经济发达程度的一项指标。1984年12月，沪嘉高速公路开始在上海兴建，并于1988年10月31日建成通车。这是我国第一条全线通车的高速公路，从此掀开了我国公路建设史上新的一页。除了跨省高速公路之外，全国许多省区都在地区内修建中短程高速公路，形成覆盖全国的高速公路网。

21世纪以来，我国道路、桥梁、机场、港口建设日新月异，飞机、高铁、地铁、轻轨、邮轮等众多新型交通工具为人民的出行带来极大便利。党的十八大以来，在以习近平同志为核心的党中央正确领导下，全国交通运输行业紧紧围绕当好发展先行官的职责使命，认真贯彻落实新发展理念，不断深化供给侧结构性改革，着力推进综合交通、智慧交通、绿色交通、平安交通建设，交通运输事业发展取得重大成就，为实现“两个一百年”奋斗目标奠定了坚实基础。我国基础设施网络规模稳居世界前列，已成为名副其实的交通大国，为建设交通强国奠定了坚实的基础。

截至2016年年底，我国“五纵五横”综合运输大通道基本贯通，综合交通网络初步形成。铁路营运里程达到12.4万km，高速铁路里程突破2.2万km，占世界高铁总里程的65%左右。公路总里程达到469.6万km，全国99.99%的乡镇和99.94%的建制村通了公路，高速公路里程突破13万km，跃居世界首位。内河航道通航里程达12.71万km，规模以上港口万吨级泊位达2317个，位居世界第一。颁证民航运输机场达218个，通用机场300余个。邮路总长度（单程）658.5万km，邮政快递网点21.7万处，总体实现乡乡设所、村村通邮。

我国运输服务保障能力名列世界前茅。2016年，全国客、货运输量分别达192亿人次和433亿t。铁路旅客周转量、货运量居世界第一，高铁旅客周转量超过全球其他国家和地区总和；公路客货运输量及周转量均居世界首位；海运承担了我国90%以上的外贸货物运输量，港口集装箱吞吐量占全世界总量的1/3以上，为我国成为世界第一货物贸易大国提供了有力支撑；民航运输旅客及货邮周转量均居世界第二；快递业务量年均增长50%以上，跃居世界第一，运输服务对经济社会发展的支撑能力持续增强。

我国交通领域科技创新达到世界先进水平。高速铁路、高速公路、特大桥隧、深水筑港、大型机场工程等建造技术达到世界先进水平，沪昆高铁、港珠澳大桥、洋山深水港、北京新机场等一批交通超级工程震撼世界。高速列车、C919大型客机、振华港机、新能源汽车等一大批自主研制的交通运输装备成为“中国制造”的新名片。互联网、大数据、云计算、北斗导航系统等信息通信技术在交通运输领域广泛应用，线上线下结合的商业模式蓬勃发展。交通运输已成为我国科技创新的重点领域，对提升我国科技竞争力和综合国力发挥了重要作用。沪昆高铁，港珠澳大桥（图1-17、图1-18）均创造了多项世界第一。

图 1-17　沪昆高铁

图 1-18　港珠澳大桥

第二节　基本建设程序

为了保障基本建设项目工程建设顺利进行，在工程实践中，人们逐渐总结出一套大家共同遵守的工作顺序，这就是基本建设程序。基本建设程序是基本建设全过程中各项工作的先后顺序，以及需要完成的各项工作内容和达到标准的要求。基本建设程序是人们对工程建设过程中客观规律的主观反映。严格遵守基本建设程序是进行基本建设工作的一项重要原则。

基本建设项目的特点是投资多，建设周期长，涉及的专业和部门多，工作环节错综复杂。基本建设程序遵循的是客观规律，不按基本建设程序办事或违反客观规律往往造成不可预测的事故和障碍，给国民经济造成严重损失。1982 年国务院关于控制投资规模的规定中指出：“所有建设项目必须严格按照基本建设程序办事，事前没有进行可行性研究和技术经济论证，没有做好勘察设计等建设前期工作的，一律不得列入年度建设计划，更不准仓促开工。”

我国的基本建设程序，最初于1952年由政务院颁布实施。60多年来，随着各项建设的不断发展和一系列改革开放政策的实施，基本建设程序也日臻完善。我国现行的基本建设程序可分为项目建议书阶段、可行性研究阶段、设计阶段、开工准备阶段、施工阶段、生产准备阶段、竣工投产阶段、后评估阶段等八个阶段。鉴于水利水电基本建设较其他行业的基本建设有较大的差异性，水利工程失事后危害性极其巨大，因此对水利水电基本建设程序的要求较其他部门更为严格。水利部颁布了《水利工程建设程序管理暂行规定》（1998年发布，2014年修正，2016年修正，2017年修正），把水利工程建设程序分为：项目建议书阶段、可行性研究报告阶段、初步设计（包括施工图设计）阶段、施工准备（包括招标设计和投标）阶段、建设实施阶段、生产准备阶段、竣工验收阶段、后评价阶段等八个阶段。

一、项目建议书阶段

项目建议书（又称为项目立项申请书或立项申请报告）是由项目筹建单位或项目法人根据国民经济的发展、国家和地方中长期规划、产业政策、国内外市场、所在地条件等，对某一具体新建、扩建项目提出的项目建设的建议文件，是对拟建项目提出的框架性总体设想。它从宏观上论述项目设立的必要性和可能性，把项目投资的设想变为战略性投资建议。项目建议书是由项目投资方向其主管部门上报的文件，目前广泛应用于项目的立项审批工作中，可为项目审批机构作出初步决策提供依据，减少项目选择的盲目性。

项目建议书是项目单位就新建、扩建事项向相应级别的发展和改革委员会项目管理部门申报的书面申请文件。在项目工作开展早期，由于项目条件不成熟，对项目的具体建设方案不明晰，市政、环保、交通等专业咨询意见不完善，项目建议书主要论证项目建设的必要性，建设方案和投资估算也比较粗，投资误差较大，可达±20%左右。

1. 概述

政府投资项目，按照程序和要求需要编制和报批项目建议书。企业投资项目，可以根据需要自行决定是否编制项目建议书（初步可行性研究报告）。

对于政府投资项目，初步可行性研究报告有时可以代替项目建议书，企业投资项目也参照执行。实际工作中，企业投资项目往往省略了机会研究和项目建议书的决策程序，许多投资者往往依据企业发展规划直接进入项目可行性研究阶段，用产业规划代替机会研究和初步可行性研究，具体操作中，投资者可根据所处行业和市场形势结合项目特点选择决策程序。对于大中型项目和一些工艺技术复杂、涉及面广、协调量大的项目，还要编制可行性研究报告作为项目建议书的主要附件之一，同时，涉及利用外资的项目只有在项目建议书批准后才可以开展对外工作。

项目建议书（初步可行性研究报告）的内容和深度可参照国家发展改革委《投资项目可行性研究指南》（2002年）及其相关规定，根据需要和所处的阶段不同，内容和深度可以适当调整和简化。《中共中央、国务院关于深化投融资体制改革的意见》

（2016年7月5日）改进和规范了政府投资项目审批机制，采用直接投资和资本金注入方式的项目，对经济社会发展、社会公众利益有重大影响或者投资规模较大的项目，要在咨询机构评估、公众参与、专家评议、风险评估等科学论证的基础上，严格审批项目建议书、可行性研究报告、初步设计。经国务院及有关部门批准的专项规划、区域规划中已经明确的项目，部分改扩建项目，以及建设内容单一、投资规模较小、技术方案简单的项目，可以简化相关文件内容和审批程序。

2. 项目建议书的目的和作用

项目建议书，是政府投资项目决策程序上的要求。对于投资者，通过初步可行性研究，判断项目是否值得投入众多的人力和资金，尽量避免造成浪费。

项目建议书的主要作用表现在以下三个方面：

（1）在宏观上考察拟建项目是否符合国家（或地区或企业）长远规划、宏观经济政策和国民经济发展的要求，初步说明项目建设的必要性，初步分析人力、物力和财力投入等建设条件的可能性与具备程度。

（2）对于批准立项的投资项目，可列入项目前期工作计划，开展可行性研究工作。

（3）对于涉及利用外资的项目，项目建议书还可从宏观上论述合资、独资项目设立的必要性和可能性。在项目批准立项后，项目建设单位方可正式对外开展工作，编写可行性研究报告。

3. 项目建议书的内容

（1）一般项目建议书必须阐明以下主要内容：①项目的提出背景；②项目提出的依据，特别是政策依据；③项目实施的基础及有利条件；④项目实施可能受到的制约因素及改变制约因素的具体措施；⑤项目建设内容、厂址选择、技术和配套方案、资源利用与节约、环境和生态影响、项目组织与管理；⑥项目的初步投资估算与资金筹措、财务与经济影响分析、社会影响分析与风险等。

（2）基本建设项目的项目建议书的主要内容：①建设项目提出的必要性和依据；②产品方案，拟建规模和建设地点的初步设想；③资源情况、建设条件、协作关系和引进国别、厂商的初步分析；④投资估算和资金筹措设想；⑤项目进度安排；⑥经济效果和社会效益的初步估算。

4. 项目建议书的编制要点

项目建议书的编制一般由业主或业主委托咨询机构负责完成，通过考察和分析提出项目的设想和对投资机会研究的评估，主要有下列要点：

（1）论证重点，是否符合国家宏观经济政策、产品政策和产品的结构、生产力布局要求。

（2）宏观信息，国家经济和社会发展规划、行业或地区规划、国家产业政策、技术政策、生产力布局、自然资源等宏观的信息。

（3）估算误差，项目建议书阶段的投资估算误差一般在±20％。

（4）最终结论，通过市场预测研究项目产出物的市场前景，利用静态分析指标进行经济分析，以便做出对项目的评价。项目建议书的最终结论，可以是项目投资机会研究有前途的肯定性推荐意见，也可以是项目投资机会研究不成立的否定性意见。

5. 项目建议书的审核和报批

业主正式将项目建议书报送有关主管部门审批前，应首先对以下方面进行审查：①项目是否符合国家的建设方针和长期规划，以及产业机构调整的方向和范围；②项目的产品符合市场需要的论证理由是否充分；③项目建设地点是否合适，有无不合理的布局或重复建设；④对项目的财务、经济效益和还款要求的估算是否合理，是否与业主的投资设想一致；⑤对遗漏、论证不足的地方，要去咨询机构补充修改。

除属于核准或备案范围外，项目建议书审查完毕后，要按照国家颁布的有关文件规定、审批权限申请立项报批。审批权限按拟建项目的级别划分如下：

（1）大中型及限额以上的工程项目：分初审和终审两个环节，初审是由行业归口的主管部门审批，审批的内容主要是项目资金来源、项目建设布局、资源合理利用、项目经济合理性、相关的技术政策等；终审是由国家发展和改革委员会职能部门完成，审批的内容主要是项目建设总规模、生产力总布局、资源优化配置、资金供应可能性和外部协作条件等，另外，投资超过2亿元的项目还需要上报国务院审批。

（2）小型或限额以下的工程项目：项目建议书按隶属关系由各行业归口主管部门或省、自治区、直辖市的发展和改革委员会审批。

二、可行性研究阶段

可行性研究是建设项目决策分析与评价的重要阶段。项目的可行性研究是保证建设项目以最少的投资耗费取得最佳经济效果的科学手段，也是实现建设项目在技术上先进、经济上合理和建设上可行的科学分析方法，也是筹措资金，申请贷款和编制初步设计文件的重要依据。

可行性研究报告是在获批的项目建议书（初步可行性研究）基础上，对拟建项目的建设方案和建设条件的分析、比较、论证，得出该项目是否值得投资，筹资方案、建设方案、运营方案是否合理可行的研究结论。可行性研究报告的编制是确定建设项目之前具有决定性意义的工作，是对投资决策上的合理性，技术上的先进性和适应性以及建设条件的可能性和可行性研究，从而为投资决策提供科学依据。

1. 可行性研究的目的和作用

可行性研究的目的是论证项目建设的必要性，论证项目建设的技术可行性和经济合理性。通过研究项目的技术方案及其可行性，研究项目生产建设的条件，分析财务和经济评价，对项目在技术上是否先进、适用、可靠，在经济上是否合理可行，在财务上是否盈利做出多方案比较，提出评价意见，推荐优选最佳方案。可行性研究阶段投资估算等误差一般控制在±10%。

可行性研究报告是建设项目立项决策的依据，也是项目办理资金筹措、签订合作协议、进行初步设计招标等工作的依据和基础，是政府立项审批、产业扶持、中外合作、股份合作、组建公司、征用土地和银行贷款、融资投资、投资建设、境外投资、上市融资、申请高新技术企业等决策的重要依据。

2. 可行性研究报告的内容

可行性研究报告的编制一般由业主或业主委托的有经验的专业咨询机构协助完成，或者委托有资质的设计单位完成。

可行性研究报告一般可分为：政府审批核准用可行性研究报告和融资用可行性研究报告。审批核准用的可行性研究报告侧重关注项目的社会经济效益和影响，融资用可行性研究报告侧重关注项目在经济上是否可行。

可行性研究内容包括以下几方面：①市场研究与需求分析；②产品方案与建设规模；③建厂条件与厂址选择；④工艺技术方案设计与分析；⑤项目的环境保护与劳动安全；⑥项目实施进度安排；⑦投资估算与资金筹措；⑧财务效益和社会效益评估。

可行性研究报告的基本内容见表1-1。

表1-1　可行性研究报告的基本内容

序号	组　成	具　体　内　容
1	总论	项目概述及工作范围
2	市场研究与分析	市场形势和特点、市场需求与预测
3	建设方案设想	项目选址及建设规模的理由和依据
4	项目所需资源及原材料的投入	所需原材料的种类、数量、质量标准以及水、电、气等资源的需求及可行的供应方式
5	项目工程设计方案	项目组成部分及布局多方案比较依据，环境保护、综合利用“三废”处理、公共设施及绿化建议
6	运行管理方案	项目建成并投产运行后的管理体制、机构设置及所需人员和费用的估算
7	项目实施计划	项目从规划至投产运行全过程的计划安排

可行性研究报告对项目的主要内容和配套条件，如市场需求、资源供应、建设规模、工艺路线、设备选型、环境影响、资金筹措、盈利能力等，从技术、经济、工程等方面进行调查研究和分析比较，并对项目建成以后可能取得的经济效益及社会影响进行预测，从而提出该项目是否值得投资和如何进行建设的咨询意见，为项目决策提供依据的一种综合性的研究报告。报告对项目进行方案比较和优选，对项目建设在技术上是否可行和经济上是否合理进行科学的分析和论证。

3. 可行性研究报告的审批

大、中型或限额以上的工程项目的可行性研究报告需经过行业归口主管部门和国家发展和改革委员会审批；小型或限额以下的工程项目按照隶属关系，由各行业归口主管部门或省、自治区、直辖市的发展和改革委员会审批。

可行性研究报告申报时要附上以下资料：

(1) 一般报批资料。可行性研究报告的上报文件；可行性研究报告（含设计方案）；项目建议书批复文件；法人证明；规划意见的项目选址意见书/建设工程规划设计要求；建设项目用地预审意见；环境影响审批意见；项目资金证明。银行贷款承诺函/其他来源资金证明；能耗情况汇总表。

(2) 如有必要，应提供以下资料；市政配套初步意见；政府有关部门的初步意见；有关业务主管部门意见；设计方案审核意见。

(3) 其他有关国家法律法规要求提供的资料。

可行性研究报告的审批机构的规定如下：

（1）市级政府性资金投资的项目，由市发展和改革委员会负责审批。市级政府投资机构投资、并由市发展和改革委员会通过市级政府性资金平衡的项目由发展和改革委员会审批；由市、区（县）政府联合投资的项目，由市发展和改革委员会负责审批。以区（县）投资为主，由市级政府投资给予投资补助、贷款贴息的项目，按有关规定办理；列入目录范围内，由市发展和改革委员会管理的政府投资项目，由市发展和改革委员会负责审批；属于国家审批权限的项目，经市发展和改革委员会初审后报国家发展和改革委员会审批。

（2）如有要求，须经由符合资质要求的咨询机构评审。

（3）市发展和改革委员会根据可行性研究报告具备的条件及项目的实际情况，会同市有关部门研究审核，批复项目可行性研究报告。

（4）大中型投资项目通常需要报请地区或者国家发展和改革委员会立项备案。受投资项目所在细分行业、资金规模、建设地区、投资方式等不同影响，项目可行性研究报告均有不同侧重。

经过批准的可行性研究报告，是项目决策和开展初步设计工作的依据。

例如，水利工程建设项目可行性研究报告需按国家现行规定的审批权限报批；申报项目可行性研究报告，必须同时提出项目法人组建方案及运行机制、资金筹措方案、资金结构及回收资金办法，并依照有关规定附具有管辖权的行政主管部门或流域机构签署的规划同意书，对取水许可预申请的书面审查意见等文件；审批部门要委托有相应资质的工程咨询机构对可行性研究报告进行评估，并综合行业归口主管部门、投资机构（公司）、项目法人（或项目法人筹备机构）等方面的意见进行审批。项目可行性研究报告批准后，应正式成立项目法人，并按项目法人责任制进行管理。

三、设计阶段

设计阶段是工程建设中的重要环节，是对拟建项目在技术上和经济上的实施方案的详细规划和安排，是决定工程质量和使用效果的重要因素。承担设计工作的设计单位必须具备相应的勘测设计资质。

（一）设计阶段分类

一般工程项目分两阶段设计，即初步设计和施工图设计。重大项目和技术复杂的项目需进行三阶段设计，即初步设计、技术设计和施工图设计。

1. 初步设计

初步设计具有一定程度的规划性质，是建设项目的“纲要”设计，初步设计需要解决建设项目的技术可靠性和经济合理性问题。初步设计是复杂的综合性很强的技术经济工作，建立在全面的勘测、调查、试验工作基础之上。

设计单位在开始初步设计以前，要认真研究获批的可行性研究报告，并进行地质勘测、社会调查和试验研究工作，获得必要而准确的设计资料，对设计对象进行通盘研究，论证拟建工程在技术上的可行性和经济上的合理性。

初步设计要提交初步设计报告、初步设计概算和初步设计经济评价三部分文件资料。主要内容包括：工程的总体规划布置；工程规模（包括装机容量、水库的特征水位等)；地质条件；主要建筑物的位置、结构形式和尺寸；主要建筑物的施工方法、施工导流方案；消防设施、环境保护、水库淹没、工程占地、水利工程管理机构等拟建项目的各项基本技术参数。通过编制初步设计报告，阐明在指定地点、时间和投资数额内，拟建项目在技术上的可行性和经济上的合理性，并根据对项目所做出的技术经济参数和编制规定，编制项目总概算。

初步设计报告报批前，由项目法人组织专家或委托有相应资格的工程咨询机构对初步设计中的重大问题进行咨询论证，并提出意见和建议。设计单位根据咨询论证意见，对初步设计文件进行补充、修改和优化。初步设计报告由项目法人组织审查后，按国家现行规定权限向主管部门申报审批。

2. 技术设计

技术设计根据初步设计报告和更详细的调查研究资料编制，以进一步解决初步设计中的重大技术问题，例如，建筑结构、工艺流程、设备选型及数量确定等，使工程项目的设计更具体、更完善，技术经济指标更好。技术设计阶段需要编制项目的修正概算。

3. 施工图设计

施工图设计是按照批准的初步设计报告和技术设计报告的要求，完整地表现建筑物外形、内部空间分割、结构体系以及建筑群的组合和周围环境的配合关系等的设计文件。

施工图设计文件由施工图纸、设计说明书、结构和设备计算书、工程预算书组成。施工图包括建筑总平面布置图，建筑物各层平面图、立面图、剖面图，建筑构造详图，各工种相应配套的施工图纸等。施工图设计的主要任务是满足施工要求，在初步设计或技术设计的基础上，综合建筑、设备、结构、水电、运输等各工种，了解材料供应、施工技术、设备安装等条件，把满足工程施工的各项要求及条件都反映在图纸中，做到整套图纸齐全统一、明确无误。

施工图设计由建设行政主管部门委托有关审查机构进行结构安全、强制标准和规范执行情况等内容的审查。施工图一经审查批准不得擅自修改，如需修改，必须重新报请审查，获得批准后再实施。

(二) 设计工作的指导思想

设计工作一定要坚持党的群众路线，深入现场，联系实际，调查研究，发扬技术民主。要根据情况，加强同生产、科研、设备制造和施工单位的密切配合。

设计中要尽量采用先进技术，汲取科研的新成就和新成果，体现国内外先进技术、工艺和建筑水平，要做到保证质量、技术先进，经济合理，安全适用。

基本建设项目设计要满足环保要求，进行环境影响评价。对工矿区的规划和设计，有条件的要做到工农结合，城乡结合，有利生产，方便生活。要积极开展资源的综合利用，利用“废液、废气、废渣”的回收、净化、转化等综合治理措施，“三废”的排放，必须符合国家规定的标准，“三废”治理的措施，必须与主体工程同时设计、同时施工、同时投产。

（三）设计文件的内容和深度要求

（1）大中型建设项目的设计文件要齐全，内容要完整，并须达到应有的深度。初步设计的内容，一般应包括以下方面的文字说明和图纸：①设计依据；②设计指导思想；③建设规模；④产品方案；⑤原料、燃料、动力的用量和来源；⑥工艺流程；⑦主要设备选型及配置；⑧总图运输；⑨主要建筑物、构筑物；⑩公用、辅助设施；⑪新技术采用情况；⑫主要材料用量；⑬外部协作条件；⑭占地面积和土地利用情况；⑮综合利用和“三废”治理；⑯生活区建设；⑰抗震和人防措施；⑱生产组织和劳动定员；⑲各项技术经济指标；⑳建设顺序和期限；㉑总概算等。

（2）初步设计的深度应满足以下要求：①设计方案的比选和确定；②主要设备材料订货；③土地征用；④基建投资的控制；⑤施工图设计的编制；⑥施工组织设计的编制；⑦施工准备和生产准备等。

（3）技术设计的内容，可根据工程的特点和需要，自行制定。其深度应能满足确定设计方案中重大技术问题和有关试验、设备制造等方面的要求。

（4）施工图的内容，应根据批准的初步设计进行编制。其深度应能满足以下要求：①设备材料的安排和非标准设备的制作；②施工图预算的编制；③施工要求等。

（5）小型建设项目的设计内容，由各主管部门规定，可作适当简化。

（6）设计概算要准确地反映设计内容，满足控制投资、施工计划安排和基本建设拨款的要求。

（四）设计文件的审批权限

设计文件的审批实行分级管理、分级审批的原则。

大型建设项目的初步设计和总概算，按隶属关系，由国务院主管部门或省、市、自治区组织审查，提出审查意见，报国家住房和城乡建设部批准；特大、特殊项目，由国家住房和城乡建设部报请国务院批准。技术设计按隶属关系由国务院主管部门或省（自治区、直辖市）审批。

中型建设项目的初步设计和总概算，按隶属关系，由国务院主管部门或省、市、自治区审查批准。批准文件抄送国家住房和城乡建设部备案。国家指定的中型项目的初步设计和总概算要报国家住房和城乡建设部审批。小型建设项目初步设计的审批权限，由主管部门或省（自治区、直辖市）自行规定。

总体规划设计（或总体设计）的审批权限，与初步设计的审批权限相同。各部直供代管的下放项目的初步设计，以国务院主管部门为主，会同有关省（自治区、直辖市）审查或批准。

施工图设计除主管部门指定要审查者外，一般不再审批，设计单位要对施工图的质量负责，并向生产、施工单位进行技术交底，听取意见。

四、建设准备阶段

工程项目进行建设准备必须满足如下条件：初步设计已经批准；项目法人已经设立；项目已列入国家或地方工程建设投资计划，筹资方案已经确定；有关土地使用权已经批准；已办理报建手续。

建设准备工作开始前，项目法人或其代理机构，必须按照规定向行政主管部门办理报建手续，项目报建须交验工程建设项目的有关批准文件。工程项目进行项目报建登记后，方可组织施工准备工作。工程建设项目施工，除某些不适应招标的特殊工程项目（须经水行政主管部门批准）外，均须实行招标投标。

（一）建设准备阶段的工作内容

项目建设准备阶段主要是对工程投资、项目进度、质量、施工安全、环境影响等多方面开展的指挥、控制、协调工作，目的是在工程招投标和施工合同签订后能够顺利地开展后续的各项工作。

项目在主体工程开工之前，必须完成各项准备工作，其主要内容包括：①完成施工现场的征地、拆迁；②完成施工用水、电、通信、道路和场地的平整等工程；③完成必需的生产、生活临时建筑工程；④组织招标设计、咨询、设备和物资采购等服务；⑤组织建设监理和主体工程招标投标，并择优选定建设监理单位和施工承包队伍。这一阶段的工作对于保证项目开工后能顺利进行具有决定性作用。

建设准备阶段涉及的各个工作部门，为工程项目的开工所做的准备工作内容，见表 1-2。

表 1-2　建设准备阶段各责任方主要工作内容

责任方	主要工作内容	
业主方	招标工作	落实“三通一平”
		组织监理招标并签订监理合同
		组织施工招标并签订施工合同
	交底工作	落实“三通一平”
		组织、主持设计交底
		参加监理主持的图纸会审
		办理监理手续、施工许可证
		现场地上地下管线、构筑物、建筑物交底
		交桩
	开工准备工作	组织、主持第一次工地例会
		审批总监核准的工程开工令
施工方	参加施工招标并签订施工合同	
	落实项目部办公地点	
	成立项目组织机构，并报监理、业主审批	
	编制《施工组织设计》等资料并报批	
	机械、人员、物资进场	
	《工程开工令》申报	
监理方	参加监理招标并签订监理合同	
	成立项目组织机构，并报业主审批	
	编制《监理规划》《实施细则》等资料并报批	
	审核《工程开工令》，并签章	

（二）建设准备阶段相关文件

1. 招标文件

招标文件是招标工程建设的大纲，是建设单位实施工程建设的工作依据，是向投标单位提供的，参加投标所需要的全部情况说明。根据招标工程项目的性质和规模，招标文件可繁可简，建设项目复杂、规模庞大的，招标文件要力求精练、准确、清楚；建设项目简单、规模小的，招标文件可以从简，但要求对主要问题交代清楚。

招标文件内容，根据招标方式和范围的不同，分别有不同内容要求。工程项目全过程总招标，与勘察设计、设备材料供应和施工分别招标，其特点和性质都截然不同。

招标文件的内容按照功能作用可以分成三部分：

一是招标公告或投标邀请书、投标人须知、评标办法、投标文件格式等，主要阐述招标项目需求概况和招标投标活动规则，对参与项目招标投标活动各方均有约束力，但一般不构成合同文件。

二是工程量清单、设计图纸、技术标准和要求、合同条款等，全面阐述招标项目需求，既是招标活动的主要依据，也是合同文件构成的重要内容，对招标人和中标人具有约束力。

三是参考资料，供投标人了解分析与招标项目相关的参考信息，如项目地址、水文、地质、气象、交通等参考资料。

2. 投标文件

编制投标文件是投标过程中最重要的工作，时间紧要求高任务重，是能否中标的关键。参与文件编制的人员必须明确企业的投标宗旨，按照招标文件的各项要求，掌握工程的技术要求和报价原则，熟悉计费标准。还要了解本单位的竞争能力和竞争对手的水平，并严格做好保密工作。

投标文件一般包含三部分，即商务部分、技术部分、价格部分。

商务部分包括公司资质、公司情况介绍、公司的业绩和各种证件、报告等一系列内容，以及招标文件要求提供的其他文件等相关内容。

技术部分包括工程的概况、设计和施工方案等技术方案，及工程量清单、人员配置、图纸、表格等和技术相关的资料。

价格部分包括投标报价说明、投标总价、主要材料价格表等。

3. 监理规划和监理实施细则

监理规划是项目监理部开展工作的纲领性文件，由总监理工程师主持编制，经监理单位技术负责人批准，是指导项目监理机构全面开展监理工作的指导性文件。监理规划在签订委托监理合同及收到设计文件后按照监理大纲编制，在召开第一次工地例会前 7 天内报送建设单位核准备案。监理规划的编制依据是与建设工程相关的法律、法规、规章和项目审批文件，与建设工程项目有关的标准、设计文件、技术资料以及委托监理合同、监理大纲，以及与建设工程项目相关的其他合同文件。监理规划的内容包括工程建设项目概况、监理工作的范围、监理工作的依据、项目监理机构的组织形式、项目监理机构的人员配备、项目监理机构的人员岗位职责、监理工作程序、监理工作的方法和措施、监理工作制度、监理实施细则和监理设施等。

监理实施细则应由专业监理工程师编制，经总监理工程师批准，在工程开工前完成，并报建设单位核查备案。其编制依据是已批准的监理规划，与专业工程相关的标准、设计文件和技术资料，以及批准的施工组织设计、专项施工方案。监理实施细则主要内容包括专业工程特点及其技术质量标准、监理工作范围及重点、监理工作流程、监理工作控制要点、目标及监控手段、监理工作方法及措施、具体的旁站部位和工序。

监理实施细则应详细具体，具有可操作性。总监应在主持编写的过程中，对质量控制的内容加以重点指导和审核，力求做到目标明确、措施得力、方法可行。编制完成后，应组织所有监理人员认真学习，掌握并贯彻执行。

（三）建设实施阶段的招投标工作内容和流程

1. 招标工作内容和流程

资源 1.1

（1）招标工作内容。包括制定总体实施方案、项目综合分析、确定招标采购方案、编制招标文件、组建评标委员会等内容。

（2）招标流程。

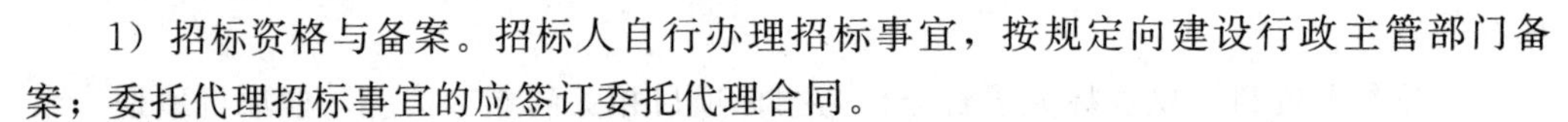

1）招标资格与备案。招标人自行办理招标事宜，按规定向建设行政主管部门备案；委托代理招标事宜的应签订委托代理合同。

2）确定招标方式。按照法律法规和规章，确定公开招标或是邀请招标。

3）发布招标公告或投标邀请书。实行公开招标的，应在国家或地方指定的报刊、信息网或其他媒介，并同时在中国工程建设网和建筑业注册网上发布招标公告；实行邀请招标的应向三家以上符合资质条件的投标人发送投标邀请。

4）编制、发放资格预审文件和递交资格预审申请书。采用资格预审的，编制资格预审文件，向参加投标的申请人发放资格预审文件。投标人按资格预审文件要求填写资格预审申请书（如联合体投标应分别填报每个成员的资格预审申请书）。

5）资格预审，确定合格的投标申请人。审查、分析投标申请人报送的资格预审申请书的内容，招标人如需要对投标人的投标资格合法性和履约能力进行全面的考察，可通过资格预审的方式进行审核。

招标人可按有关规定编制资格预审文件并在发出三日前报招标投标监督机构审查，资格预审应当按有关规定进行评审，资格预审结束后将评审结果向招标投标监督机构备案。备案三日内招标投标监督机构没有提出异议，招标人可发出“资格预审合格通知书”，并通知所有不合格的投标人。

6）编制、发出招标文件。根据有关原则规定和工程实际情况要求编制招标文件，并报送招标投标监督机构进行审核备案。审定的招标文件一经发出，招标单位不得擅自变更其内容，确需变更时，须经招标投标管理机构批准，并在投标截止日期前通知所有的投标单位。

招标人按招标文件规定的时间召开发标会议，向投标人发放招标文件、施工图纸及有关技术资料。

7）踏勘现场。招标人按招标文件要求组织投标人进行现场踏勘，解答投标单位提出的问题，并形成书面材料，报招标投标监督机构备案。

8）编制、递交投标文件。投标人按照招标文件要求编制投标书，并按规定进行密封，在规定时间送达招标文件指定地点。

9）组建评标委员会。评标委员会由招标人负责组建，评标委员会由采购人的代表及技术、经济、法律等有关方面的专家组成，总人数一般为5人以上单数，其中专家不得少于2/3。与投标人有利害关系的人员不得进入评标委员会。

10）开标。招标人依据招标文件规定的时间和地点，开启所有投标人按规定提交的投标文件，公开宣布投标人的名称、投标价格及招标文件中要求的其他主要内容。

开标由招标人主持，邀请所有投标人代表和相关人员在招标投标监督机构监督下公开按程序进行。从发布招标文件之日起至开标日，时间不得少于20天。

11）评标。评标是对投标文件的评审和比较，可以采用综合评估法或经评审的最低价中标法。

评标委员会根据招标文件规定的评标方法，借助计算机辅助评标系统对投标人的投标文件按程序要求进行全面、认真、系统地评审和比较后，确定出不超过3名合格中标候选人，并标明排列顺序。

评标委员会推荐中标候选人或直接确定中标人的原则是，能够最大限度满足招标文件中规定的各项综合评价标准，能够满足招标文件的实质性要求，并且经评审的投标价格最低（低于企业成本的投标价格除外）。

12）定标。招标人根据招标文件要求和评标委员会推荐的合格中标候选人，确定中标人，也可授权评标委员会直接确定中标人。

使用国有资金投资的项目，招标人应当确定排名第一的中标候选人为中标人。排名第一的中标候选人放弃中标，因不可抗力提出不能履行合同，或者招标文件中规定内容未满足的，招标人可以确定排名第二的中标候选人为中标人，以此类推。

所有推荐的中标候选人未被选中的，应重新组织招标。不得在未推荐的中标候选人中确定中标人。招标人授权评标委员会直接确定中标人的应按照排序确定排名第一的为中标人。

13）中标结果公示。招标人在确定中标人后，对中标结果进行公示，时间不少于3天。

14）中标通知书备案。公示无异议后，招标人将工程招标、开标、评标、定评情况形成书面报告送招标投标监督机构备案。发出经招标投标监督机构备案的中标通知书。

15）合同签署、备案。中标人在30个工作日内与招标人按照招标文件和投标文件订立书面合同，签订合同5日内报招标投标监督机构备案。

2. 投标工作内容和流程

（1）投标工作内容包括研究招标文件、调查投标环境、制定施工方案、投标计算、确定投标报价策略、编制正式投标书、递交投标书。

1）研究招标文件。投标单位报名参加或接受邀请参加某一工程的投标，通过资格审查，取得招标文件后，首要的工作是认真仔细地研究招标文件，充分了解其内容和要求，有针对性地安排投标工作。对于招标文件中的工程量清单，投标者一定要校核，工程量清单直接影响到投标报价。

2）调查投标环境。所谓投标环境，就是招标工程施工的自然、经济和社会条件，这些条件都是工程施工的制约因素，必然会影响到工程成本，是投标单位报价时必须考虑的。

3）制定施工方案。施工方案是投标报价的前提条件，也是招标单位评标时考虑的因素之一。施工方案应由投标单位的技术负责人主持制定，主要考虑施工方法、主要施工机具的配置、各工种劳动力的安排及现场施工人员的平衡、施工进度及分批竣工的安排、安全措施等。施工方案的制定应在技术、工期和质量等方面对招标单位有吸引力，同时又有利于降低施工成本。

4）投标计算。投标计算是投标单位对承建招标工程所要产生的各种费用的计算。在进行投标计算时，首先要对招标文件给出的工程量进行复核。作为投标计算的必要条件，应预先确定施工方案和施工进度，此外，投标计算还必须与采用的合同形式相协调。报价是投标的关键性工作，报价是否合理直接关系到投标的成败。

5）确定投标报价策略。正确的投标策略对提高中标率并获得较高的利润有重要作用。常用的投标策略有以信誉取胜、以低价取胜、以缩短工期取胜、以改进设计取胜，同时也可采取以退为进策略、以长远发展为目标策略等。投标者要综合考虑企业目标、竞争对手情况、投标策略等多种因素后作出报价决策。

6）编制正式投标书，递交投标书。投标单位按招标单位的要求编制投标书，并在规定时间内将投标文件递交到指定地点，参加开标。

（2）投标具体流程。工程项目的投标工作和招标工作是相对应的，投标流程如图 1-19 所示。

五、建设实施阶段

建设实施阶段是指主体工程的建设实施，是根据设计阶段、建设准备阶段审批下来的设计图纸、技术要求、招投标文件、施工合同以及其他规定对项目进行建设的阶段，是项目管理周期中工程量最大，投入的人力、物力和财力最多，工程管理难度最大的阶段。

1. 建设实施阶段各参与单位的工作职责

项目实施阶段涉及的利益主体众多，参与单位可概括为三类：投资人、全过程工程咨询单位、承包人。各参与单位在该阶段有以下主要职责：

（1）投资人：确定全过程工程咨询单位及承包人，并签订合同，对项目实施进行监督。

（2）全过程工程咨询单位：对项目实施进行全过程管理、协调，以确保项目目标的实现。

（3）承包人：按合同要求完成承包任务。

2. 建设实施阶段的工作内容

（1）项目法人（投资人）按照批准的建设文件，组织工程建设，保证项目建设目标的实现。

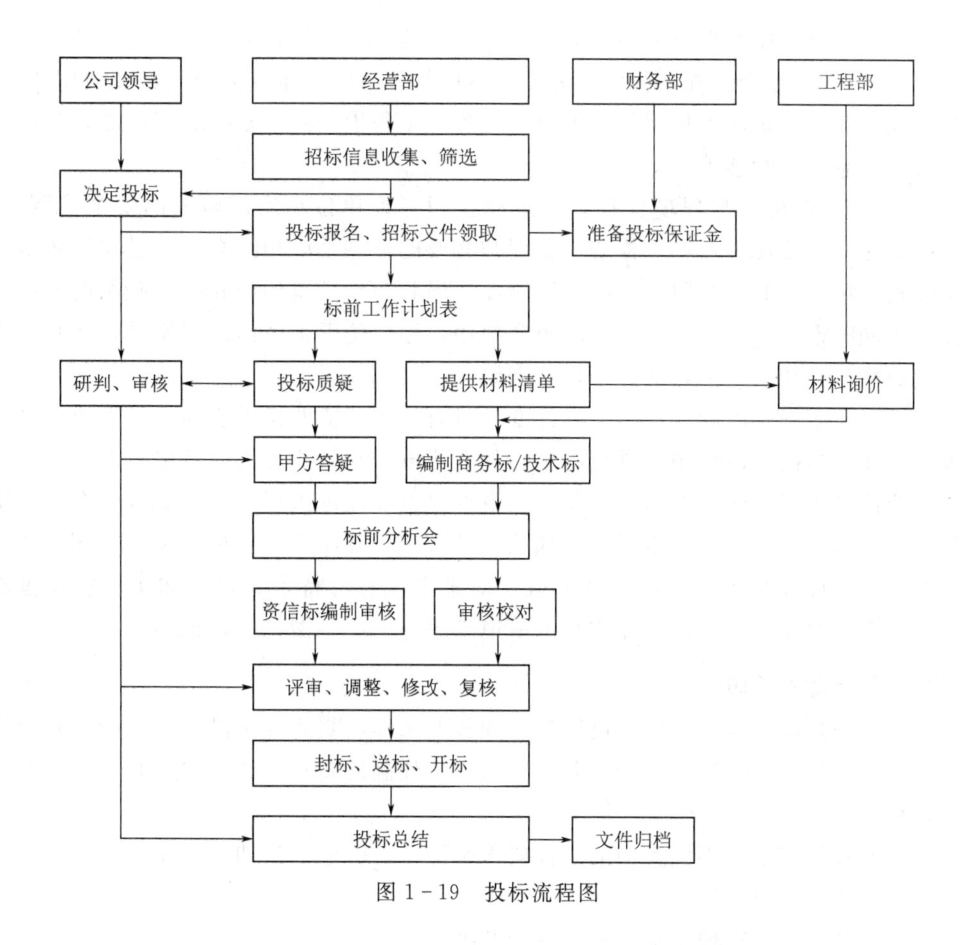

图 1-19　投标流程图

项目法人或其代理机构必须按审批权限，向主管部门提出主体工程开工申请报告，经批准后，主体工程方能正式开工。主体工程开工须具备如下条件：①前期工程各阶段文件已符合规定批准，施工详图设计可以满足初期主体工程施工需要；②建设项目已列入国家或地方水利建设投资年度计划，年度建设资金已落实；③主体工程招标已经决标，工程承包合同已经签订，并得到主管部门同意；④征地移民和现场施工准备等建设外部条件能够满足主体工程开工需要。

（2）全过程工程咨询单位按施工合同规定对工程成本、质量、进度进行控制，并协调投资人、承包人各方关系，约束双方履行自己的义务，同时维护双方的合法权益，使工程项目顺利实施。本阶段主要工作包括以下几方面：

1）实施阶段勘察设计咨询。建设项目在设计阶段形成设计文件之后，为了更好地将设计转化为实体，需要对设计文件进行现场咨询、专项设计及深化设计咨询、设计交底与图纸会审相关咨询服务内容。

2）质量管控。实施阶段工程质量的管理工作是根据投资人的委托，按照建设工程施工合同，监督承包人按图纸、规范、规程、标准施工，使施工安装有序地进行，最终形成合格的、具有完整使用价值的工程。

3）进度管控。项目实施阶段进度管理主要是对进度计划进行跟踪与检查、进度计划的控制以及进度计划的调整，以确保在合同约定的工期内完成建设项目。

4）造价管控。全过程工程咨询单位在造价管控上的工作重点为：资金使用计划，工程计量以及工程价款支付审核，询价与核价，工程中变更、索赔、签证的发生以及工程造价信息动态管理等。

5）安全文明施工与环境保护。全过程工程咨询单位在实施阶段的安全控制中，应以预防为主，要做到强调、检查、督促与必要的经济手段相结合。全过程工程咨询单位针对环境保护必须按照“三同时”制度，做到防治环境污染和生态破坏的设施与主体工程同时设计、同时施工、同时投产使用。把环境保护措施落到实处，防止建设项目建成投产使用后产生新的破坏环境问题。

（3）建设实施阶段的目标是把设计变为具有使用价值的建设实体，施工单位（承包人）必须严格按照设计图纸进行施工，如有修改变动，要征得设计单位的同意。施工单位要严格履行合同，要与建设单位、设计单位和监理工程师密切配合。在建设实施过程中，各个环节要相互协调，要加强科学管理，确保工程质量，全面按期完成施工任务。要按设计和施工验收规范验收，对地下工程，特别是基础和结构的关键部位，一定要在验收合格后，才能进行下一道工序施工，并做好原始记录。

六、生产准备阶段

生产准备是项目投产前所要进行的一项重要工作，是建设阶段转入生产经营的必要条件。项目法人应按照建管结合和项目法人责任制的要求，适时做好有关生产准备工作。

生产准备工作根据不同类型的工程要求确定，一般应包括如下主要内容。

1. 生产组织准备

建立生产经营的管理机构及相应管理制度。

2. 招收和培训人员

按照生产运营的要求，配备生产管理人员，并通过多种形式的培训，提高人员素质，使之能满足运营要求。生产管理人员要尽早介入工程的施工建设。参加设备的安装调试，熟悉情况，掌握好生产技术和工艺流程，为顺利衔接建设实施和生产经营阶段做好准备。

3. 生产技术准备

生产技术准备包括技术资料的汇总、运行技术方案的制定、岗位操作规程制定和新技术准备等。

4. 生产物资准备

落实投产运营所需要的原材料、协作产品、工器具、备品备件和其他协作配合条件的准备。

5. 正常的生活福利设施准备

七、竣工验收阶段

竣工验收是投资成果转入生产或使用的标志。建设项目依据设计文件所规定的全部内容施工完成后，便可组织竣工验收。竣工验收是全面考核建设成果、检验设计和工程质量的重要环节，对促进建设项目投产或使用、发挥投资效益及总结建设经验具有重要作用。

项目竣工验收是施工全过程的最后一道程序，也是整个项目管理的最后一项工作，是建设投资成果转入生产或使用的标志。项目竣工验收主要的工作内容是查看项目是否完成图纸和合同约定的各项工作、完成的工作是否符合相关的法律法规和验收标准。

项目竣工验收是对工程建设成果的综合评价，是对项目的工程资料和实体全面检查的过程，也是全面考核效益、设计、监理、施工质量的重要环节。

（一）竣工验收的依据

1. 法律法规

（1）现行国家法律、法规等。

（2）《建设工程质量管理条例》（国务院令〔2000〕279号）2017年修订。

（3）《建筑工程施工质量验收统一标准》（GB 50300—2013）。

（4）现行设计、施工规范、规程和质量标准。

（5）现行的验收规范等。

2. 建设项目工程资料

（1）国家有关行政主管部门对该项目的批复文件，包括可行性研究报告及批复文件、环境影响评价报告及批复文件、设计任务书、初步设计批复文件以及与项目建设有关的各种文件；

（2）工程设计文件，包括方案设计、初步设计和施工图设计文件；

（3）设备技术资料，主要包括设备清单及其技术说明；

（4）招投标及合同文件、施工日志及施工过程中设计修改变更通知书等；

（5）竣工图及说明；

（6）设计变更、修改通知单；

（7）引进项目的合同和国外提供的技术文件；

（8）验收资料；

（9）其他相关资料。

3. 竣工验收的条件

（1）完成建设工程设计和合同约定的各项内容；

（2）有完整的技术档案和施工管理资料（含竣工图）；

（3）有工程使用的主要建筑材料、建筑构配件和设备的进场试验报告；

（4）有勘察、设计、施工、工程监理等单位分别签署的质量合格文件；

（5）有施工单位签署的工程保修书。

（二）竣工验收的内容

竣工验收工作的主要内容包括：整理技术资料、绘制竣工图、编制竣工决算等，通过竣工验收可以检查建设项目实际形成的生产能力或效益，也可避免项目建成后继续耗费建设费用，具体如下：

（1）检查工程是否按批准的设计文件建成，配套、辅助工程是否与主体工程同步建成；

（2）检查工程质量是否符合国家颁布的相关设计规范及工程施工质量验收标准；

（3）检查工程设备配套及设备安装、调试情况，国外引进设备合同完成情况；

（4）检查概算执行情况及财务竣工决算编制情况；

（5）检查联调联试、动态检测、运行试验情况；

（6）检查环保、水保、劳动、安全、卫生、消防、防灾安全监控系统、安全防护、应急疏散通道、办公生产生活房屋等设施，是否按批准的设计文件建成及是否合格，精测网复测是否完成、复测成果和相关资料是否移交设备管理单位，工机具、常备材料是否按设计配备到位，地质灾害整治及建筑抗震设防是否符合规定；

（7）检查工程竣工文件编制完成情况，竣工文件是否齐全、准确；

（8）检查建设用地权属来源是否合法，面积是否准确，界址是否清楚，手续是否齐备。

（三）竣工验收的分类

1. 单位工程（或专业工程）竣工验收

以单位工程或某专业工程内容为对象，独立签订建设工程施工合同的，达到竣工条件后，承包人可单独进行交工。发包人根据竣工验收的依据和标准，按施工合同约定的工程内容组织竣工验收。按照现行建设工程项目划分标准，单位工程是单项工程的组成部分，有独立的施工图纸，承包人施工完毕，征得发包人同意，或原施工合同已有约定的，可进行分阶段验收。这种验收方式，在一些较大型的、群体式的、技术较复杂的建设工程中比较普遍。中国加入世贸组织后，建设工程领域利用外资或合作的机会越来越多，采用国际惯例的做法日益增多。分段验收或中间验收的做法符合国际惯例，它可以有效控制分项、分部和单位工程的质量，保证建设工程项目系统目标的实现。中国也借鉴了国际上的一些经验和做法，修订了施工合同示范文本，增加了中间交工的条款。在施工合同“专用条款”中，双方一旦约定了中间交工工程的范围和竣工时间，则应按合同约定的程序进行分阶段的竣工验收。

2. 单项工程竣工验收

指在一个总体建设项目中，一个单项工程或一个车间，已按设计图纸规定的工程内容完成、能满足生产要求或具备使用条件、承包人向监理人提交的“工程竣工报告”和“工程竣工报验单”经签字确认后，应向发包人发出“交付竣工验收通知书”，说明工程完工情况、竣工验收准备情况、设备无负荷单机试车情况、具体约定交付竣工验收的有关事宜。

对于投标竞争承包的单项工程施工项目，则根据施工合同的约定，仍由承包人向发包人发出交工通知书后再组织验收。竣工验收前，承包人要按照国家规定，整理全部竣工资料并完成现场竣工验收的准备工作，明确提出交工要求，发包人应按约定的程序及时组织正式验收。对于工业设备安装工程的竣工验收，则要根据设备技术规范说明书和单机试车方案，逐级进行设备的试运行。验收合格后应签署设备安装工程的竣工验收报告。

3. 全部工程竣工验收

指整个建设项目已按设计要求全部建设完成，并已符合竣工验收标准，应由发包人组织设计、施工、监理等单位和档案部门进行全部工程的竣工验收。全部工程的竣工验收，一般是在单位工程、单项工程竣工验收的基础上进行。对已经交付竣工验收并已办理了移交手续的单位工程（中间交工）或单项工程，原则上不再重复办理验收手续，但应将单位工程或单项工程竣工验收报告作为全部工程竣工验收的附件加以说明。

对一个建设项目的全部工程竣工验收而言，大量的竣工验收基础工作已在单位工程和单项工程竣工验收中进行。实际上，全部工程竣工验收的组织工作，大多由发包人负责，承包人主要是为竣工验收创造必要的条件。

全部工程竣工验收的主要任务是：①负责审查建设工程的各个环节验收情况；②听取各有关单位（设计、施工、监理等）的工作报告；③审阅工程竣工档案资料的情况；④实地查验工程并对设计、施工、监理等方面工作和工程质量、试车情况等做综合全面评价。承包人作为建设工程的承包（施工）主体，有关的工程竣工验收应全过程参加。

（四）竣工验收的程序

竣工验收一般分为六步进行。

1. 申请报告

当工程具备验收条件时，承包人即可向监理人报送竣工申请报告。

2. 审查

监理人收到承包人按要求提交的竣工验收申请报告后，应审查申请报告的各项内容，并按不同情况进行处理。

3. 单位工程验收

发包人根据合同进度计划安排，在全部工程竣工前需要使用已经竣工的单位工程时，或承包人提出经发包人同意时，可进行单位工程验收。验收合格后，由监理人向承包人出具经发包人签认的单位工程验收证书。

4. 施工期运行验收

是指合同工程尚未全部竣工，其中某项或几项单位工程或工程设备安装已竣工，根据专用合同条款约定，需要投入施工期运行的，经发包人约定验收合格，证明能确保安全后，才能在施工期投入运行。

5. 运营投产试运行或投产使用准备情况

包括岗位培训、物资准备、外部协作条件等是否已经落实，是否满足投产运营和安全生产的需求。

6. 竣工清场

除合同另有约定外，工程接收证书颁发后，承包人应按要求对施工现场进行整理，直至监理人检验合格为止，竣工清场费用由承包人承担。

八、后评价阶段

项目后评价是项目管理的一项重要内容，是出资人对投资活动进行监管的重要手段。通过项目后评价反馈的信息，可以发现项目决策与实施过程中的问题与不足，吸取经验教训，提高项目决策与建设管理水平。项目后评价是指在项目竣工验收并投入使用或运营一定时间后，运用规范、科学、系统的评价方法与指标，将项目建成后所达到的实际效果与项目的可行性研究报告、初步设计（含概算）文件及其审批文件的主要内容进行对比分析，找出差距及原因，总结经验教训、提出相应对策建议，并反馈到项目参与各方，形成良性的项目决策及反馈机制。

根据《国家发展改革委关于印发中央政府投资项目后评价管理办法和中央政府投资项目后评价报告编制大纲（试行）的通知》（发展和改革委员会投资〔2014〕2129号）中的要求，参加过同一项目前期、建设实施工作及编写项目自我总结评价报告的工程咨询机构，不得承担该项目的后评价任务。因此，工程咨询单位一方面可以对承担项目自我总结和评价报告，另一方面可以承担未参与过项目咨询的项目后评价任务。

（一）项目后评价的含义和基本特征

根据世界银行、亚洲开发银行和主要发达国家进行的项目后评价，以及国内开展项目后评价的实践，项目后评价的含义为：对已经实施完成的或当前正在实施的社会经济活动，以及相关工作人员的绩效，按不同层次、不同内容、不同要求进行回顾、检查和总结分析，对照原定项目目标，判断其合理性、有效性，从中得出经验与教训，并预测未来前景，提出改进措施与建议，向决策部门或委托机构反馈，用以改善项目的管理，指导未来决策的活动。

狭义的项目后评价是指项目投资完成之后所进行的评价。通过对项目实施过程、结果及其影响进行调查研究和全面系统回顾，与项目决策时确定的目标以及技术、经济、环境社会指标进行对比，找出差别和变化，分析原因，总结经验，吸取教训，得到启示，提出对策建议。通过信息反馈，改善新一轮投资管理和决策，达到提高投资效益的目的。

广义的项目后评价除包含狭义的项目后评价外，还包括项目中间评价，或称中间跟踪评价、中期评价，是从项目开工到竣工验收前所进行的阶段性评价，即在项目实施过程中的某一时点，对建设项目实际状况进行的评价。一般在规模较大、情况较复杂、施工期较长的项目，以及主客观条件发生较大变化的情况下采用。中间评价除了总结经验教训以指导下阶段工作外，还以项目实施过程中出现的重大变化因素为着眼点，并以变化因素对项目实施和项目预期目标的影响进行重点评价。

“项目后评价”一般指的是狭义的项目后评价，具有全面性、动态性、方法的对比性、依据的现实性和结论的反馈性五大特征。

（二）项目后评价的目的和作用

项目后评价目的主要是服务于投资决策，是出资人对投资活动进行监管的重要手段之一。通过项目后评价，及时反馈信息，调整相关政策、计划进度，改进或完善在建项目，增强项目实施的社会透明度和管理部门的责任心，提高投资管理水平，为改善企业的经营管理、完善在建投资项目、提高投资效益提供帮助。

项目后评价的结果和信息可以应用于指导规划编制和拟建项目策划，调整投资计划和在建项目，完善已建成项目。项目后评价还可用于对工程咨询、施工建设、项目管理等工作的质量与绩效进行检验、监督和评价，对提高项目前期工作质量起促进作用；对政府制定和调整有关经济政策起参谋作用；对银行防范风险起提示作用；对项目业主提高管理水平起借鉴作用；对企业优化生产管理起推动作用；对出资人加强投资监管起支持作用。

（三）项目后评价的类型

在后评价制度起源之初，最典型的后评价就是工程建成运行后进行的工程项目后评价。随着社会经济活动中投资方式的多样化，后评价也产生了多种类型。

1. 按后评价时点划分

项目后评价根据发起的时点不同，可以分为在项目实施中进行的中间评价和在项目完工进入运行阶段后的后评价。

（1）中间评价。中间评价是指投资人或项目管理部门对正在建设尚未完工的项目所进行的评价，常由独立的咨询机构完成。

项目中间评价又根据启动时点不同（包括项目实施过程中从立项到项目完成前）分为很多种类，即项目的开工评价、跟踪评价、调整评价、特定阶段评价、完工评价等。中间评价可以是全面系统的，即对项目决策、投资、目标、工程以及未来效益、经济、社会和环境影响的全面评价，也可以是单独的，即对项目建设中某个问题、某项影响的单项评价；可以是一个项目，也可以是一批项目，即一个行业、一种产品、一个地区的同类项目的评价。项目中间评价是项目监督管理的重要组成部分，以项目业主日常的监测资料和项目绩效管理数据库的信息为基础，以调查研究的结果为依据进行分析评价。

（2）中间评价与后评价的区别与联系。项目中间评价和项目后评价都是项目全过程管理的重要组成部分。二者既有共同点，也有不同点。一方面，由于两者实施的时间不同，评价深度和相应指标不同，服务的作用和功能有所不同；另一方面，中间评价和后评价有许多共同点，如项目的目标评价、效益评价等是一致的，后评价是中间评价的后延伸，中间评价是后评价的依据和基础。因此，中间评价和后评价都是项目评价不可缺少的重要环节。

2. 按评价范围划分

根据评价范围，后评价可以分为全面后评价和专项后评价。中间评价可以是全面评价，也可以根据需要，选取单一专题进行专项评价。根据不同的评价范围和评价重点，可以分为项目影响评价、规划评价、地区或行业评价、宏观投资政策研究评价等类型。

3. 按项目类别划分

我国项目后评价最早起源于工程项目后评价。随着投资方式的多样化，后评价的业务范围也在拓展。目前比较多见的后评价类型包括工程项目后评价、并购项目后评价、贷款项目后评价、规划后评价、复合型后评价等。例如在实际工作中，企业通过并购方式取得某一项固定资产的股权，并依靠经营该资产取得收益，则后评价工作就结合了并购、固定资产投资两类项目的特点。又如规划后评价常是项目群的后评价，由于规划涉及的项目多、时间长，这类后评价经常是中间评价。

（四）项目后评价的依据

1. 政策制度依据

2005 年 5 月，国资委下发《中央企业固定资产投资项目后评价工作指南》，作为中央企业开展投资项目后评价工作的指导性文件。2008年，国家发展改革委发布了《中央政府投资项目后评价管理办法（试行）》。随着国资委和国家发展改革委先后发布后评价工作指导性文件，多个大型国有集团和多家部门也陆续制定和出台了本集团或本行业的后评价管理文件，用于后评价工作的具体操作，包括设立后评价工作岗位、规范后评价工作程序、在项目投资中预留后评价费用等。2014年，国家发展改革委修订《中央政府投资项目后评价管理办法》，并印发《中央政府投资项目后评价报告编制大纲（试行）》。

我国已形成由政府部门制订后评价制度性或规定性文件，相关行业主管部门制订后评价实施细则，企业制订后评价操作性文件的制度体系。

2. 信息数据依据

后评价所需资料主要包括项目决策及实施过程中的重要节点文件、项目实施过程的记录文件、项目生产运营数据和相关财务报表、与项目有关的审计和稽查报告等。

（五）项目后评价的内容（以工程项目后评价类为例）

1. 项目建设全过程回顾与评价

项目建设全过程的回顾和总结，一般分四个阶段：项目前期策划与决策、项目建设准备、项目建设实施、项目投产运营。国际组织通常从合理性、效率、效益、可持续性四个方面进行评价。由于工程建设项目决策程序复杂、实施周期长的特点，我国后评价增加了项目建设过程评价，形成时间轴线与评价内容线网格交错的评价体系。项目建设过程评价，是在项目总结评价报告和现场调查研究基础上，对项目实施过程、产生的问题及原因进行全面系统的总结和评价。

回顾与评价的重点是评价项目立项与决策的正确性；评价项目建设的必要性、可行性、合理性；分析项目目标实现的程度以及失败的原因。

2. 项目效果效益评价

项目效果效益评价是对项目实施的最终效果和效益进行分析评价，即对项目的工程技术效果、经济（财务）效益、环境效益、社会效益，与项目可行性研究和评估决策时所确定的主要指标，进行全面对照、分析与评价，找出变化和差异，分析原因。项目工程技术效果、经济（财务）效益被称为项目直接效益评价。项目环境效益与社会效益被称为项目间接效益，列为项目影响评价。

（1）工程技术效果评价是针对项目实际运行状况，对工程项目采用的工艺流程、装备水平进行再分析，主要关注技术的先进性、适用性、经济性、安全性。项目技术水平评价将项目规模、能力、功能等技术指标的实现程度，与项目立项时的预期水平进行对比，从设计规范、工程标准、工艺路线、装备水平、工程质量等方面分析项目所采用的技术达到的水平，分析评价所采用技术的合理性、可靠性、先进性、适用性等。

（2）经济（财务）效益评价。财务效益后评价与前期评估时的分析内容和方法基本相同，都应进行项目的盈利能力分析、清偿能力分析、财务生存能力和风险分析。评价时要同时使用已实际发生和产生变化的内外部因素更新后的预测数据，并注意保持数据口径的一致性，使对比结论科学可靠。

经济效益评价是根据项目实际运营指标和根据变化后的内外部因素更新后的预测

数据，全面识别和调整费用和效益，编制项目投资经济费用效益流量表，从资源合理配置的角度，分析项目投资、项目经济效益和对社会福利所做的贡献，评价项目的经济合理性，判别目标效益的实现程度。

（3）环境影响评价。环境影响后评价是指对照项目前期评估时批准的《环境影响报告书》或《环境影响备案表》，依据环境评价验收文件和运行期间的环境监测数据，重新审查项目环境影响的实际结果。

环境影响后评价一般包括项目的污染控制、区域的环境质量、自然资源的利用、区域的生态平衡和环境管理能力等。对于前期决策过程中有节能审查环节的工程项目，还应对照已经通过审查的节能措施和节能效果进行节能评价。

（4）社会影响评价。社会影响评价首先应确定受影响人群的范围，有针对性地反映其受影响程度及对影响的反作用。社会影响评价的方法是定性和定量相结合，以定性为主。

社会影响评价主要是评价项目建设对当地经济、社会发展以及技术进步的影响，一般包含几个方面：①征地拆迁补偿和移民安置情况；②对当地增加就业机会的影响程度；③对当地税收与收入分配的影响；④对居民生活条件和生活质量的影响；⑤对区域经济和社会发展的带动作用；⑥推动产业技术进步的作用；⑦对妇女、民族和宗教信仰的影响等。

3. 项目目标评价与可持续性能力评价

（1）项目目标评价。项目目标包括两个层次：①宏观目标，是对社会，经济和环境等方面可能产生的影响；②直接目标，即项目产生的直接作用和效果。项目建设的宏观目标和直接目标尽量用定量指标加以表述，难以定量表述时也可定性描述。

项目目标评价的任务在于评价项目实施中或实施后是否达到项目前期决策中预定的目标，以及达到预定目标的程度，分析与预定的目标产生偏离的主、客观原因，提出在项目实施或运行中应采取的措施和对策，以保证达到或接近达到预定的目标。必要时，还要对项目预定的目标进行分析和评价，确定其合理性、明确性和可操作性，提出调整或修改目标的建议。

项目目标实现程度评价一般按照项目的投入产出关系，分析层次目标的合理性、实现的可能性以及实现程度，以定性和定量相结合的方法，用指标进行表述，见表 1-3。

表 1-3　　项目预定目标和目的达到程度分析表

目标内容名称	预定值	项目建成可能达到值	目标实现程度/%	偏离原因分析	拟采取对策和措施

项目达到预定目标，即项目建成。一个项目建成的标志是多方面的，一般为“四个建成”。“四个建成”的完成程度，即目标实现程度，包括工程（实物）建成、项目技术（能力）建成、项目经济（效益）建成和项目影响建成四个方面。

目标评价的常用分析方法包括目标树法、层次分析法、逻辑框架法等，可对项目的投入产出目标进行分析。

（2）项目的可持续能力评价。项目的可持续能力是指在项目的建设资金投入完成之后，项目可以按既定目标继续执行和发展，项目投资人和项目业主愿意并可能依靠自己的力量继续去实现既定目标的能力。可持续能力评价即实现上述能力的可能性评价，可持续能力也是项目目标评价的重要内容之一。

项目可持续能力要素受市场、资源、财务、技术、环保、管理、政策等多方面影响，一般可分为内部要素和外部要素。内部要素包括项目规模的经济性、技术的成熟性和竞争力、企业财务状况、污染防治措施满足环保要求的程度、企业管理体制与激励机制等，核心是产品竞争力及对市场的应变能力等。外部要素包括资源供给、物流条件、自然环境与生态要求、社会环境政策、环境市场变化及其趋势等。

后评价工作通过收集处理资料，在全面回顾项目过程后，通过目标评价、可持续能力评价，可以对项目的决策、执行状况及前景有一个完整判断，得出综合性结论。

(六）项目后评价的方法

资源 1.2

项目后评价的常用方法有逻辑框架法、对比法、层次分析法、因果分析法等。同一个项目后评价工作中可综合选择应用多种评价方法。在评价时应注意动态分析与静态分析相结合，综合分析与单项分析相结合，项目宏观投资效果分析与项目微观投资效果分析相结合，定量分析与定性分析相结合，对比分析与预测分析相结合。

(七）项目后评价流程

项目后评价应由有相应资质的工程咨询机构承担，其实施操作的基本流程如下：

(1）签订委托合同，收集相关资料。

(2）明确项目经理，组织后评价组。

(3）制定工作计划，设计调查方案。

(4）聘请相关专家，明确任务分工。

(5）查阅项目资料，熟悉“自评报告”。

(6）开展现场调查，听取各方反映。

(7）进行目标对比，提出专家意见。

(8）交流沟通观点，听取业主意见。

(9）综合分析汇总，形成报告初稿。

(10）完善后评价报告初稿，提交评价报告。

评价单位领导在审查评价报告初稿后，向委托单位简要通报主要内容，必要时召开有关各方参加的小型会议，就报告初稿提出的某些重大问题进行专题讨论，经修改后定稿。正式提交的报告应有“项目后评价报告”和“项目后评价报告摘要”两种形式，并按项目后评价合同或协议，分别报送相关单位。

《中央政府投资项目后评价管理办法》规定，国家发展改革委应及时将项目后评价成果提供给相关部门、省级发展改革部门和有关机构参考，加强信息沟通；对于通过项目后评价发现的问题，有关部门、地方和项目单位应认真分析原因，提出改进意见，并报送国家发展改革委。

(八）后评价报告内容

后评价报告内容主要包括项目概况、项目过程评价、项目效果评价、项目目标及可持续性评价、项目总结五个部分。

1. 项目概况

项目概况主要是对项目的情况、建设内容、实施进度、总投资、运营及效益现状等内容进行概括简述。

2. 项目过程评价

项目过程评价的内容包括项目决策阶段、设计阶段、承发包阶段、实施阶段、竣工阶段、运营阶段评价。各阶段过程评价的要点汇总见表1-4。

表1-4　　项目过程评价内容要点

序号	阶段	内　容	要　点
1	决策阶段	项目立项	立项理由是否充分、依据是否可靠、建设目标与目的是否明确；项目是否符合社会发展规划和部门年度工作计划；是否根据需要制定中长期实施规划等
		项目决策过程和程序	决策程序是否符合规定；决策方法是否科学；决策内容是否完整；决策手续是否齐全
		项目评估	项目评估格式是否规范；报告内容是否完整；引用数据与参数是否可靠；分析方式是否科学；论证结论是否合理；项目评估深度是否满足决策者的需要等
		可行性研究报告	报告收费水平是否合理；可行性研究阶段的目标是否明确、合理；项目建设规模是否合理；计算方法是否科学；内容深度是否符合国家有关要求；项目风险分析是否充分等
2	设计阶段	勘察工作	承担勘察任务单位的资质，信誉状况是否满足项目建设的需要；勘察时是否遵循国家，相关部委的依据，标准、定额、规范等，是否与规定的勘察任务书一致；工程测绘和勘察深度及资料是否满足工程设计和建设的需要，质量水平是否符合要求及水平高低等
		设计工作	承担设计任务单位的资质、信誉状况是否满足项目建设的需要；设计时是否遵循国家、相关部委的依据、标准、定额、规范等，是否与规定的设计任务书一致；项目设计方案是否切合实际、技术先进、经济合理、安全适用；设计图纸的质量是否满足要求及水平高低等
		合同签订	合同签订的依据和程序是否符合规定；合同谈判、签订过程中的监督机制是否健全；合同条款是否合理和合法；合同文本是否完善等
		征地拆迁	征地拆迁安置计划、安置率、生活水平、发展机会等
		资金筹措	资金来源是否按预想方案实现；资金结构、融资方式、融资成本是否合理；风险分析是否到位；融资担保手续是否齐全等
		开工准备	劳动组织准备工作质量、技术准备工作质量、物资准备工作质量、施工现场准备工作质量等
3	承发包阶段	采购招标	是否按国家招投标法规定进行了政府投资项目的招标；招标文件的编制质量是否满足要求及水平的合理性；投标单位是否有串通投标和不正当的投标行为；投标书的编制质量是否满足要求及水平的高低等

续表

序号	阶段	内　容	要　点
4	实施阶段	合同执行与管理情况	合同执行情况是否正常；合同管理措施及各阶段合同管理办法是否达到应有效果
		质量，进度，投资和安全管理情况	质量、进度、投资和安全管理采取的措施与效果，分析产生差异的原因及对预期目标的影响，各目标的实现程度等
		项目设计变更情况	设计变更增加或减少投资额占变更引起投资变化比率；其他变更增加或减少投资额占变更费用引起投资额变化比率；重大设计变更发生的原因分析等
		资金支付与管理	基建财务管理机构和制度是否健全；资金实际来源、成本与预测、计划产生差异的原因；资金到位情况与供应的匹配程度；资金支付管理程序与制度严谨性；流动资金的供应及运用状况等
		工程质量控制情况	施工队伍及各分包商资质是否符合招标要求；相关合同及技术文件是否完整；质量保证体系是否完善；质量检查是否到位；相关质量检查文件是否齐全；相关材料、半成品是否经过质量检验；新工艺，新材料、新技术、新结构是否经过技术鉴定
		工程监理情况	业主委托工程监理的规范性和合法性，管理方式的适应性；监理组织机构、人员到位及人员变动情况；监理旁站、巡察工作情况；质量问题处理及监理指令落实和复查情况等
5	竣工阶段	组织与管理	建设管理体制的先进性、管理模式的适应性、管理机构的安全性和有效性、管理机制的灵活性、管理规章制度的完善状况和管理工作运行程序的规范性等
		生产准备	各项工程生产准备内容、试车调试、生产试运行与试生产考核，生产准备工作充分性情况等
		竣工验收情况	各专项验收是否均通过验收；相关验收记录文件是否齐全等
		资料档案管理	工程资料档案收集是否完整、准确；管理制度是否完善等
		项目设计能力实现情况	项目主要能力的实现情况，如建设规模、功能实现、生产能力等
		能源管理	能源计量设备安装情况、能源消耗情况
6	运营阶段	项目运营情况	项目运营模式、劳动定额、产品生产能力、产品销售情况等
		项目运营成本	项目运营成本的组成、比例等情况
		财务状况	项目的营业收入、营业成本、利润总额等情况
		产品结构与市场情况	产品的种类、生产能力、市场现状、行业发展状况等情况

3．项目效果评价

项目效果评价的内容包括项目技术水平评价、财务经济效益评价、经营管理评价、环境效益评价、社会效益评价。各阶段过程评价的要点汇总见表1－5。

表 1-5　　项目效果评价内容要点

序号	内容	指 标	要 点
1	项目技术水平	设备、工艺及辅助配套技术水平	项目所使用的新技术、新工艺、新设备、新材料等的水平
		国产化水平	采用国产化设备与进口设备的情况，并对采用进口设备的原因进行分析
		技术效果	技术的适用性、经济性及安全性
		资源与资源利用状况	对项目的排放情况、能耗水平及能源利用情况进行评价
2	项目财务经济效益评价	资产及债务状况	包括项目总投资、资本金比例、项目资产、项目负债、项目所有者权益等
		偿债能力指标	借款偿还期、利息备付率、偿债备付率、资产负债率等
		财务效益分析指标	内部收益率、净现值率、投资回报期、总投资报酬率、权益资金净利润率、投资利润率等
		运营能力指标	应收账款周转率、存货周转率、流动资产周转率、流动资产周转期、固定资产周转率、固定资产周转期等
		其他指标	单位费用效能、资金利用率等
3	项目经营管理评价	管理机构及领导班子	对现行管理机构设置情况及领导班子成员情况进行评价
		管理体制及规章制度	对现行管理制度及规章制度的合理性、合规性、完整性进行评价，对安全生产应急预案、消防应急预案等文件情况进行评价
		经营管理策略	项目运营管理模式、营销策略、推广计划等评价
		项目技术人员培训情况	项目技术人员在岗人数、比例及培训等情况
4	项目环境效益评价	环境管理	对项目环保达标情况、项目环保设施及制度的建设和执行情况进行评价
		污染控制	项目的废气、废水和废渣及噪声是否在总量和浓度上都达到了国家和地方政府颁布的标准
		对地区环境质量的影响	分析主要以对当地环境影响较大的若干种污染物为对象，这些物质与环境背景相关
		自然资源的利用和保护	对节约能源、节约水资源、土地利用和资源的综合利用率、能耗总量等情况进行分析
		对生态平衡的影响	主要指人类活动对自然环境的影响
5	项目社会效益评价	对项目主要利益群体的影响	项目在施工期和运营期对各个不同利益群体产生的实际影响，特别是对收益、受损、弱势群体的影响和态度
		项目建设实施对地区发展的影响	建设项目对地区经济、文化、医疗、教育等方面的影响

续表

序号	内容	指标	要点
5	项目社会效益评价	对当地就业和人民生活水平提高的影响	建设项目提供就业机会情况及薪酬水平，对人民生活水平的影响
		投资项目征迁安置的影响	涉及拆迁安置的，应了解相关群体的受影响程度，采取的减缓措施和有关工作的管理质量和水平
		对所在地区少数民族风俗习惯和宗教的影响	涉及少数民族的，应考虑建设项目对少数民族在文化方面的影响

4. 项目目标及可持续性评价

项目目标及可持续性评价的内容包括项目目标实现度评价、环境功能的持续性评价、社会效果的持续性评价、经济增长的持续性评价。评价要点或说明见表1-6。

表1-6　　目标及可持续性评价内容要点或说明

序号	内容	指标	要点或说明
1	质量目标	设计质量	设计标准及功能、设计工作质量、技术标准或工艺路线、可适用性、可运营性等
		工程质量	材料质量、设备质量、建筑质量等
		运营质量	项目的整体使用功能、产品或服务质量、运营的安全性、运营和服务的可靠性、可维修性及方便拆除情况等
2	投资（费用）目标	全生命周期费用	建设总投资、运营（服务）成本、维护成本、单位生产能力投资、社会和环境成本等
		收益	运营收益、年净收益、总净收益、投资回报率等
3	时间目标	项目基本时间	建设期、投资回报率、维修或更新改造周期等
		工程寿命	工程的设计寿命、物理服务寿命、经济服务寿命等
		产品的市场周期	市场发展周期、高峰期、衰败期等
4	职业健康安全目标	卫生指标	废弃物处理能力及标准、排污、排尘、排噪声标准等
		健康指标	平均寿命、增加的寿命年限、质量调整的寿命年限等
		安全生产指标	有毒有害气体泄漏标准、易燃易爆物体存放标准、消防标准、危险源识别标准及应急措施、劳动保护用品配置标准
5	各方满意目标	用户满意	产品或服务价格、产品或服务的安全性、产品或服务的人性化等
		投资者满意	投资额、投资回报率、降低投资风险等
		业主满意	项目的整体目标、工程目标、经济目标、质量目标等
		承包人和供应商满意	工程价格、工期、企业形象等
		政府满意	繁荣与发展地区经济、增加地方财力、改善地方形象、政绩、就业和其他社会问题等

续表

序号	内容	指　　标	要点或说明
5	各方满意目标	生产者满意	工作环境（安全、舒适、人性化）、工作待遇、工作的稳定性等
		项目周边组织满意	保护环境、保护景观和文物、工作安置、拆迁安置或赔偿、对项目的使用要求等
6	与环境协调目标	与政治环境协调	可按环境系统机构进一步分解：①项目与生态环境的协调；②建筑造型、空间布置与环境整体和谐；③建设规模应与当时、当地的经济能力相匹配，应具有先进性和适度的前瞻性；④节约使用自然资源，特别是不可再生能源；⑤继承民族优秀文化，不可破坏当地的社会文化；⑥项目的建设要符合建筑相关法律规定和规范；⑦项目应符合上层系统的需求，对地区国民经济发展有贡献
		与经济环境协调	
		与市场环境协调	
		与法律环境协调	
		与自然环境协调	
		与周边环境的协调	
		与上层组织的协调	
		与其他方面的协调	
7	对地区和城市可持续发展的贡献目标	政策环境	行业现行政策环境
		社会经济发展指标	人口、就业结构、教育、基础设施、物流条件、社会服务和保障、GDP、地方经济等
		市场环境	现有市场环境、未来市场发展趋势等
		环境指标	环境治理现状、生态指标、环保投资等
		资源指标	资源存量、资源消耗指标等
8	项目自身具有可持续发展能力的目标	财务状况	成本管理分析、盈利能力分析、营运能力分析、增长能力分析等
		产品竞争能力	产品市场地位、市场占有率、生产效率、销售增长等
		技术水平	技术先进性、技术更新可行性等
		能长期地适合需求	功能的稳定性、可持续性、可维护性、低成本运行等
		污染控制	污染控制成本、污染控制设备寿命等

（九）项目总结

通过项目全过程回顾与评价，对项目建设各阶段采用的新技术、新方法进行评价，给出推广建议；对建设各阶段遇到的问题和解决方法进行整理分析，得到对策建议。项目后评价应从项目、企业、行业、宏观等多层面总结经验和对策建议。对策建议应具有可操作性，可对以后相似工程建设提供借鉴和指导。

第三节　基本建设项目种类和项目划分

基本建设项目是指在一个总体设计或初步设计的范围内，由一个或几个单项工程所组成、经济上实行统一核算、行政上实行统一管理的建设单位，一般以一个企业（或联合企业）、事业单位或独立工程作为一个建设项目。例如，工业建设的一个联合企业，或一个独立工厂、矿山；农林水利建设的独立的农场、林场、水利枢纽工程；交通运输建设的一条铁路线路、一个港口；文教卫生建设的独立的学校、报社、剧院等。

一、基本建设项目的定义

基本建设项目是投资与建设两种行为相结合的项目，投资是项目建设的起点，建设过程是投资目的实现的途径，是货币转换成实物资产的过程。基本建设项目是投资项目中最重要的一类。一个基本建设项目就是一项固定资产投资项目，既可以是新固定资产的投资活动（即固定资产的新建、扩建、改建、迁建和重建等工程，固定资产的外延扩大再生产），也可以是更新改造项目（即通过设备更新、简单再生产或部分扩大再生产等途径，达到节约产品生产成本、提高产品质量、增加新产品品种、治理“三废”和改善劳动安全条件等目的，属于固定资产内涵扩大再生产的投资项目）。

基本建设项目是指需要投入一定量的资本、实物资产，在一定的约束条件下，经过决策、实施（设计和施工等）等一系列程序，形成固定资产，达到预期的社会经济目标的投资建设活动。

基本建设项目一般都投资巨大、建设周期长、投资回收期长、工程寿命周期长、其质量优劣的影响面大，建设期间的风险大。基本建设项目的特征主要有以下几点：

（1）目标性。基本建设目标既有宏观目标，又有微观目标。政府审核建设项目主要审核建设项目的宏观经济效果和社会效果。企业则更重视建设项目的盈利能力等微观的财务目标。

（2）固定性。基本建设项目一般都体型庞大，建筑物或构筑物的地基基础固定在某地，因此只能建造在工程建设项目的选址地点，作为固定资产使用，一般情况下建成后不可移动。

（3）一次性和单件性。基本建设项目的建造时间、地点、地形、地质和水文条件、材料来源、使用要求及实施手段各不相同，因此基本建设项目千差万别，具有一次性和单件性特征。

（4）风险性。基本建设项目投资巨大，建设周期长，投资回收期长，建设期间的不可预测情况时有发生，建设过程中需要注重防范风险事件的发生，制定一系列风险防范预案和措施。

二、基本建设项目种类

基本建设项目的兴建是国民经济建设事业的基础。我国非常重视建设项目的计划和管理。我国的经济建设基本上每五年制定一个规划，在综合平衡和专项平衡的基础上，规划一定时期内国民经济和社会发展计划，对国民经济各部门、各地区建设项目的类型、数量、规模、速度、比例和布局进行宏观规划，充分引导国民经济的平衡发展，提高基本建设投资的经济效果。

基本建设项目是指在行政上有独立的组织形式，在经济上实行独立核算，由一个或几个单项工程组成，按照一个总体设计进行施工的建设单位。一般以一个企业或联合企业单位、事业单位或独立工程作为一个建设项目，例如，独立的工厂、矿山、水库、水电站、港口、灌区工程等。凡位于一个总体设计中的主体工程和相应的附属配套工程、综合利用工程、环境保护工程、水土保持工程、供水工程、供电工程以及水库的干渠配套工程等，只作为一个建设项目。企业、事业单位按照规定用基本建设投资单纯购买设备、工具、器具，如车、船、勘探设备、施工机械等，虽然属于基本建设范围，但不作为基本建设项目。为便于规划和管理，基本建设项目可以按不同角度和不同标准进行分类。

（一）基本建设项目的分类

1. 按建设性质划分

按照建设项目的建设性质不同，基本建设项目可分为新建、扩建、改建、恢复和迁建项目。一个建设项目只有一种性质，在项目按总体设计全部建成之前，其建设性质是始终不变的。

（1）新建项目。指原来没有，现在新开始建设的项目。有的建设项目并非从无到有，但其原有基础薄弱，经过扩大建设规模，新增加的固定资产价值超过原有固定资产价值的三倍以上，也称为新建项目。

（2）扩建项目。指在原有的基础上，为扩大原有生产能力，或增加新的产品、新的生产能力而新建的主要车间或工程项目。

（3）改建项目。指原有企业为提高劳动生产率、改进产品质量、或改变产品种类等，对原有设备或工程进行改造的项目；有时为了提高综合生产能力，增加附属或辅助性的非生产性工程，也属于改建项目。在现行管理下，将固定资产投资分为基本建设项目和技术改造项目，从建设性质看，技术改造项目属于改建项目。

（4）恢复项目。指企事业单位因自然灾害、战争等原因，使原有固定资产全部或部分报废，以后又按原有规模恢复建设的项目。

（5）迁建项目。指原有的企事业单位，由于改变生产布局、环境保护、安全生产等其他特别需要，迁往外地建设的项目。

水利水电基本建设项目包括新建、续建、改建、加固、修复工程建设项目。

2. 按用途划分

（1）生产性建设项目。直接用于物质生产或满足物质生产需要的建设项目，如工业、建筑业、农业、水利、气象、运输、邮电、商业、物资供应、地质资源勘探等建设项目。

（2）非生产性建设项目，用于满足人民物质生活和文化生活需要，如住宅、文教、卫生、科研、公用事业、机关和社会团体等需要的建设项目。

3. 按建设规模或投资大小划分

基本建设项目按建设规模或投资大小分为大型项目、中型项目和小型项目。国家对工业建设项目和非工业建设项目均规定有划分大、中、小型的标准，各部委对其所属的工程建设项目也有相应的划分标准，如水利水电工程建设项目就有对水库、水电站、堤防等级的划分标准，见表1-7。

表 1-7　　水利水电工程等级指标表

工程等别	工程级别	水库总库容/亿 m³	防洪		治涝	灌溉	供水	发电
			保护城镇及工矿企业的重要性	保护农田/万亩	保护农田/万亩	灌溉面积/万亩	供水对象的重要性	装机容量/万 kW
Ⅰ	大（1）型	≥10	特别重要	≥500	≥200	≥150	特别重要	≥120
Ⅱ	大（2）型	10～1.0	重要	500～100	200～60	150～50	重要	120～30
Ⅲ	中型	1.0～0.1	中等	100～30	60～15	50～5	中等	30～5
Ⅳ	小（1）型	0.1～0.01	一般	30～5	15～3	5～0.5	一般	5～1
Ⅴ	小（2）型	0.01～0.001		<5	<3	<0.5		<1

4. 按隶属关系划分

基本建设项目按隶属关系可分为国务院各部门直属项目、地方投资国家补助项目、地方项目、企事业单位自筹建设项目。1997 年 10 月国务院印发的《水利产业政策》把水利工程建设项目划分为中央项目和地方项目两大类，目前常见划分为主管部直属项目和地方项目。

5. 按建设阶段划分

基本建设项目按建设阶段分为预备项目、筹建项目、施工项目、建成投产项目、收尾项目等。

（1）预备项目（或探讨项目）。按照中长期投资计划拟建而又未立项的建设项目，只作初步可行性研究或提出设想方案供参考，不进行建设的实际准备工作。

（2）筹建项目（或前期工作项目）。经批准立项，正在进行建设前期准备工作而尚未开始施工的项目。

（3）施工项目。指本年度计划内进行建筑或安装施工活动的项目。包括新开工项目和续建项目。

（4）建成投产项目。指年内按设计文件规定，建成主体工程和相应配套的辅助设施，形成生产能力或发挥工程效益，经验收合格并正式投入生产或交付使用的建设项目。包括全部投产项目、部分投产项目和建成投产单项工程。

（5）收尾项目。指在以前年度已经全部建成投产，但尚有少量不影响正常生产使用的辅助工程或非生产性工程在本年度继续施工的项目。

6. 按投资效益划分

基本建设项目可分为竞争性项目、基础设施项目、公益性项目。

（1）竞争性项目，是根据其产业性质确定的，是指从属于竞争产业部门的投资项目，是竞争产业在投资领域的表现形态。

（2）基础设施项目，是指为社会生产和居民生活提供公共服务的工程设施项目，是用于保证国家或地区社会经济活动正常进行的公共服务系统。基础设施项目建设具有“乘数效应”，能带来几倍于投资额的社会总需求和国民收入效益。

（3）公益性项目，是指非营利性和具有社会效益性的投资项目。公益性项目以谋求社会效益为目的，一般具有规模大、投资多、受益面宽、服务年限长、影响深远等特点。广义的公益性项目是指为社会大众或社会中某些人群的利益而实施的项目，既包括政府部门发起实施的农业、环保、水利、教育、交通等项目，也包括民间组织发起实施的扶贫、妇女儿童发展等项目。狭义的公益性项目是由民间组织发起的，利用民间资源为某些群体谋求利益，创造社会效益的项目。

国家根据不同时期国民经济发展的目标、结构调整和其他需要，会对各类建设项目制定不同的调控和管理政策、法规、办法。例如，基本建设项目还可按管理系统或国民经济部门划分，前者不论其建设内容是属于哪一国民经济部门，只按项目的所在单位在行政上（或业务上）属于哪个主管部门归口管理而定；后者是按项目建成投产后的主要产品种类或工程的主要用途划分，而不论其隶属于哪个管理系统。例如，冶金工业部建设的冶金机械厂和学校，按管理系统划分，属于冶金工业部系统；按国民经济部门分类，则分别属于机械工业项目和教育事业项目。

（二）基本建设项目内部组成划分

一个基本建设项目往往规模大，建设周期长、影响因素复杂。为了便于编制建设计划、概预算，组织招标投标，安排施工，控制投资，控制质量，满足经济核算等生产经营管理的需要，通常按项目本身的内部组成，将其划分为建设项目、单项工程、单位工程、分部工程和分项工程。

基本建设项目一般是指在一个或几个场地上，按一个总体设计进行施工的各个工程项目的总和。如一家独立的医院、学校、体育场、公园、水电站、高铁线等。

1. 单项工程

单项工程是建设项目的组成部分。单项工程具有独立的设计文件，建成后可以独立发挥生产能力或效益。例如一个工厂的生产车间，一所学校的教学楼、食堂、宿舍，一个水利枢纽的拦河坝、电站厂房、引水渠等都是单项工程。一个建设项目可以是一个单项工程，也可以包含几个单项工程。

2. 单位工程

单位工程是单项工程的组成部分，一般是指不能独自发挥生产能力或产生效益，但具有独立设施条件的工程。一般以建筑物建筑及安装来划分，如灌区工程中进水闸、分水闸、渡槽；学校教学楼的土建工程、装饰装修工程、设备安装工程等。

3. 分部工程

分部工程是单位工程的组成部分，一般以建筑物的主要部位或工种来划分。例如房屋建筑工程可划分为基础工程、墙体工程、屋面工程等，也可以按照工种来划分，如土石方工程、钢筋混凝土工程，装饰工程等；隧洞工程可以分为土石方开挖工程、衬砌工程等。

4. 分项工程

分项工程是分部工程的细分，是建设项目最基本的组成单元，也是最简单的施工过程。例如砖石工程按工程部位，划分为内墙、外墙等分项工程。

三、基本建设投资

在我国的社会主义经济建设中，基本建设投资在国民经济收入部分和国家财政支出部分都占很大比重，是社会扩大再生产的源动力。国家在不同的计划时期，对基本建设投资的来源、投资规模、发展速度、投资结构和重大建设项目投资，都要进行规划设计。通过基本建设投资，增加社会主义经济的固定资产，扩大生产能力和效益，对原有固定资产进行技术改造，以促进国民经济和社会的发展，增加国民收入，改善人民生活。

基本建设投资是为开展一系列的建设行动而预付的货币资金，是为达到预期目标和效益而进行的经济活动。基本建设投资额是根据预算价格计算，并以货币形式表现的固定资产建设活动的工作量，是反映基本建设规模及经济增长速度的综合性指标。

基本建设投资的组成要素有以下三个部分：

(1) 建筑、安装工程费。包括建筑工程费和设备安装工程费。通过建筑施工和设备安装活动实现投资目的。

(2) 设备、工具、器具购置费。即购置或自制达到固定资产标准的设备、工具、器具的价值。

(3) 其他基本建设费。包括建设管理费、勘测设计费、科研试验费、场地征用费、淹没及迁移赔偿、水库清理、联合试运转费、生产人员培训费、生产准备费等。

在我国，全民所有制单位基本建设投资分预算内、预算外两部分。预算内投资又称国家投资，即国家预算直接安排的基本建设投资，占基本建设投资总额的主要部分，1985 年前我国预算内投资采用财政拨款形式，1985 年后预算内投资改为银行贷款的形式。预算外投资包括地方、部门、企业的自筹资金等所进行的基本建设投资。

在社会主义经济建设中，基本建设投资不仅注重建设项目的自身投资效果，也注重在整个国民经济中的投资效果，在我国，许多标志性的单个建设项目的投资效果是整个国民经济投资效果的基础，在建设投资总额不变的情况下，投资利用越好，效果越大，经济发展速度就越快。节省投资、讲求投资效果，是社会主义基本建设和国民经济发展的客观要求。

第二章

工程造价理论基础

第一节 工程造价的发展

一、国内工程造价管理的发展历史

改革开放以前，我国工程造价管理模式一直沿用苏联模式，即基本建设概预算制度。改革开放后，工程造价管理历经了计划经济时期的概预算管理、工程定额管理的“量价统一”、工程造价管理的“量价分离”，逐步过渡到以市场机制为主导、由政府职能部门实行协调监督、与国际惯例全面接轨的新管理模式。

中华人民共和国成立以来，我国的工程造价管理经历了以下几个阶段：

第一阶段，从新中国成立初期到20世纪50年代后期，我国是计划经济时期，所有基本建设由政府投资，建设中无统一预算定额，无统一计算规则，这一时期的建设，主要是通过设计图计算工程量，之后由估价员根据企业累积的资料和本人的工作经验，结合经济发展计算得到最终的工程造价。

第二阶段，从20世纪60—80年代改革开放初期，我国的造价工作采用有统一预算定额与单价情况下的工程造价计价模式，基本属于政府决定造价。主要按设计图及统一的工程量计算规则计算工程量，并套用统一的预算定额与单价，计算出工程直接费，再按规定计算间接费及有关费用，最终确定工程的概算造价或预算造价，形成工程的最终造价。

第三阶段，从20世纪80年代至2003年，在沿用以前的造价管理方法的同时，随着对外开放和社会主义市场经济的发展，我国建筑行业开始引进国外先进工程造价管理方法，国家建设部对传统的预算定额计价模式提出了“控制量，放开价，引入竞争”的基本改革思路。各地在编制新预算定额的基础上，明确规定预算定额单价中的材料、人工、机械价格作为编制期的基期价，并定期发布当月市场价格信息进行动态指导，在规定的幅度内予以调整，同时开始引入竞争机制。

第四阶段，2003年3月，中华人民共和国建设部和国家质量监督检验检疫总局联合颁布《建设工程工程量清单计价规范》（GB 50500—2003），2003年7月1日起在全国实施，工程量清单计价是在建设施工招投标时招标人依据工程施工图纸、招标文件要求，以统一的工程量计算规则和统一的施工项目划分规定，为投标人提供实物工程量项目和技术性措施项目的数量清单；投标人在国家定额指导下、在企业内部定额的要求下，结合工程情况、市场竞争情况和本企业实力，充分考虑各种风险因素，自主填报清单开列项目中包括的工程直接成本、间接成本、利润和税金在内的综合单价与合计汇总价，并以所报综合单价作为竣工结算调整价的一种计价模式。

二、国内工程造价管理模式

改革开放以来，我国的工程建设标准定额和工程造价管理工作以逐步适应社会主义市场经济为目标，按照调放结合、配套改革、小步快走、逐步到位的指导思想，进行了一系列的改革，并取得了较好的成果。1985年成立了中国工程建设概预算定额委员会，在此基础上1990年成立了中国建设工程造价管理协会，1996年人事部和建设部确定并建立注册造价工程师制度，对学科的建设与发展起了重要作用，标志着该学科已发展成为一个独立的完整的学科体系。

多年来我国工程造价管理的核心是定额，是以一种类似政府定价的形式存在，并直接决定了工程造价计价的形成。在建设市场经济体制的改革实践中，定额的性质和作用正在发生变化，我国定额具有“量价合一”的特殊性，为了简化计价工作，定额管理部门将定额配以价格，形成了“量价合一”的单位估价表。我国的预算定额规定的统一取费标准，一定程度上限制了承包商的竞争。费用定额是与预算定额配套的计价基础，虽然对费用定额提出了几项“竞争费”成本，但却限定了范围与幅度，难以体现出建筑产品单件性强和承包商个性化的特点。

随着我国加入WTO，在国际经济一体化的要求下，我国工程造价管理逐步向国际接轨。按国际惯例，定额的原意是消耗的量的标准，并没有将价格固定在定额中。随着我国市场经济的发展，传统的“量价合一，固定费率”的工程造价管理模式正在改变。2003年颁布的《建设工程工程量清单计价规范》(GB 50500—2003)，逐步由定额计价向工程量清单计价过渡。该规范的主要改革体现在以下几方面。

(1) 实现了统一项目编码、统一项目名称、统一计量单位、统一计算规则。

(2) 行业规定与企业自主相结合，工程实体消耗量以预算定额为主；非实体消耗量采用企业自行确定与政府指导相结合的方式。

(3) 将预算定额指令性的间接费改为在一定范围内浮动的指导性取费，实施动态调控，由施工企业自主确定。改革管理费，制定了适应多种承包方式的管理费费率，并由指令性调整为指导性。

(4) 调整预算定额的人工费单价构成。

(5) 人工、材料、机械价格由市场决定。

(6) 由定期发布材料价格及调整系数，转为收集、整理、公布市场材料信息、投标工程报价、建材市场参考价等。

目前工程造价管理机构批准发布的工程定额是遵循以社会平均成本为标准的原则编制的，因此定额规定的成本价与企业成本价二者间有一定的差异。我国的工程造价主要是根据估价表计算来的，这种估价表就是“量价合一”的具体表现。我国工程造价改革的总体目标是实现以市场形成价格为主的价格体系。目前，在市场价格的压力下，工程造价管理部门已经在逐步放开价格，沿海经济发达地区已经开始编制工程综合单价，形成市场经济的计价模式，这就要求各工程造价管理机构做到“控制量、放开价，政府宏观指导，企业自主报价，最终由市场竞争形成价格”，迅速推广工程量清单的标准形式，引导企业制订企业定额，加快全国统一价格信息网的建设，通过工程价格信息网方便及时地了解所需材料的价格，更好地反映出工程的市场价格。

三、国外工程造价管理发展模式

从16世纪开始实现了工程项目管理专业分工细化，“工料测量师”在英国出现，帮助施工工人确定和估算一项工程所需要的人工和材料，测量已经完成项目的工作量，确定从业主或承包商处应获得的报酬。目前，在英国及其联邦国家仍用“工料测量师”称呼从事工程项目造价确定与控制的专业人员。随着工程造价这一专业的诞生和发展，对工程项目造价管理理论与方法的研究也有了快速发展。

国际上，工程项目的造价通常是建立在分解项目结构和分析工程项目进度计划上。通过项目结构分解对工程项目进行全面的、详细的描述，结合这些活动的进度安排确定各项活动所需资源（人工、各种材料、生产或功能设施、施工设备），将其最低级别项目单元的估算成本通过汇总来确定工程项目的总造价。

随着国际建筑业的发展，工程造价在不同的区域形成了不同的管理形式，发达国家的建筑工程造价管理形成了许多好的国际惯例，建立了比较科学、严谨、完善、规范的管理制度，使工程造价得到从投标报价到建设实施全过程的控制与管理。我国建筑工程造价管理在发展中也借鉴了这些成功的经验。

目前，建设工程造价管理主要有三种模式：以英国为代表的工料测量体系，以美国为代表的造价工程管理体系及以日本为代表的工程计算制度。

1. 美国工程造价的管理

现行的工程造价由两部分构成。一是业主经营所需费用，称之为软费用，主要包括建设所需资金的筹措、设备购置及储备资金、土地征购及动迁补偿、财务费用、税金及其他各种前期费用。二是由业主委托设计咨询公司或者总承包公司编制的工程建设实际发生所需费用，一般称之为硬费用，主要包括施工所需的工、料、机消耗使用费、现场业主代表及施工管理人员工资、办公和其他杂项费用、承包商现场的生活及生产设施费用、各种保险、税金、不可预见费等。其中承包商的利润一般占建安工程造价的5%～15%。业主通过委托咨询公司实现对工程造价的全过程管理。

美国主要由各咨询机构制定单位建筑面积消耗量、基价和费用估算格式，由承发包双方通过一定的市场交易行为确定工程造价。美国工程估算、概算、人工、材料和机械消耗定额，不是由政府部门组织制订的，是由几个大区的行会（协会）组织，按照各施工企业工程积累的资料和本地区实际情况，根据工程结构、材料种类、装饰方式等按统一的计价依据和标准，制订出平方英尺建筑面积的消耗量和基价，推向市场。虽然是市场化价格，不是政府部门的强制性法规，但因其建立在科学、准确、公正及实际工程资料的基础上，能反映实际情况，得到社会的普遍公认，并能顺利实施。

2. 英国工程造价管理

英国是工程造价管理的发源地，经过几百年的实践形成了全英国统一的工程量标准计量规则（SMM）和工程造价管理体系，使工程造价管理工作形成了一个科学、规范的独立专业。政府投资的工程项目由财政部门依据工程的不同类别、建设标准、造价标准、通货膨胀影响等因素确定投资额度，各部门在核定的建设规模和投资额度范围内组织实施。政府不干预私人投资项目，投资者一般是委托中介组织进行投资估算。英国无统一定额，参与工程建设的各方共同遵守统一的工程量计算规则，投标报价原则上是根据工程量、单价合同（即 BQ 方式）。在英国，工程造价管理贯穿于立项、设计、招标、签约和施工结算等全过程。

3. 日本工程造价管理

工程造价实行的是全过程管理。从调查阶段、计划阶段、设计阶段、施工阶段、监理检查阶段、竣工阶段直至保修阶段均有严格的管理。日本建筑学会成本计划分会制定了日本建筑工程分部分项定额，编制了工程费用估算手册，并根据市场价格波动变化定期修改，实行动态管理。投资控制大体可分为三个阶段：一是可行性研究阶段，根据实施项目计划和建设标准，制定开发规模和投资计划，并根据可类比的工程造价及现行市场价格进行调整和控制；二是设计阶段，按可行性研究阶段提出的方案进行设计，编制工程概算，将投资控制在计划之内，施工图完成后，编制工程预算，并与概算进行比较，若高于概算，则进行修改设计，降低标准，使投资控制在原计划之内；三是施工中严格按图施工，核算工程量，制订材料供应计划，加强成本控制和施工管理，保证竣工决算控制在工程预算额度内。日本政府对投资的公共建筑、政府办公楼、体育设施、学校、医院、公寓等项目，除负责统一组织编制并发布计价依据以确定工程造价外，还对工程造价实施全过程的直接管理。

4. 德国工程造价管理

不论是政府项目，还是私人投资项目，在工程项目投资额确定后（政府工程经政府审批，私人工程经业主批准），均实行贯穿全过程的质量、进度和成本控制的动态管理。在实施过程中，必须严格地按照投资估算执行，不能随意修改和突破。

发达国家的管理方式中，行业协会组织作用较大，价格的确定和管理以市场和社会认同为取向，行业的管理归属民间。工程造价管理处于有序的市场运行环境，实行系统化、规范化、标准化的管理。政府的宏观调控，先进的计价依据、计价方法、发达的咨询业、多渠道的信息发布等做法，基本上代表了现行工程造价管理的国际惯例，符合 WTO 的基本原则。国外工程造价管理体制的特点为：一是行之有效的政府间接调控，二是有章可循的计价依据，三是多渠道的信息发布体系，四是量价分离的计算方法，五是发达的工程造价咨询业。

四、国内外工程造价管理的差异

我国现行的工程造价管理体制和发达国家之间还是有较大的差异的，除了已经提到的工程量清单和定额之间的差别，还有以下几方面的不同：

(1) 市场竞争程度不同：在西方发达国家，建筑市场是充分市场化的，这是以高度市场经济的自由竞争为背景的。在我国，社会主义市场经济还在发展中，以建筑行业来说，政府参与、地方保护、行业垄断等现象时有发生，制约了市场的充分竞争，使得市场自律程度较差，偷工减料和拖欠工程款现象加剧了业主和承包商之间的不信任程度，造成了建筑市场的不规范竞争。

(2) 政府投资项目差异较大：西方发达国家的政府机构投资的基建项目较少，一般通过代理人的形式，通过严格的审批、监控和复核制度，工程造价管理是一种市场化的严格监管的管理模式。国内政府机构的功能较多，基建投资数目相对较大，造成了政府过度参与市场，导致政府投资项目的指令性往往大于竞争性，政府各部门的分项分段管理，对工程造价管理监管的系统性下降，导致建设成本增加。

（3）个人投资项目：西方发达国家政府机构对于个人投资项目，只在法律和基本规范的范畴进行控制，运作完全依靠市场调节和企业自律。国内的个人投资项目较少，很难形成大的市场经济自由竞争状态。

（4）全过程造价管理体系差异：在国外，总承包体系非常成熟，因此对于单一项目的规划、设计、施工和运营都有一揽子的造价分析和监控，促进改善设计质量，降低项目成本，降低业主的总体运作成本。国内目前没有严格意义上的总承包，规划、设计和施工是分开实施的，现有的造价管理集中在招投标和施工阶段，决定建设成本高低的设计阶段却缺乏有效的造价咨询和管理，造成国内的规划设计质量参差不齐，结构设计随意增加安全系数、不合理设计、粗糙设计的现象时有发生，对施工成本和业主的总体成本控制造成了不利影响。

（5）企业定额管理差异：发达国家的大中型建筑企业都拥有自己的成本数据库，通过多年积累和总结，形成自己的企业定额，了解自身的优势和弱点，为企业在市场竞争中提供了参考，扬长避短，增加竞争力，有效防止报价过低导致的企业亏损。我国多年来实行国家统一定额的制度，国内的大部分企业没有自己的成本数据库。即使一些大型企业建立了自己的用工分析，但由于定额的限制，只能用于企业自身的成本预测，难以发挥促进国家市场经济发展的作用。

第二节　工程造价的含义和特点

一、工程造价的含义

工程造价有两种含义。

（1）从投资者的角度出发，工程造价是指一个建设项目的建设成本，即完成一个建设项目所需费用的资金总和，包括建筑工程费（建筑工程造价）、安装工程费（安装工程造价）、设备费以及其他相关的必需费用（设备造价）。为获得预期效益，投资者在选定一个投资项目时，需要通过项目评估进行决策，并开展设计招标、工程招标等一系列投资管理活动，直至竣工验收。投资活动所支付的全部费用形成了固定资产和无形资产，即工程投资费用构成了该建设项目的工程造价。

（2）从承包方的角度出发，工程造价是指所承包建设项目的工程价格。即为建成一项工程，预计或实际在土地市场、设备市场、技术劳务市场以及承包市场等交易活动中所形成的建设项目总价格。在社会主义市场经济下，即以工程项目这种商品形式作为交易对象，经过招投标、承发包或其他方式，经过市场交易所形成的价格，也可称为工程的承发包价格，是在建筑市场通过招投标方式，由需求主体（投资者）和供给主体（建筑商）共同认可的价格。

工程项目可大可小，既可以是一个建设项目全部，也可以是建设项目中某个单项工程，或是整个项目建设中的某个阶段，如枢纽建设中的挡水工程、电站工程等。随着社会的发展、技术的进步、分工的细化和市场经济的完善，工程造价的含义也会发生变化。

（3）工程造价的两种含义的关系。第一种含义属于投资管理范畴，从建设工程的投资者来说，工程造价就是项目投资，是“购买”项目要付出的价格，是建设成本，同时也是投资者在作为市场供给主体时“出售”项目时定价的基础。对于投资者而言，投资是一种为实现预期收益而垫付资金的经济活动，投资者追求的是通过正确决策，投资活动，获得相应的投资收益。

第二种含义属于价格管理范畴，对于承包商、供应商和规划、设计等机构来说，工程造价是他们作为市场供给主体，出售商品和劳务的价格的总和，是工程承发包价格。对于承包商而言，通过工程定价、造价管理、施工管理及其他措施，获得利润和高额利润是他们的目标。

二、工程造价的特点

我国地域广阔，地区间气候、地质、资源、交通、经济、文化差异巨大，基本建设项目的建设面临复杂的自然条件和社会环境，项目的工程造价也具有以下显著特点。

1. 大额性

基本建设项目中的任一项工程，往往实物形体庞大，造价高昂。一项工程的造价可以达到上千万元、上亿元人民币，特大的工程项目造价可达千亿元人民币。如长江三峡工程，初步设计静态总概算（1993年5月末价格）为900.9亿元，工程施工期长达17年，计入物价上涨及施工期贷款利息，估算动态总投资约为2000亿元。工程造价的大额性关系到相关各方面各行业的重大经济利益，并对社会宏观经济产生重大影响。

2. 差异性

由于基本建设产品的建设地点的不固定性、单一性、露天施工性，并且工程规模、用途、功能往往各不相同，工程造价具有差异性。

如秦山核电站是中国自行设计、建造和运营管理的第一座30万kW压水堆核电站，一期工程1985年开工，1991年建成投入运行，1994年4月投入商业运行，1995年7月顺利通过国家验收。2015年1月12日17时，秦山核电厂扩建项目（方家山核电工程）2号机组成功并网发电。至此，秦山核电基地现有的9台机组全部投产发电，总装机容量达到656.4万kW，年发电量约500亿kW·h，是目前国内核电机组数量最多、堆型最丰富、装机最大的核电基地。秦山核电站总投资17多亿元人民币，1991年秦山核电站一期工程建成发电，结束了中国无核电的历史，实现了零的突破，标志着“中国核电从这里起步”，中国核工业的发展上了一个新台阶，成为中国军转民、和平利用核能的典范，使中国成为继美国、英国、法国、俄罗斯、加拿大、瑞典之后世界上第7个能够自行设计、建造核电站的国家。

3. 动态性

任一项基本建设项目从决策到竣工交付使用，都有一个比较长的建设工期，大型工程更是如此，在预计工期内，存在许多影响工程进度的动态因素，导致工程造价的变化，例如工程变更、设备材料价格变动、工资标准以及费率、利率、汇率变化等。因此，工程造价在整个建设期中处于动态变化，直至竣工决算后才能最终确定工程的实际造价。如黄河小浪底水利枢纽主体工程建设采用国际招标，以意大利英波吉罗公司为责任方的黄河承包商中大坝标，以德国旭普林公司为责任方的中德意联营体中进水口泄洪洞和溢洪道群标，以法国杜美兹公司为责任方的小浪底联营体中发电系统标。1994年7月16日合同签字仪式在北京举行，黄河小浪底工程1994年主体工程开工，2001年全部竣工，总工期11年，1997年初步设计静态概算总投资为253.49亿元人民币，工程投资总概算经过调整并经国家计委核算批准为动态总投资347亿元人民币，其中外资11.09亿美元，内资254.97亿元人民币。

4. *层次性*

一个建设项目由多个能够独立发挥效能的单项工程组成。一个水利枢纽工程由挡水工程、泄洪工程、引水工程等组成，其中每个单项工程又由能够各自发挥专业效能的多个单位工程组成，如引水工程由进（取）水口工程、引水明渠工程、引水隧洞工程、调压井工程、高压管道工程等组成，工程的层次性决定了造价的层次性，因此工程造价也由三个层次组成，即建设项目总造价、单项工程造价和单位工程造价。如果项目建设过程更加复杂，专业分工更细，单位工程可以细分为分部分项工程，如土方厂程、基础工程、混凝土工程等，工程造价的层次就增加为五个层次，即建设项目总造价、单项工程造价、单位工程造价、分部工程造价和分项工程造价。

三、工程造价的作用和职能

工程造价影响广泛涉及基本建设的各个环节，涉及国民经济生活中的各行各业，直接影响到人民群众的生产和生活。其作用和职能如下：

（1）工程造价是进行建设项目投资决策的依据，即工程造价的预测职能。基本建设项目特别是水利水电工程，资金需求巨大，无论投资者还是建筑商都要对拟建工程进行预先测算。投资者预先测算工程造价是项目投资决策的依据，如果建设工程的价格超过投资者的支付能力，就会迫使投资者放弃投资项目，如果项目投资的效果达不到预期收益目标，投资者也会自动放弃对工程的投资。

工程造价是筹措建设资金、控制造价的依据。工程造价基本决定了建设资金的需要量，为筹集资金提供了比较准确的依据。当建设资金来源于金融机构的贷款时，金融机构在对项目的偿贷能力进行评估的基础上，也需要依据工程造价确定给予投资者的贷款数额。

承包商对工程造价的测算，既为投标决策提供依据，也为投标报价和成本管理提供依据。

（2）工程造价是编制建设项目投资计划和控制投资的工具，即工程造价的控制职能。主要表现在两方面：一方面是它对投资的控制，即在投资的各个阶段，根据对造价的多次性预估对造价进行全过程多层次的控制，最终通过竣工决算确定总造价。每一次预估的过程就是对造价的控制过程，一般后一次估算不能超过前一次估算的一定幅度，这种控制为投资者取得既定的投资效益提供了保障。另一方面，工程造价也是对以承包商为代表的商品和劳务供应企业的成本控制，在市场经济条件下，企业实际成本开支决定企业的盈利水平，成本越高盈利越低。因此企业为了生存，利用工程造价提供的信息资料作为控制成本的依据，以工程造价来控制成本，达到预期的盈利目标。

(3) 工程造价是评价投资效果的重要指标，即工程造价的评价职能。工程造价既是建设项目的总造价，又包含单项工程的造价和单位工程的造价，同时也包含单位生产能力的造价，这使工程造价自身形成了一个指标体系，形成新的价格信息，为评价投资效果提供多种评价指标，例如评价建设项目偿贷能力、获利能力和宏观效益，为日后类似项目的投资提供参考。同时，工程造价也是评价建筑安装企业管理水平和经营效益的重要依据。

(4) 工程造价是分配合理利益和调节产业结构的手段，即工程造价的调控职能。工程造价的高低，涉及国民经济各部门和企业间的利益分配。在市场经济中，工程造价受供求状况的影响，并在围绕价值的波动中实现对建设规模、产业结构和利益分配的调节。基本建设直接关系到经济增长，关系到国家重要资源分配和资金流向，对国计民生都产生重大影响，所以国家对建设规模、结构进行宏观调控。政府用工程造价作为经济杠杆对投资项目的物质消耗水平、建设规模、投资方向等进行直接调控和管理非常必要。

实现工程造价的作用和职能的主要条件是市场经济竞争机制的形成。在现代市场经济中，市场主体有自身独立的经济利益，并根据市场信息和利益取向来决定其经济行为。无论是购买者还是出售者，在市场上都处于平等竞争的地位，他们都不可能单独地影响市场价格，更没有能力单方面决定价格。价格是按市场供需变化和价值规律运动的，需求大于供给，价格上扬；需求小于供给，价格下跌。在基本建设中，作为买方的投资者和作为卖方的建筑安装企业及其他商品和劳务的提供者，在市场竞争中根据价格变动和自己对市场走向的判断来调节自己的经济活动，不断调节使价格总是趋向价值，形成价格围绕价值上下波动的基本运动规律。因此，建立和完善市场机制，创造平等的竞争环境是十分重要的。

第三节　工程造价文件种类

一、工程造价文件分类

1. 投资估算

投资估算是指在工程项目决策阶段，为了方案比选，对该项目进行投资费用的估算，包括项目建议书的投资估算和可行性研究报告的投资估算。编制投资估算文件的相关要素之间的关系如图 2-1 所示。

投资估算的作用：①是主管部门决定拟建项目是否继续进行研究的依据；②是主管部门审批项目建议书的依据；③是主管部门批准设计任务书的依据；④是编制国家中长期规划，保持经济建设合理比例和投资结构的依据。

2. 设计概算

设计概算是设计文件的重要组成部分，由单位工程概算、单项工程综合概算、建

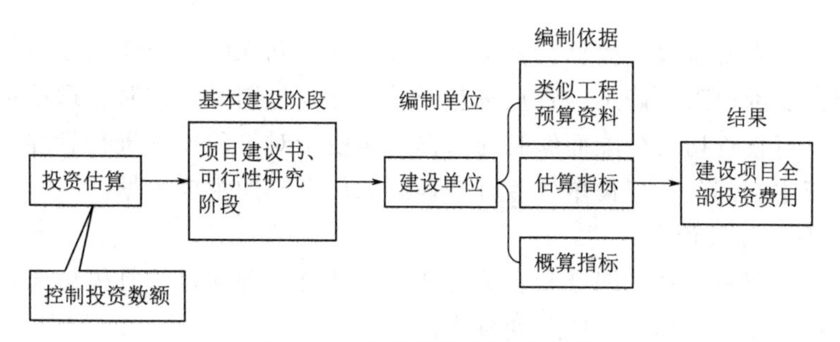

图 2-1　投资估算编制示意图

设项目总概算构成，是设计单位依据初步设计或扩大初步设计图纸，按照相关定额或指标规定的工程计算规则、行业标准编制的。编制设计概算文件的相关要素之间的关系如图 2-2 所示。

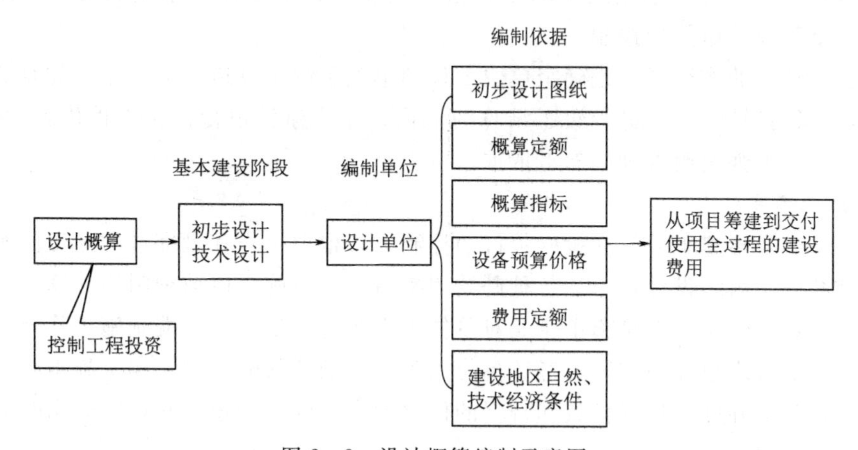

图 2-2　设计概算编制示意图

设计概算的作用：①是国家编制基本建设计划，确定和控制基本建设投资额的依据；②是投资方选择最优设计方案的依据；③是实行投资包干责任制和招标承包制的依据；④是建设银行办理工程拨款、贷款和结算、实行财政监督的重要依据；⑤是进行投资核算的重要依据；⑥是参与建设各方进行“三算”对比的依据。

3. 修正概算

修正概算是设计单位在技术设计阶段，随着对初步设计内容的深化研究，在建设规模、结构性质、设备类型等方面必须进行修改和变动时而编制的。修正概算一般不能超过原已批准的概算投资金额。

修正概算的作用：①是确定单位工程和单项工程预算造价的依据；②是签发施工合同、实行预算包干、进行竣工结算的依据；③是建设银行拨付工程价款的依据；④是施工企业加强经营管理，搞好经济合算的基础。

水利水电工程设计分为初步设计和施工图设计两个阶段，一般没有技术设计这一环节，因此，水利水电工程建设中很少编制修正概算。

4. 业主预算

业主预算是在初步设计概算基础上，对大中型水利水电工程建设项目，根据工程管理与投资的支配权限，确定实行投资包干或招标承包制时，按照管理单位及分包项目的划分，进行投资切块分配而编制的。作用是便于对工程投资进行管理与控制，并作为项目投资主管部门与建设单位签订工程总承包合同的主要依据。

5. 标底与投标报价

标底是根据招标文件，图纸和有关的规定，结合工程项目的具体情况，计算出的合理工程价格，作为招标工程的预期价格。

投标报价是投标人根据招标文件的要求和提供的施工图纸，按所编制的施工方案或施工组织设计，并根据相关规定、行业标准和企业定额，在投标时报出的工程价格。

6. 施工图预算

施工图预算（定额计价模式）是设计单位依据审查和批准过的施工图，按照相应施工要求，并根据有关定额规定的工程量计算规则、行业标准来编制的工程造价文件，金额受到设计概算的控制。

施工图预算的作用：①是确定单位工程和单项工程预算造价的依据；②是签发施工合同，实行预算包干，进行竣工结算的依据；③是建设银行拨付工程价款的依据；④是施工企业加强全面管理的参考依据。

资源 2.1

7. 施工预算

施工预算是指施工单位在投标报价的控制下，根据审查和批准过的施工图和施工定额，结合施工组织设计，考虑各种制约因素后，进行施工以前编制的预算。

施工预算的作用：①是施工企业对单位工程实行计划管理，编制施工作业计划的依据；②是实行班组经济核算、考核单位用工、限额领料的依据；③是施工队向班组下达施工任务书和施工过程检查和督促的依据；④是施工企业“两算”对比的依据。

资源 2.2

8. 工程结算

工程结算是单项工程、单位工程、分部分项工程完工后，经建设单位及有关部门验收，在办理验收手续后，由施工单位根据施工过程中现场实际情况的记录、设计变更通知书、现场工程变更签证以及合同约定的计价定额、材料价格、各项取费标准等资料，在合同基础上根据规定编制的、向建设单位办理结算工程价款的造价文件，用以补偿施工过程中的资金耗费。工程结算价是该结算工程的实际建造价格，是确定整体工程实际造价的依据。

工程结算的作用：①工程结算是标志工程进度的主要指标；②是施工企业加速资金周转的重要环节；③是施工企业考核经济效益的重要指标。

资源 2.3

9. 竣工结算

竣工结算是指发包方、承包方双方根据国家有关法律、法规和标准规定，按照合同约定完成的最终造价文件。竣工结算是发包方和承包方办理工程价款结算的一种方法，是指工程项目竣工以后双方对该工程发生的应付、应收款项作最后清理结算。竣工结算是在工程进度款结算的基础上，根据所收集的各种设计变更资料和修改图纸，以及现场签证、工程量核定单、索赔等资料进行合同价款的增减调整计算，最后汇总为竣工结算价。竣工结算是在工程竣工并经验收合格后，在原合同造价的基础上，将有增减变化的内容，按照施工合同约定的方法与规定，对原合同造价进行相应的调整，编制确定工程实际造价并作为最终结算工程价款的经济文件。竣工结算价是所有结算工程的实际建造价格之和。它是整体工程的实际建设造价，是形成固定资产的实际价格。

工程竣工结算分为单位工程竣工结算、单项工程竣工结算、建设项目竣工总结算三种。

10. 竣工决算

竣工决算是指建设项目通过竣工验收交付使用后，由建设单位编制的反映整个建设项目从筹建到竣工验收所发生的全部费用的文件。竣工决算的作用：反映基本建设实际投资额及其投资效果；作为核算新增固定资产和流动资产价值；是国家或主管部门验收小组验收和交付使用的重要财务成本依据。

资源 2.4

二、工程造价在基本建设程序中的体现

工程项目需要按一定的建设程序进行决策和实施，在各个不同的建设阶段，需要编制不同的工程造价文件，以保证工程造价计算的准确性和控制的有效性。随着工程建设程序而进行的多次计价计算，是逐步深化、细化和逐步接近实际造价的演化过程。工程造价在工程建设不同阶段的表现形式有投资估算、设计概算、修正概算、施工图预算、合同价、投标报价、施工预算、工程结算、竣工决算，它们之间的对应关系如图 2-3 所示。

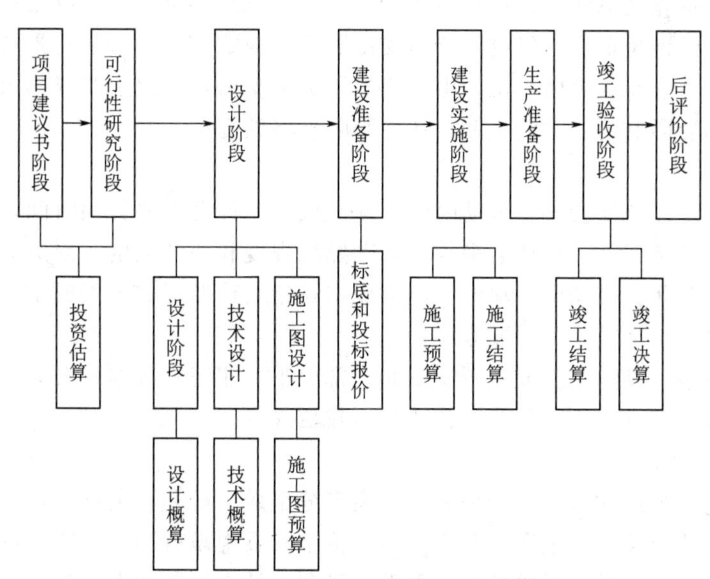

图 2-3　工程造价在基本建设程序各个阶段的体现

第四节　工程造价中的经济学理论

工程造价属于经济学中商品价格的范畴，以价值为基础。价格是以货币形式表现

的商品价值，不同的商品有不同的价格，同一商品价格也会受多种因素影响而变动，但影响价格的决定因素是商品内在的价值。

一、价格的组成要素

价值是凝结在商品中的一般社会劳动。商品的价值是由社会必要劳动时间来决定的。商品生产中社会必要劳动时间消耗越多，商品价值就越大。商品价值由两部分构成，一是商品生产中消耗的生产资料价值，二是生产过程中活劳动所创造出的价值。活劳动所创造的价值又由两部分组成，一是劳动力的价值，二是创造的剩余价值。

价格形成与价值构成存在直接的对应关系，生产中消耗的生产资料的价值，在价格中表现为物质资料耗费的货币支出；劳动者为自己创造的价值，表现为价格中的劳动报酬的货币支出；前两部分货币支出形成商品价格中的成本。劳动者创造的剩余价值在价格中表现为盈利。三部分之和形成了商品的价格，因此价值是形成价格的基础。

（一）价格与成本

在经济学中，成本是指生产活动中所使用的生产要素的价格，也称生产费用。价格形成中的成本是社会平均成本，是反映企业必要的物质消耗支出和工资报酬支出，是各个企业成本开支的加权平均数。

成本是影响价格的最重要的因素，在价值构成中占的比例较大。

成本是价格最低的经济界限，是维持商品简单再生产的最起码条件。如果价格低于社会成本，企业就不能正常维持生产经营，导致供给不足。只有将成本作为价格的最低界限，才能满足企业补偿物质资料支出和劳动报酬支出的最起码要求。

成本的变动会导致价格变动。由于成本是货币支出，因此生产资料价格的降低和工资的变动都会影响到成本的变动，从而影响价格的变动。

1. 正常成本

正常成本是反映社会必要劳动时间消耗的成本。社会必要劳动时间，是在现有的社会正常的生产条件下，在社会平均的劳动熟练程度和劳动强度下制造某种使用价值所需要的劳动时间。在经济活动中，正常成本是指新产品正式投产成本，或产品在生产能力和效率均正常条件下的成本。

非正常因素形成的企业成本开支属非正常成本。非正常成本一般是指新产品试制成本、小批量生产成本、其他非正常因素形成的成本。

2. 价格中的盈利

价格中包含的盈利由企业利润和税金两部分组成。盈利在价格中所占份额远低于成本，但它是社会扩大再生产的资金来源，价格形成中没有盈利，就不能再扩大规模进行再生产，社会也就不可能发展。因此，盈利对社会经济的发展具有重要意义。

价格中所包含的盈利，取决于劳动者为社会创造的价值量，在市场经济条件下，盈利是通过竞争形成的。

（1）按社会平均成本盈利率计算盈利和价格。即按部门平均成本和社会平均成本盈利率计算的盈利和价格，反映商品价格中利润和成本之间的数量关系。

成本盈利率比较全面地反映了商品价值中活劳动和物化劳动的耗费，特别是成本在价格中比重很大的情况下，它可以使价格不至于严重背离价值。工程造价就是采用成本盈利率计算的。

（2）按社会平均工资盈利率计算盈利和价格。即按部门平均成本和社会平均工资盈利率计算的盈利和价格，反映工资报酬和盈利之间的数量关系，直接以价值为基础计算盈利。

按工资盈利率计算盈利和价格，可以近似地反映社会必要劳动量的消耗，比较准确地反映活劳动的效果，比较准确地反映国民经济各部门的劳动比例和国民收入初次分配中为自己劳动与为社会劳动的扣除之间的关系。

（3）按社会平均资金盈利率计算盈利和价格。即按部门平均成本和社会平均资金盈利率计算盈利和价格，也称为生产价格。它反映全部资金占用和全年总盈利额之间的数量关系。

按资金盈利率计算盈利和价格，是社会化大生产发展到一定程度的必然要求，它承认物质技术装备和资金占用情况对提高劳动生产率的作用，能适应市场经济发展的需要。

（4）按综合盈利率计算盈利和价格。成本盈利率、工资盈利率和资金盈利率以不同角度计算商品价格中的盈利额，各有利弊。综合盈利率是按社会平均工资盈利率和社会平均资金盈利率，分别以一定比例分配社会盈利总额，并计算价格。综合盈利率比较全面地反映了劳动者和生产资料的作用，但二者各占多大比例则应视各部门和整个国民经济发展水平而定。

从发展角度看，目前应以资金盈利率和综合盈利率来计算价格的方法为主。

（二）影响价格的市场机制

价格受到市场机制的制约，市场机制是指在竞争市场上需求与供给的相互关系对商品价格和生产要素价格的决定作用。

商品供求状况对价格形成的影响，是通过价格波动对生产的调节来实现的。社会必要劳动时间有两种含义，第一种含义是指单个商品的社会必要劳动时间，第二种含义是商品的社会需要总量的社会必要劳动时间。一般情况下，价格上升，需求减少；价格下降，需求增加。这种价格与数量间的反比关系，称为需求原则。价格越高，卖主愿意提供的商品越多，供给随着价格的升降而增减，把商品价格与其供给量之间的相对关系称为供给关系。

如果某种商品供给大于需求，多余的商品在市场难以找到买主，价格只能被迫下降。反之，在供不应求的情况下，价格就会提高。商品价格的降低，会调节生产者减少供应量，价格提高又会调节生产者增加供应量，从而使市场供需趋于平衡。价格波动调节供需，供需关系又影响价格，二者相互影响、相互制约。从短期看，供求决定价格，从长期看，则是价格通过对生产的调节决定供求，使供求趋于平衡，这样就形成了一个均衡价格。均衡价格是指一种商品的需求量与供给量相等时的市场价格，这时的供求量称为均衡数量。均衡价格形成的过程是一个自动调节的过程，如果市场价格背离均衡价格，则有自动恢复均衡的趋势。供给大于需求，市场出现商品过剩，生产者被迫降低价格刺激需求，并减少供给，直至市场价格等于均衡价格，供求达到均衡。当市场价格低于均衡价格时，此时市场上的需求大于供给，出现商品短缺，市场价格将自动上升，一方面抑制需求，一方面刺激生产，最后达到均衡价格。

除供求外，币值、利率和土地价格、税收政策等也会对商品价格产生影响。

（三）价格的构成

价格构成是指构成商品价格的组成部分。商品价格一般由生产成本、流通费用、利润和税金构成。但由于商品所处的流通环节和纳税环节不同，价格构成也不完全相同。如工业品出厂价格是由生产成本、税金和利润构成，工业品批发价格是由出厂价格、批发环节流通费用、税金和利润构成，工业品零售价格是由批发价格、零售环节流通费用、税金和利润构成。

价格构成以价值构成为基础，是价值构成的货币表现。

1. 生产成本

生产成本按经济内容主要包括以下几个部分：原材料和燃料费、折旧费、工资及工资附加、其他（如利息支出、交通差旅费等）。

生产成本影响因素主要有多个方面：技术发展水平、各类物质资源利用状况、原材料等物质资料的价格水平、劳动生产率水平、工资水平、产品质量、管理水平等。

生产成本的变动对价格产生很大影响。科学技术的发展促使生产效率大幅提高，降低商品生产中社会必要劳动的消耗。在货币与价值比值不变的条件下，成本显现下降的趋势。成本与价值变动方向和幅度趋于一致。但由于国民经济各部门或同一部门不同时期，影响成本变动的因素或作用的程度不同，成本变动的情况也会不同，技术和管理水平提高得越快的部门，成本下降越明显，如信息行业。一些部门由于资源或原料供应等因素影响，成本也时有上升趋势，如煤炭工业和石油加工工业。农业由于技术和管理水平相对较低，同时受自然条件的影响，成本下降较慢，甚至在一段时期出现上升。成本的变动直接影响价格的变动，但由于价格变动还受其他因素的影响，如市场因素、宏观政策因素等，价格变动和成本变动有时表现并不一致。

2. 企业财务成本

企业财务成本包括以下内容：原材料、辅助材料、备品配件、外购半成品、燃料、动力、包装物、低值易耗品的原价和运输、装卸、整理费；固定资产折旧费；计提的更新改造资金；租赁费和维修费；科学研究、技术开发、新产品试制、购置样品样机和一般测试仪器的费用；职工工资，福利费和原材料节约、改进技术奖；工会经费和职工教育经费；产品包修、包换、包退费用，废品修复或报废损失；停工工资、福利费、设备维护费和管理费，削价损失和坏账损失；财产和运输保险费；契约、合同公证费和鉴证费，咨询费；专有技术使用费及应列入成本的排污费；流动资金贷款利息；商品运输费、包装费、广告费和销售机构管理费；办公费、差旅费、会议费、劳动保护用品费、取暖费、消防费、检验费、仓库经费、商标注册费、展览费等管理费；其他费用。

财务成本和生产成本性质不同，生产成本是企业在商品生产中的实际开支，是财务成本的计算基础。

3. 总成本、平均成本和边际成本

总成本是生产某特定产量所需要的成本总额，包括固定成本和可变成本两部分，固定成本是在一定生产规模下不随产量变动的费用，如泵站厂房和设备的折旧费、一般管理费用、厂部管理人员的工资等，只要企业存在，不管是否运营都要支出固定成本。可变成本是随产量而变动的费用，如原材料、燃料和动力支出、生产工人的工资等。

平均成本是平均每个单位产品的成本。边际成本是每增加或减少一个单位产品而使总成本变化的数值。如果边际成本小于平均成本，那么每增加一个单位产品，单位平均成本就比以前小一些；如果边际成本大于平均成本，则每增加一个单位产品，单位平均成本就比以前大一些。

（四）流通费用

流通费用是指商品在流通过程中所发生的费用，包括由产地到销地的运输、保管、分类、包装、商品促销和管理费用，是商品部分价值的货币表现。流通费用按不同方法分类如下：

（1）按经济性质分为生产性流通费用和纯粹流通费用。生产性流通费用包括运输费、保管费、包装费等，是生产过程在流通领域的延续。纯粹流通费用是与商品销售活动相关的费用，如广告费、人员工资、销售活动发生的其他费用等。

（2）按计入价格的方法不同分为从量费用和从值费用。从量费用就是以商品的量作为计算流通费用的依据，直接计入价格，如运杂费、包装费等。从值费用就是以商品的值，如销售价或销售价中的部分金额，作为计算流通费用的依据，计算时一般按规定费率通过公式计入价格。

在市场经济条件下，随着日益激烈的竞争、商品流通环节的增加、市场规模的扩大，流通费用在价格中所占份额呈现增加的趋势。

（五）收益

收益是指生产者出卖商品的收入。收益的三个基本概念是总收益、平均收益、边际收益。总收益是单位商品的出售价格与产量的乘积，也是平均收益与产量的乘积。边际收益是指生产者每多出售一个商品而使总收益增加的值，即总收益增量与产量增量的比值。在价格不变的条件下，不论产量如何增加，单位产品价格不变，平均收益等于边际收益等于单位产品卖价。

生产者在经营中所遵循的原则是使边际收益等于边际成本，即最大利润原则。如果边际收益大于边际成本时，多生产一个商品所得的收益大于成本，企业还有潜在的利润可赚，会继续增加生产。如果边际收益小于边际成本，企业每多生产一个商品的收入少于支出，企业就会减少产量。当边际收益等于边际成本时，企业把过去直至现在可能赚到的利润都得到了，实现了利润最大化，再增加生产则使利润减少，企业正是根据这一原则和市场的需求状况来决定其生产的数量和产品的价格。

利润是收益中的一部分，是价格与生产成本、流通费用和税金之间的差额。价格中的利润可分为生产利润和商业利润两部分。

生产利润包括工业利润和农业利润两部分。工业利润是工业企业销售价格扣除生产成本和税金后的余额。农业利润也称为农业纯收益，是农产品出售价格扣除生产成本和农业税后的余额。

商业利润包括批发价格中的商业利润和零售价格中的商业利润。是商业销售价格扣除进货价格、流通费用和税金以后的余额。

二、影响价格的经济规律

运动是价格存在的形式，也是价格职能实现的形式。价格运动是由价格形成因素的运动性决定的。价格运动受一定规律支配，支配价格运动的经济规律主要是价值规律、供求规律和纸币流通规律。

1. 价值规律对价格的影响

价值规律是商品经济的一般规律，是社会必要劳动时间决定商品价值量的规律。价值规律要求商品交换必须以等量价值为基础，商品价格必须以价值为基础。价格是价值的表现，在市场经济条件下，价格会因市场供不应求而上升，因商品供大于求而下降。供给者的趋利行为会不断改变供求状况，使价格时而高于价值，时而低于价值。价格总是通过围绕价值上下波动的形式来实现价值规律。如果价格长期背离价值，脱离价值基础，会对经济发展产生负面影响，造成资源浪费、效率低下和行业发展滞后等不良后果。

2. 商品供求规律对价格的影响

供求规律是商品供给和需求变化的规律。价值规律和供求规律是共同对价格发生影响的，供求关系的变动影响价格的变动，而价格的变动又影响供求关系的变动。供求关系就是从不平衡到平衡，再到不平衡的运动过程，也是价格从偏离价值到趋于价值，再到偏离价值的运动过程。

3. 货币流通规律对价格的影响

货币能够表现价值，是因为作为货币的黄金自身有价值，每单位货币的价值越大，商品的价格就越低，价格与货币是反比关系。在商品价值与货币比值不变的情况下，流通中需要多少货币，是由货币流通规律决定的。

货币流通规律的表达式为

$$流通中货币需求量=商品价格总额\div货币平均周转次数 \quad (2-1)$$

在货币流通速度不变的条件下，商品数量越大，货币需要量越大。商品价格越高则货币需要量也越大。反之，货币需要量则减少。同理，在商品总量不变，价格不变的条件下，货币流通速度越快，货币需要量越小。当流通中的货币多于需要量，作为货币的黄金就会退出流通，执行储藏手段的职能。当流通中的货币不能满足需要时，黄金又会从贮藏手段转化为支付手段进入流通。

纸币是由国家发行、强制通用的货币符号，本身没有价值。但可代替货币充当流通手段和支付手段。纸币流通规律就是流通中所需纸币量的规律，它取决于货币流通规律。纸币作为金属货币的符号，它的流通量应等同于金属货币的流通量。但纸币不具备金属货币的储藏手段职能。如果纸币流通量超过需要量，纸币就会贬值，所代表的价值就会低于金属货币的价值，商品的价格就会上涨。纸币流通量不能满足需要时，所代表的价值就会高于金属货币的价值，此时商品价格就会下降。

三、工程造价的有关概念

1. 静态投资与动态投资

静态投资是以某一基准年、月的建设要素的价格为依据所计算出的建设项目的投资。水利水电工程静态投资包括：建筑工程费、机电设备及安装工程费、金属结构设备及安装工程费、施工临时工程费、独立费用、基本预备费等。

动态投资是指为完成一个工程项目的建设，预计投资需要量的总和。它除了包括静态投资所含内容之外，还包括建设期融资利息、价差预备费等，动态投资适应了市场价格运行机制的要求，使投资的计划、估算、控制更加符合实际，符合经济运动规律。

静态投资和动态投资虽然内容有所区别，但二者有密切联系。动态投资包含静态投资，静态投资是动态投资最主要的组成部分，也是动态投资的计算基础。

2. 建设项目总投资

建设项目总投资是指为完成工程项目建设，在建设期（预计或实际）投入的全部费用总和。生产性建设项目总投资包括固定资产投资和流动资产投资两部分。而非生产性建设项目总投资只有固定资产投资，不含流动资产投资。建设项目总造价是项目总投资中的固定资产投资的总额。

3. 固定资产投资

建设项目的固定资产投资就是建设项目的工程造价，二者在量上是一样的。其中建筑安装工程投资也就是建筑安装工程造价，二者在量上也是一样的。

固定资产投资包括基本建设投资、更新改造投资、房地产开发投资和其他固定资产投资四部分。其中基本建设投资是用于新建、改建、扩建和重建项目的资金投入行为，是形成固定资产的主要手段，在固定资产投资中占的比重最大，占全社会固定资产投资总额的50%～60%。更新改造投资是在保证固定资产简单再生产的基础上，以先进科学技术改造原有技术，实现以内涵为主的固定资产扩大化再生产的资金投入行为，占全社会固定资产投资总额的20%～30%，是固定资产再生产的主要方式之一。房地产开发投资是房地产企业开发厂房、宾馆、写字楼、仓库和住宅等房屋设施和开发土地的资金投入行为，目前在固定资产投资中已占20%左右。其他固定资产投资，是按规定不纳入投资计划和用专项资金进行基本建设和更新改造的资金投入行为，在固定资产投资中占的比重较小。

4. 基本建设工程造价

基本建设工程造价是基本建设产品价值的货币表现。基本建设工程造价是比较典型的生产领域价格。从投资的角度看，它是建设项目投资中的基本建设工程投资。基本建设工程造价是投资者和承包商双方共同认可的由市场形成的价格。在建筑市场，建筑安装企业所生产的产品作为商品既有使用价值也有价值。由于这种商品所具有的技术经济特点，它的交易方式、计价方法、价格的构成因素，以及付款方式都存在许多特点。

第三章

工程定额原理

资源 3.1

第一节 定额的概念

定额就是在合理的劳动组织和合理地使用材料和机械的条件下，完成单位合格产品所消耗的资源数量标准。定额即根据一定时期的生产力水平和产品的质量要求，规定产品生产中人力、物力或资金消耗的数量标准。

工程定额是指在正常的施工条件下，完成规定计量单位的合格建筑安装工程所消耗的人工、材料、施工机械台班、工期天数及相关费率的数量标准。工程定额反映的是在一定的社会生产力发展水平下，完成建设工程中的某项合格产品与各种生产消耗之间特定的数量关系。生产出质量合格的单位建筑产品与消耗的人力、物力和财力的数量标准之间，存在着以质量为基础的数量关系，定额要求建筑安装工程要符合有关建筑产品的设计和施工验收规范、质量和安全评定标准。

定额水平是反映生产资源消耗量大小的相对概念，是衡量定额消耗量高低的指标。定额水平受特定时期的生产力发展水平制约，工程定额水平必须反映当时的生产力发展水平。定额水平与生产力水平成正比，与生产资源消耗量成反比。

定额不是一成不变的，而是随着生产力水平的变化而变化。定额必须从实际出发，根据生产条件、质量标准和工人现有的技术水平等，经过测算、统计、分析而制定，并随着条件的变化进行补充和修订，以适应生产力发展的需要。定额水平是一定时期社会生产力水平的反映，与操作人员的技术水平、机械化程度及新材料、新工艺、新技术的发展相关，与企业的组织管理水平和全体技术人员的劳动积极性相关。

定额水平可以分为社会平均水平和平均先进水平两种。定额的社会平均水平，指在正常施工条件下，以平均的劳动强度、平均技术熟练程度、平均的技术装备条件完成单位合格产品所需付出的劳动消耗量的水平，这种以社会平均劳动时间来确定的消耗量水平，称为社会平均水平。

定额的平均先进水平，指在正常的施工条件下，多数施工班组或生产者必须经过努力才能达到的劳动消耗量水平。

定额水平要根据拟编制定额的种类来确定。例如，编制行业定额用以对整个行业进行指导时，应以该行业的平均水平作为定额水平；编制地区定额用于指导某地区时，应该以某地区该行业的平均水平作为定额水平；编制企业定额为企业控制成本及投标报价时，应以该企业的平均先进水平作为定额的水平。

一、定额的产生与发展

定额是随着社会生产力的发展而逐步产生和发展的。中国古代有许多闻名世界的工程，如都江堰、长城、京杭大运河、故宫等，建筑规模大、技术要求高，历经千百年，仍然运行良好。在工程建造中，工匠们积累了丰富的经验，逐步形成了一套工料限额管理制度，即人工、材料定额。据记载，我国唐代就已有夯筑城台用的定额——工。《大唐六典》中对土木工程的耗工耗量有条文记载。按照四季日照的长短，把劳动定额分为中工（春、秋）、长工（夏）、短工（冬）。工值以中工为准，长短工各增减10%。每一工种按照等级、大小和质量的要求以及运输距离远近来计算工值。

北宋著名建筑家李诫所著的《营造法式》（1100年）一书共34卷，包括释名、名作制度、工限、料例、图样五部分，其中“工限”相当于现在的劳动定额，“料例”相当于材料消耗定额。《营造法式》汇集北宋以前的技术精华，吸取了历代工匠的经验，对控制工料消耗，加强设计监督和施工管理起到很大的作用，此体系一直沿用到明清朝代。这是中国建筑史上造价管理的雏形。

清代的《工程做法则例》是一部算工算料的书；梁思成在《清式营造则例》一书序言中明确肯定清代计算工程工料消耗的方法和工程费用的方法。梁思成根据所搜集到的秘传抄本编著的《营造算例》中反映有“在标列尺寸方面的确是一部原则的书，在权衡比例上则有计算的程式……其主要目的在算料”。

16世纪，随着工程建设的发展，“工料测量师”（Quantity Surveyor）职业在英国出现，对施工工匠已完成的工程量进行测量和估价，确定工匠应得到的报酬。工业革命后，1771年英国建造了世界上第一个纺织工厂，之后工厂如雨后春笋般涌现，在工厂里劳动者、劳动手段、劳动对象集中在一个空间内，为了获得更多的利润，生产出更多更好的产品，降低产品的生产成本，企业管理应运而生。由于生产规模小，产品简单，生产中需要的人力、物力、生产程序，只凭生产经验即可控制，学徒靠师傅来培养。这段时期就是企业的传统管理阶段。

从19世纪初期开始，资本主义国家在工程建设中开始推行招标投标制，这就要求在工料测量工程设计以后和开工以前就进行测量和估价，根据图纸算出实物工程量并汇编成工程量清单，为招标确定标底或为投标者做出报价，工程造价逐渐形成独立的专业，1881年英国皇家测量师学会成立。但还远没有形成定额体系。定额体系的产生和发展与企业管理的产生和发展紧密相连。

19世纪末20世纪初，以美国人泰勒、法国人法约尔和英国人厄威克等为代表人物，形成了较为系统的经济管理理论“古典管理理论”，其中最为典型的是泰勒制。

企业管理成为科学是从泰勒制开始的。泰勒制的创始人是19世纪末的美国工程师弗·温·泰勒（F. W. Taylor，1856—1915年），是贝斯勒海姆（Bethlehem）钢铁公司的总工程师。当时美国资本主义正处于上升时期、工业发展得很快，但工人劳动生产率低，而劳动强度很高，每周劳动时间平均在60h以上。在这种背景下，泰勒开始了企业管理的研究，其目的是提高工人的劳动效率。从1880年开始，他进行了各种试验（如“铁锹作业的研究”），努力把当时科学技术的最新成就应用于企业管理，他着重从工人的操作方法上研究工时的科学利用，把工作时间分成若干组成部分（工序)，并利用秒表来记录工人每一动作及消耗的时间，制定出工时定额，作为衡量工人工作效率的尺度。他还十分重视研究工人的操作方法，对工人劳动中的操作和动作，逐一记录，分析研究，把各种最经济、最有效的动作集中起来，制定出最节约工作时间的标准操作方法，并据以制定更高的工时定额。为了减少工时消耗，使工人完成如“铁锹作业劳动生产率”较高的工时定额，泰勒还对工具和设备进行了研究，使工人使用的工具、设备、材料标准化。

泰勒通过研究提出了一套系统的、标准的科学管理方法，1931 年发表的《科学管理原理》一书是他的科学管理方法的理论成果，成果的核心是泰勒制。泰勒制可以归纳为：制定科学的工时定额，实行标准的操作方法，强化和协调职能管理，实行有差别的计件工资，进行科学而合理的分工。泰勒给资本主义企业管理带来了根本性变革，使资本家获得了巨额利润。泰勒被资产阶级称为“科学管理之父”。泰勒制的产生和推行，在提高劳动生产率方面取得了显著的效果，也给资本主义企业管理带来了根本性的改革和深远的影响。定额伴随着管理科学的产生而产生，伴随着管理科学的发展而发展。定额是管理科学的基础，在西方企业的现代化管理中一直占有重要地位。

随着世界经济的发展，企业管理又有许多新的进展，对于定额的制定也有了许多新的研究。20 世纪 40—60 年代，“投资计划和控制制度”在英国等经济发达的国家应运而生，从社会心理学的角度研究管理，强调和重视社会环境和人的相互关系对提高工效的影响，即资本主义企业管理科学。20 世纪 70 年代以后，出现了行为科学和系统管理理论，把管理科学和行为科学结合起来，其特点是利用现代数学和计算机处理各种信息，提供优化决策。这一阶段被称为企业管理的第三阶段——现代企业管理阶段。但泰勒制仍是企业管理不可缺少的基础管理体系。

二、我国工程定额的发展过程

新中国成立以后，随着国民经济的恢复和发展，国家开始建立和完善各种定额，工程定额从无到有，到形成一个健全的体系，经历了复杂的发展过程。

(1) 国民经济恢复时期（1949—1952 年），是我国劳动定额工作创立阶段。我们在借鉴原苏联的管理经验基础上，逐步形成了适合我国当时国情的企业管理方式。我国东北地区开展定额工作较早，从 1950 年开始，该地区铁路、煤炭、纺织等部门相继实行了劳动定额，1951 年制定了东北地区统一劳动定额。1952 年，华东、华北等地也陆续编制劳动定额或工料消耗定额。

(2) 第一个五年计划时期（1953—1957 年），社会主义经济建设大力发展，推行了计件工资制，各地区各部门编制了一些定额或参考手册。如水利部组织编印了《水利工程施工技术定额手册》；劳动部和建筑工程部于 1955 年联合主持编制了全国统一劳动定额，是建筑业第一次编制的全国统一定额；1956 年国家城市建设总局对 1955 年统一劳动定额进行了修订，增加了材料消耗和机械台班定额部分，编制了 1956 年全国统一施工定额。

(3) “大跃进”到“文化大革命”前的时期（1958—1966 年），中央管理权限部分下放，劳动定额管理体制也进行了探讨性的改革。劳动定额的编制和管理工作下放给省（自治区、直辖市）以后，在适应地方特点上起到了一定的作用。但也存在一些问题，主要是定额项目过粗，工作内容口径不一，定额水平不平衡。各地编制定额的力量不足，定额中技术错误较多。1959年，国务院有关部委联合做出决定，定额管理权限回收中央。1962年正式修订颁发了全国建筑安装工程统一劳动定额。这一时期，有关部委也相继颁发了适合行业特点的定额，如1958年水利部颁发了《水利水电建筑安装工程施工定额》，以及《水利水电建筑工程设计预算定额》，基本上满足了水利水电工程建设的需要。

（4）“文化大革命”时期（1967—1976年），全盘否定了按劳分配原则，将劳动定额工作看作是“管、卡、压”，致使劳动无定额，效率无考核等，阻碍了生产的发展，企业管理和生产体系严重破坏，定额工作不复存在。

（5）1976年十一届三中全会以后，国家对整顿和加强企业管理和定额管理非常重视，进行了一系列的政治、经济改革，国民经济迅速得到了恢复和发展，我国进入了社会主义现代化建设的历史时期。国家有关部门明确指出要加强建筑企业劳动定额工作，全国大多数省（自治区、直辖市）先后恢复、建立了劳动定额机构，充实了定额专职人员，同时对原有定额进行了修订，颁布了新的定额，提高了建筑业劳动生产率。1978—1981年国家基本建设总局和各主管部门分别组织修编了施工定额、预算定额。

（6）2002年建设部组织编制和颁发了《全国统一建筑装饰装修工程消耗量定额》，为实行量价分离提供了依据。2003年国家建设部颁布了《建设工程工程量清单计价规范》（GB 50500—2013），并于2008年、2013年多次修订版本并发布实施，实行量价分离和工程量清单报价方式。2007年水利部也颁布了《水利工程工程量清单计价规范》（GB 50501—2007）。清单计价规范发布的主导思想是“量、价分离”，体现“政府宏观调控，企业自主报价，市场形成价格，加强市场监督”的思路。我国从计价经济向市场经济转轨的同时，建筑工程造价管理也由概、预算定额管理模式向工程造价管理模式转变，最终逐步建立以市场形成价格的价格机制。

新中国成立70年来，在工程定额工作中，既有经验，也有教训。凡是按客观经济规律办事，用合理的劳动定额组织生产，实行按劳分配，劳动生产率就提高，经济效益就好，国民经济就发展前进；相反，不按客观经济规律办事，否定定额作用，否定按劳分配，劳动生产率就下降，经济效益就很差，生产效率就会下降，阻碍经济发展。因此，实行科学的定额管理，发挥定额在企业管理中的作用，是社会主义经济发展的保障。全国水利水电工程历年定额和全国建设工程历年定额分别见表3-1和表3-2。

表3-1　　全国水利水电工程历年定额（已出版）

颁发年份	定额名称	颁发单位
1954	水利水电工程预算定额（草案）	水利部、燃料工业部
	水力发电建筑安装工程施工定额（草案）	
	水力发电建筑安装工程预算定额（草案）	
1956	水力发电建筑安装工程定额	电力部
1957	水利工程施工定额（草案）	水利部

续表

颁发年份	定额名称	颁发单位
1958	水利水电建筑工程预算定额	水利电力部
	水力发电设备安装价目表	
1964	水利水电安装工程工、料、机械施工指标	
	水利水电建筑安装工程预算指标（征求意见稿）	
	水力发电设备安装价目表（征求意见稿）	
1965	水利水电工程预算指标（65定额）	
1973	水利水电建筑安装工程定额（讨论稿）	
1975	水利水电建筑工程概算指标	
	水利水电设备安装工程概算指标	
1980	水利水电工程设计预算定额（实行）	
1983	水利水电建筑安装工程统一劳动定额	水利水电规划设计总院
1985	水利水电工程其他工程和费用定额	水利电力部
	水利水电建筑安装工程机械台班费定额	
1986	水利水电设备安装工程预算定额	
	水利水电设备安装工程概算定额	
	水利水电建筑工程预算定额	
1988	水利水电建筑工程概算定额	
1989	水利水电工程设计概（估）算费用构成及计算标准	
1990	水利水电工程投资估算指标（试行）	能源部、水利部
1991	水利水电工程勘察设计收费标准（试行）	
	水利水电工程勘察设计生产定额	水利水电规划设计总院
	水利水电工程施工机械台班费定额	能源部、水利部
1994	水利水电建筑工程补充预算定额	水利部
	水利水电工程设计概（估）算费用构成及计算标准	
1997	水力发电建筑工程概算定额（上、下册）	电力工业部
	水力发电设备安装工程概算定额	
	水力发电工程施工机械台时费定额	
1998	水利水电工程设计概（估）算费用构成及计算标准	水利部
1999	水利水电设备安装工程预算定额	
	水利水电设备安装工程概算定额	
2002	水利建筑工程预算定额（上、下册）	
	水利建筑工程概算定额（上、下册）	
	水利工程施工机械台时费定额	

续表

颁发年份	定额名称	颁发单位
2002	水利工程设计概（估）算编制规定	水利部
2005	水利工程概预算补充定额	
2004	水利工程管理单位定岗标准和水利工程维修养护定额标准	
2007	水利工程概预算补充定额（掘进机施工隧洞工程）	
	水利工程工程量清单计价规范（GB 50501—2007）	
2010	水利工程概预算补充定额（海委部分）	
2014	水利工程设计概（估）算编制规定（工程部分）	
	水利工程设计概（估）算编制规定（建设征地移民部分）	
2016	水利工程营业税改增值税计价依据调整办法	
2017	水电工程分标概算编制规定	国家能源局
	水电工程招标设计概算编制规定	

表 3-2　　全国建设工程历年定额（已出版）

颁发年份	定额名称	颁发单位
1992	全国统一建筑装饰工程预算定额	建设部
1995	全国统一建筑工程基础定额	
	全国统一建筑工程预算工程量计算规则	
1999	全国统一市政工程预算定额	
	全国统一安装工程施工仪器仪表台班费用定额	
2000	全国统一安装工程预算定额	
2001	全国统一施工机械台班费用编制规则	
2002	全国统一建筑装饰工程消耗量定额	
2003	建设工程工程量清单计价规范	住房和城乡建设部
2008	建设工程劳动定额（建筑工程）	
	建设工程劳动定额（装饰工程）	
	建设工程劳动定额（市政工程）	
	建设工程劳动定额（安装工程）	
	建设工程劳动定额（园林绿化工程）	
	建设工程工程量清单计价规范	
2013	建设工程工程量清单计价规范	
	通用安装工程工程量计算规范	
	房屋建筑与装饰工程工程量计算规范	
	市政工程工程量计算规范	

续表

颁发年份	定额名称	颁发单位
2013	仿古建筑工程工程量计算规范	住房和城乡建设部
	园林绿化工程工程量计算规范	
	矿山工程工程量计算规范	
	构筑物工程工程量计算规范	
	城市轨道交通工程工程量计算规范	
	爆破工程工程量计算规范	
2015	房屋建筑与装饰工程消耗量定额	
	通用安装工程消耗量定额	
	市政工程消耗量定额	
	建设工程施工机械台班费用编制规则	
	建设工程施工仪器仪表台班费用编制规则	
2016	建筑安装工程工期定额	
2018	建设工程工程量清单计价规范（征求意见稿）	住房和城乡建设部
	房屋修缮工程消耗量定额	
	房屋建筑加固工程消耗量定额	
	城市地下综合管廊工程维护消耗量定额	
	园林绿化工程消耗量定额	
	仿古建筑工程消耗量定额	

三、定额的作用与特性

1. 定额的作用

定额是企业实行科学管理的基础条件。设计、计划、生产、分配、估价、结算等各项工作都必须以它作为衡量的基础。

（1）定额是编制规划的基础。无论是国家规划还是企业计划，无论是中长期规划，还是短期计划，无论是综合性的技术经济规划，还是施工进度计划，都直接或间接地以各种定额为依据来计算人力、物力、财力等各种资源需要量。所以，定额是编制规划的基础。

（2）定额是贯彻按劳分配原则的基本标准。多劳多得体现了社会主义按劳分配的基本原则。参照定额对每个劳动者的工作进行考核，支付劳动者的工作报酬。个人的物质利益与企业的效益相结合，大大提高了劳动者的工作积极性。

（3）定额是确定基本建设产品成本的依据，是评比设计方案合理性的标准。价格是根据生产过程中所消耗的人力、材料、机械台班数量以及其他资源、资金消耗数量决定的，而定额是计算各种资源的消耗量的基础，是确定产品成本的依据。同一基本建设产品的不同设计方案，反映了不同技术经济水平的高低和生产成本的差别。因此，定额也是比较和评价设计方案是否经济合理的基本标准。

（4）定额是提高企业管理水平的工具。定额是具有法律意义的标准，具有严格的经济监督作用，企业在计算和平衡资源需要量、组织材料供应、编制施工进度计划和作业计划、组织劳动力、签发任务书、考核工料消耗、实行承包责任制等一系列管理工作时，都要以定额作为标准，在生产过程中尽可能有效地使用人力、物力、资金等资源，从而提高劳动生产率，降低生产成本。

（5）定额可推动先进生产力和技术手段的发展。定额水平必须坚持平均先进的原则，可以准确地反映出生产技术和劳动组织的先进合理性，保证定额对先进生产力的推动作用。生产中可以用定额标定的方法，对同一产品在同一操作条件下的不同生产方法，进行观察、分析，从而总结先进的生产方法，推广新方法、新工具等先进技术，使生产效率得到提高，推动社会生产力的发展。

2. 定额的特性

我国定额的特性有以下几个方面：

（1）法令性。定额是根据当时的实际生产力水平而制定，并经授权部门颁发供有关单位使用。在执行范围内任何单位必须遵照执行，不得任意调整和修改。如需进行调整、修改和补充，必须经授权编制部门批准。因此，定额具有经济法规的性质。

（2）群众性。定额是根据当时的实际生产力水平，在大量测定、综合、分析、研究实际生产中的有关数据和资料的基础上制定出来的，因此具有广泛的群众性；定额一旦制定颁发，成为广大群众在实际生产中共同遵守的标准，定额的制定和执行都离不开人民群众。

（3）相对稳定性。定额水平是根据该时期社会生产力水平确定的，社会的发展有其自身的规律，有一个从量变到质变的过程，定额的推广执行有一个时间过程，所以每一次制定的定额必须是相对稳定的。稳定的时间有长有短，一般为5～10年，如果某种定额经常修改变动，那么执行中必然造成困难和混乱，很容易丧失定额权威性。工程建设定额的不稳定也会给定额的编制工作带来极大的困难。但是工程建设定额的稳定性是相对的，当技术水平提高，生产力发展变化，如果原定额已不再适应现在的生产力发展水平，授权部门应根据社会发展状况，制定补充定额或新的定额。

（4）系统性与针对性。工程定额是相对独立的系统。是由多种定额结合而成的有机的整体，它的结构复杂，有鲜明的层次，有明确的目标。工程定额的系统性是由工程建设的特点决定的。按照系统论的观点，工程就是庞大的实体系统，工程定额是为这个实体系统服务的。因而工程本身的多种类、多层次就决定了以它为服务对象的工程定额的多种类、多层次。这些工程的建设都有严格的项目划分，如建设项目、单项工程、单位工程、分部分项工程；在计划和实施过程中有严密的逻辑阶段，如规划、可行性研究、设计、施工、竣工交付使用以及投入使用后的维修。与此相适应，必然形成工程建设定额的多种类、多层次。

定额具有针对性，每种产品（或者每个工序）有相应的一项定额，一般情况不能互相套用。每一项定额不仅规定了该产品（或工序）的资源消耗的数量标准，而且规定了完成该产品（或工序）的工作内容、质量标准和安全要求。

（5）科学性。定额的编制是在对施工生产过程进行长期的观察、测定、综合、分析、总结的基础上，用科学的方法制定。定额必须符合建筑施工和产品生产的客观规律，促进生产力的发展。一方面工程建设定额和生产力发展水平相适应，能反映出工程建设中生产消费的客观规律；另一方面工程建设定额管理在理论、方法和手段上适应现代科学技术和信息社会发展的需要。

资源 3.2

第二节 定额的种类

定额按性质、用途、内容、管理体制的不同，划分为很多的类别。

一、按生产因素分

(1) 劳动定额。劳动定额也称人工定额或工时定额，是在正常施工技术组织条件下。完成单位合格产品所必需的劳动消耗数量的标准。劳动定额有两种表示形式，即时间定额和产量定额，两者互为倒数。

(2) 材料消耗定额。材料消耗定额是指在节约与合理使用材料条件下，生产单位合格产品所必须消耗的一定规格的建筑材料、成品、半成品或配件的数量标准。

(3) 机械作业定额。机械作业定额是指施工机械在正常的施工条件下，合理地、均衡地组织劳动和使用机械时，在单位时间内应当完成合格产品的数量，称机械产量定额。或者完成单位合格产品所需的时间，称机械时间定额。

(4) 综合定额。综合定额是指在一定的施工组织条件下，完成单位合格产品所需人工、材料、机械台班（时）数量。

(5) 机械台班（时）定额。机械台班（时）定额是指施工过程中使用施工机械一个台班（时）所需机上人工、动力、燃料、折旧、修理、替换配件、安装拆卸以及牌照税、车船使用税、养路税等的定额。

(6) 费用定额。费用定额是指除以上定额以外的其他直接费定额、间接费定额、其他费用定额等。

二、按建设阶段划分

(1) 投资估算指标。投资估算指标是由概算定额综合扩大和统计资料分析编制而成，在可行性研究阶段作为技术经济比较或建设投资估算的依据。

(2) 概算定额或概算指标。概算定额规定生产一定计量单位的建筑工程扩大结构构件或扩大分项工程所需的人工、材料和施工机械台班（时）消耗量及其金额。是编制初步设计概算和修正概算的依据，主要用于初步设计阶段预测（概算）工程造价。

(3) 预算定额。预算定额由施工定额综合扩大而成，是在施工图设计阶段编制施工图预算或招标阶段编制标底的依据。

(4) 施工定额。施工定额是指一种工种完成某一计量单位合格产品（如打桩、砌砖、浇筑混凝土等）所需的人工、材料和施工机械台班（时）消耗量的标准，是施工企业内部编制施工作业计划、进行工料分析、签发工程任务单和考核预算成本完成情况的依据，主要用于施工阶段施工企业编制施工预算。

按照建设阶段划分各种定额间关系的比较见表 3-3。

表 3-3　按照建设阶段划分各种定额间关系比较

类　别	施工定额	预算定额	概算定额	概算指标	投资估算指标
对象	施工过程或基本工序	分项工程或结构构件	扩大的分项工程或扩大的结构构件	单位工程	建设项目、单项工程、单位工程
用途	施工预算	施工图预算	编制扩大初步设计概算	编制初步设计概算	编制投资估算
项目划分	最细	细	较粗	粗	很粗
定额水平	平均先进	平均			
定额性质	生产性定额	计价性定额			

三、按现行管理体制和执行范围划分

(1) 全国统一定额。指在工程建设中，各行业、部门普遍使用，在全国范围内统一执行的定额。一般由国家计划委员会或授权某主管部门组织编制颁发。如送电线路工程预算定额、电气工程预算定额、通信设备安装预算定额等。

(2) 行业统一定额。指在工程建设中，部分专业工程在某一个部门或几个部门使用的专业定额。经国家计划委员会批准，由一个主管部门或几个主管部门组织编制颁发，在主管部属单位执行。如水利水电建筑工程预算定额、水力发电建筑工程概算定额、公路工程预算定额等。

(3) 地区统一定额。一般指省、自治区、直辖市根据地方工程特点，在不宜执行国家统一或行业定额情况下，组织编制颁发的，在本地区执行的定额，一般是考虑地区特点和全国统一定额水平，作适当调整和补充修改编制的。河南省现行水利工程概、预算定额和现行建设工程预算定额分别见表 3-4 和表 3-5。

表 3-4　河南省现行水利工程概、预算定额

序号	定　额　名　称
1	河南省水利水电工程设计概（估）算编制规定（2017）
2	建筑工程概算定额（上、下册）（2006）
3	建筑工程预算定额（上、下册）（2006）
4	设备安装工程概（预）算补充定额（2006）
5	施工机械台时费定额（2006）

表 3-5　河南省现行建设工程预算定额

1	河南省房屋建筑与装饰工程预算定额（HA01-31-2016）
2	河南省通用安装工程预算定额（HA02-31-2016）
3	河南省市政工程预算定额（HAA1-31-2016）
4	河南省城市地下综合管廊工程预算定额［HAA1-31（12）-2019］

(4) 企业定额。指建筑安装企业在其生产经营过程中，在国家统一定额、行业定额、地方定额的基础上，根据工程特点和自身积累资料，结合本企业具体情况自行编

制的定额，供企业内部管理和企业投标报价使用。

(5) 补充定额。随着设计、施工技术的发展，现行定额不能满足需要的情况下，为了补充缺陷所编制的定额。补充定额只能在指定的范围内使用，可以作为以后修订定额的基础。

四、按费用性质划分

(1) 直接费用定额。指直接进行施工所发生的人工、材料、成品、半成品、机械消耗及其他直接费，是计算工程单价的基础。

(2) 间接费用定额。是指企业组织和管理施工所发生的各项费用，一般以直接费或直接人工工资作为基础计算。

(3) 其他基本建设费用定额。是指不属于建筑安装工作量的独立费用定额，如科研、勘测、设计费定额、技术装备费定额等。

(4) 施工机械台班（时）费用定额。是指施工过程中所使用的施工机械每运转一个台班（时）所发生的机上人员、动力、燃料消耗数量和折旧、大修理、经常修理、安装拆卸、保管等摊销费用的定额。

根据编制工程概预算的需要，本章在以后的各节中还将分别介绍施工定额、预算定额、概算定额的编制原则和编制方法等内容。按建设阶段划分的工程定额的组成如图 3-1 所示。

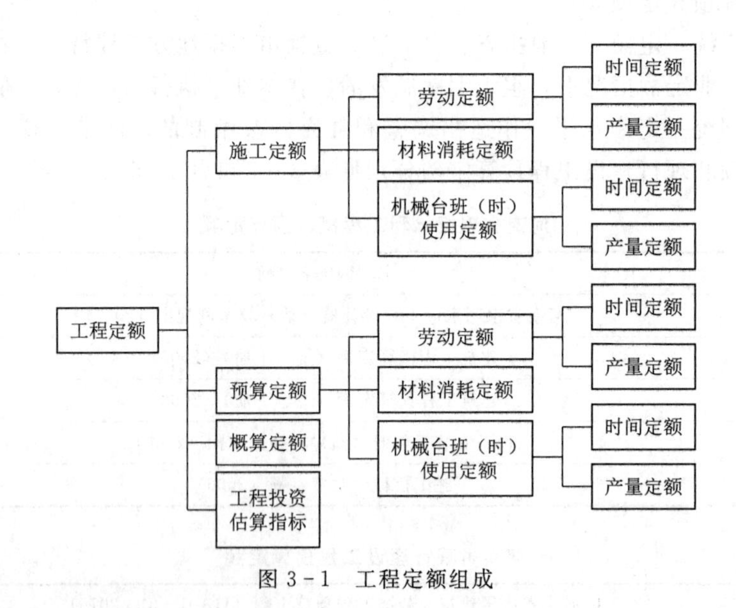

图 3-1 工程定额组成

五、工期定额

部分地区和行业造价管理部门会颁布工期定额。工期定额是编制施工组织设计、安排施工计划和考核施工工期的依据，是编制招标标底、投标标书和签订建筑工程合同的重要依据。

工期定额指在一定的生产技术和自然条件下，完成某个单位（或群体）工程平均需用的标准天数。

工期定额是在一定的经济和社会条件下，在一定时期内，由建设行政主管部门制定并发布的项目建设所消耗的时间标准，定额体现合理建设时期，反映的是平均建设管理水平、施工装备水平和正常的建设条件下的工期，对确定建设工程工期有指导意义。现行的工期定额有《建筑安装工程工期定额》（TY01－89－2016）和《水利水电枢纽工程项目建设工期定额》（能源水规〔1990〕87号）。

建设工期是指建设项目或独立的单项工程从开工建设起到全部建成投产或交付使用时所经历的时间。因不可抗拒的自然灾害或重大设计变更造成的停工，经签证后可顺延工期。施工工期是指正式开工至完成设计要求的全部施工内容并达到国家验收标准的天数，施工工期是建设工期的一部分。合同工期是指承发包双方根据建设项目具体情况，经招投标程序后，协商一致在合同中确认的工期。

大多数情况合同工期明显较工期定额计算的工期短，建设单位在招标中优选承包人，中标单位的生产力水平要优于社会平均水平，也就是说，时间消耗应当比社会平均水平要低。

建筑安装工程工期定额主要包括民用建筑、一般通用工业建筑和专业工程施工的工期标准，除定额另外有说明，均指单项工程工期。

例如《建筑安装工程工期定额》（TY01－89－2016）中定额项目示例如图3－2所示。

三、辅助附属设施

1. 降压站工程

结构类型：砖混结构

编号	层数/层	建筑面积/m²	工期/d		
			Ⅰ类	Ⅱ类	Ⅲ类
2－102	3以下	400以内	200	210	225
2－103		800以内	210	220	235

结构类型：砖混结构

编号	层数/层	建筑面积/m²	工期/d		
			Ⅰ类	Ⅱ类	Ⅲ类
2－104	3以下	400以内	235	250	275
2－105		800以内	250	265	290

备注1. 工期定额的地区类别划分

在《建筑安装工程工期定额》（TY01－89－2016）中，根据气候特点将全国分为Ⅰ类、Ⅱ类、Ⅲ类地区分别制定工期定额。

（1）Ⅰ类地区：上海、江苏、浙江、安徽、福建、江西、湖北、湖南、广东、广西、四川、贵州、云南、重庆、海南。

（2）Ⅱ类地区：北京、天津、河北、山西、山东、河南、陕西、甘肃、宁夏、

（3）Ⅲ类地区：内蒙古、辽宁、吉林、黑龙江、西藏、青海、新疆。

2. 工期定额项目的划分

单项工程按建筑物用途、结构类型、建筑面积、层数划分，专业工程按专业施工项目、用途、安装设备的规格、能力、工程量等划分。

图3－2　《建筑安装工程工期定额》（TY01－89－2016）定额项目示例

第三节　工程定额管理

资源 3.3

工程定额管理的内容包括：定额的编制与修订、定额的贯彻执行和信息反馈。制定定额要尊重客观实际，力求做到定额水平合理；定额制定和贯彻要求一体化，贯彻执行为了实现定额管理的目标，也是对定额的信息反馈。

一、定额的编制与修订

1. 定额编制与修订的原则

工程定额的制定与修订工作内容包括制定、全面修订、局部修订、补充等，要求做到技术上先进、经济上合理、内容上简明适用、以专家为主导并结合参考使用群众意见进行编制。遵循以下的原则：

（1）对新型工程以及建筑产业现代化、绿色建筑、建筑节能工程建设的新型要求应当及时制定新定额。

（2）对相关技术规程和技术规范已经全面更新，且不能满足工程计价要求的定额，或发布实施已经满五年的定额，应当进行全面修订。

（3）对相关技术规程和技术规范发生局部调整，且不能满足工程计价需要的定额，部分子目已经不适应工程计价需要定额，应及时进行局部修订。

（4）定额发布后的工程建设中出现的新技术、新工艺、新材料、新设备等情况，应当根据工程建设需求及时编制补充定额。

2. 定额编制与修订的依据

（1）国家有关的法律、法规，政府的价格政策等。

（2）工人的技术等级标准、工资标准、工资奖励制度、劳动保护制度、八小时工作制。

（3）各种设计规范、建筑安装工程施工及验收规范、安全技术操作规程和质量评定标准等。

（4）具有代表性的典型工程施工图、技术测定资料、定额统计资料等。

二、工程定额管理的工作流程

定额管理是信息采集、加工和传递、反馈的过程。工作流程具体如下：

（1）制定定额的编制计划和编制方案，积累收集和分析整理基础资料。

（2）编制和修订定额。

（3）整理、测定定额的水平。

（4）审批和发布定额。

（5）组织征询有关各界对新定额的意见与建议。

（6）整理和分析意见、建议，诊断新编定额中存在的问题。对新编定额进行必要的调整与修改。

（7）组织对新定额进行交底和一定范围内的宣传、解释和答疑。

（8）从各方面为新定额的贯彻执行创造条件，积极推行新定额。

（9）监督检查定额的执行，收集、储存定额执行情况和反馈信息。

三、定额水平的测算对比

定额水平主要反映在产品质量与原材料消耗量、劳动组织合理性与人工消耗量、生产技术水平、施工工艺先进性等方面。定额水平的确定是一项细致复杂的工作，具有较强的技术性，要在做好有关定额水平的资料收集、整理基础上，分析总结定额水平相关因素的影响，确定定额水平。

1. 测算定额水平的步骤

（1）收集定额水平资料。该项工作要充分发挥定额专业人员的作用，积极认真做好技术测定工作。无论是编制企业定额还是临时定额，都应以技术测定资料作为确定定额水平的重要依据。另外，还要收集在正常施工条件下的施工过程中实际完成的实践资料和其他统计资料。收集定额水平资料时要注意资料的准确性、代表性和完整性。

（2）分析定额水平资料。在收集到的资料中，选用施工条件正常、工作内容齐全、影响因素清楚、产品的数量和质量及工料消耗量可靠的资料进行分析整理。

（3）确定定额水平。定额水平的确定要根据拟编制定额的种类来决定，决定是采用平均水平还是平均先进水平。编制行业定额用以对整个行业进行指导时，应以该行业的平均水平作为定额水平；编制地区定额用于指导某地区时，应该以某地区该行业的平均水平作为定额水平；编制企业定额为企业控制成本及投标报价时，应以该企业的平均先进水平作为定额的水平。

2. 定额水平的测算

新编定额与现行定额相比，其水平是提高还是降低，提高或降低幅度为多少，需要通过对定额水平进行测算来确定。定额水平的测算常采用总体水平对比和单项水平对比的方法。

（1）总体水平对比方法。即用同一单位工程计算出的工程量，分别套用新编定额和现行定额的消耗量，计算出人工、材料、机械台班总消耗量后进行对比，从而分析新编定额与现行定额的定额水平提高或降低的幅度，其计算公式为

$$\text{新编定额水平提高或降低幅度}=\left(\frac{\text{现行定额分析的单位工程消耗量}}{\text{新编定额分析的单位工程消耗量}}-1\right)\times 100\% \tag{3-1}$$

（2）单项水平对比方法。用新编定额选定项目和现行定额对应的项目进行对比。其比值反映了新编定额与现行定额的定额水平提高或降低的幅度，其计算公式为

资源 3.4

$$\text{新编定额水平提高或降低幅度}=\left(\frac{\text{现行定额单项消耗量}}{\text{新编定额单项消耗量}}-1\right)\times 100\% \tag{3-2}$$

第四章

施工过程分析及定额测定

资源 4.1

第一节　施工过程分析

一、施工过程

施工过程是在基本建设项目建筑工地进行的各种建筑物的兴建过程，包括建造、改建、扩建、修复或拆除全部的建筑物或其中一部分建筑物的工作过程。施工过程是由不同的工种、不同技术等级的建筑安装工人完成的。例如，水利工程建设中的浇筑混凝土、敷设管道、厂房水轮机组安装等都是施工过程；房屋建筑与装饰工程中砌筑墙体、粉刷墙体、安装门窗、敷设管道等都是施工过程。

1. 施工过程的分类

施工过程根据使用设备的机械化程度高低，分为手工施工过程、机械施工过程和机手并动施工过程。

（1）手动施工过程。手动施工过程是指劳动者在无任何施工机械设备参与的情况下，纯靠人自身体力进行的施工过程，如人工土石方、手工砌墙等。

（2）机械施工过程。机械施工过程是指劳动者操纵或配合施工机械完成的施工过程，如混凝土搅拌、土方机械压实等。

（3）机手并动施工过程。机手并动施工过程是指劳动者利用某些施工工具完成的施工过程，如电锯截料、电钻打孔等。

每一个施工过程的劳动成果为一个或一系列产品，该产品的质量、规格、尺寸、形状、强度、性能、结构、位置等要素，必须符合建筑和结构设计要求，必须符合现行技术规范要求，必须是合格的产品。经过施工过程后，产品的表现形式为：①改变了劳动对象的外表，如加工钢筋；②改变了劳动对象的内部结构、性质，如浇筑混凝土；③改变了劳动对象的位置，如运输材料。

2. 施工过程必须具备生产力三要素

施工过程必须具备生产力三要素，即劳动者、劳动对象、劳动工具。施工过程是由不同的工种、不同技术等级的建筑安装工人完成的，并且要有一定的劳动对象（材料、半成品、配件、预制品等）和一定的劳动工具（手动工具、小型机具、大中型机械和仪器仪表等）。工人的技术等级是由其所做工作的复杂程度、技术熟练程度、责任大小、劳动强度等要素确定的。工人的技术等级越高，其技术熟练程度也就越高。

此外，在许多施工过程中还要使用用具，用具是劳动者使劳动对象、劳动工具和产品处于必要的空间位置上以便操作，顺利完成施工过程的工具，如安装工人使用的人字梯、钢筋弯钩加工的操作台、泥工使用的灰浆斗槽等。

有一些施工过程要借助自然的力量和人为的作用，经过一定的时间，使劳动对象发生物理和化学变化，才能形成合格产品。如混凝土的养护、水泥砂浆的砌筑凝固过程等。

3. 施工过程的影响因素

施工过程中各个工序工时的消耗，常常会由于施工组织、施工方法和工人的劳动态度技术水平的不同有很大差别。对单位建筑产品工时消耗产生影响的各种因素称为施工过程的影响因素。对施工过程的影响因素进行分析和研究，其目的是确定单位建筑产品所需要的作业时间消耗。对施工过程的影响因素包括技术因素、自然因素和组织因素。

(1) 技术因素指由建筑物设计要求和施工物质条件引起的对施工过程的影响因素。如产品的形式和质量要求；材料的类别和规格；所用工具和机械设备的类别；型号和性能等。

(2) 自然因素指由于气候条件等对施工过程的影响因素。如酷暑、大风，雨雪、冰冻等。

(3) 组织因素指由施工组织、施工方法、工人技术水平、劳动态度等对施工过程的影响因素。如施工组织的方法与水平、工人的操作方法及技术熟练程度等。

二、施工过程分解

在建设过程中，一个工程项目分为若干个单项工程、一个单项工程可分多个分部工程，如土石方工程、砌体工程、混凝土工程、钢筋工程等。每一个分部分项工程又由各个施工过程所组成。

施工过程逐级可分为动作、操作、工序、一般工作过程、综合工作过程。

(1) 动作是指劳动是一次完成最基本的活动，他是工序中最小的一次性不间断运动，例如：抓取工具或材料、启动机械设备。

(2) 操作是由多个连续的动作组合而成，若干个操作组合构成一道工序。例如："弯曲钢筋"工序，是由"把钢筋放在工作台上""对准位置""弯曲钢筋""把弯好的钢筋放置一边"等操作组成；而"把钢筋放在工作台上"这一操作，又由"走向放钢筋处""拿起钢筋""返回工作台""把钢筋放在工作台上""把钢筋靠近立柱"等动作组成。动作和操作并不能完成产品，在技术上亦不能独立存在。

(3) 工序是一个工人（或多个工人）在一个工地上，对一个（或几个）劳动对象所进行的一系列连续工作活动的总和。工序是最简单的施工过程，是连续的不可分割的技术操作相同的施工过程，其特征是劳动者、劳动工具、劳动对象三者在一个工序中都保持不变。如所有的钢筋制作的施工过程都是由调直、除锈、切断、弯曲等工序组成的。

工序由一个工人来完成时称为个人工序，由几个工人或者一个小组的工人共同来完成时称为小组工序。工序分为手工工序和机械工序两种。

工序是施工过程的基本组成单元，也是编制定额的基本对象。在施工过程中，不同工序对劳动效率的影响大小不同。为了更加科学合理地编制定额，应该对各种工序的特点进行研究。例如，手动作业工作效率低，工人疲劳易造成停歇次数较多，此时可以考虑机械化作业的可行性。机械化作业施工速度快，但各种机械的作业特点各不相同，如何正确合理地使用，是进一步提高劳动生产率的关键。

（4）一般工作过程是由同一工人或同一小组工人完成的，由在技术上互相联系的一系列工序组合而成。同一工作过程中保持劳动者不变、工作地点不变，使用的材料和工具随着工作过程而改变。例如：砌墙、勾缝、抹灰和刷粉。

以“预制钢筋混凝土构件”为例，其中包括：①安装模板；②安置钢筋；③浇灌混凝土；④捣实；⑤拆模；⑥养护。其中“浇灌混凝土”这一工序是由运送混凝土料、摊铺混凝土、振捣、抹光、成型等操作组成；“安装模板”这一工序由运送模板、将模板放在工作台上、拼装模板等操作组成；而“安置钢筋”这一工序则由钢筋的除锈、整直、切断、弯曲和绑扎以及钢筋的移运等操作组成。

（5）综合工作过程是一系列一般工作过程的总和，是由同时进行的、直接相关联的，为了同一个最终产品而结合起来的工作过程。例如浇筑混凝土的施工过程，是由搅拌、运输、浇灌和捣实等工作过程综合组成，称为一个综合工作过程。

一系列综合工作过程的组合，构成了整个建筑产品的施工过程，施工过程完成则一个建筑产品的建设工程完成。

施工过程中，劳动者、劳动对象、劳动工具、用具等需要的活动空间称为施工的工作地点。施工过程的各个工序，如果不断重复，并且每重复一次都可以生产出同一产品，称为循环施工过程。如挖掘机挖土方、起重机吊装屋架等，如果施工过程的各个工序虽然重复进行，但不以同样的次序重复，或者生产出的产品各不相同，称为非循环施工过程。

施工过程的研究常常采用模型分析的方法，模型可分为实物模型、图式模型和数学模型三种。其中图式模型是常用的基本方法，如图 4-1 所示。

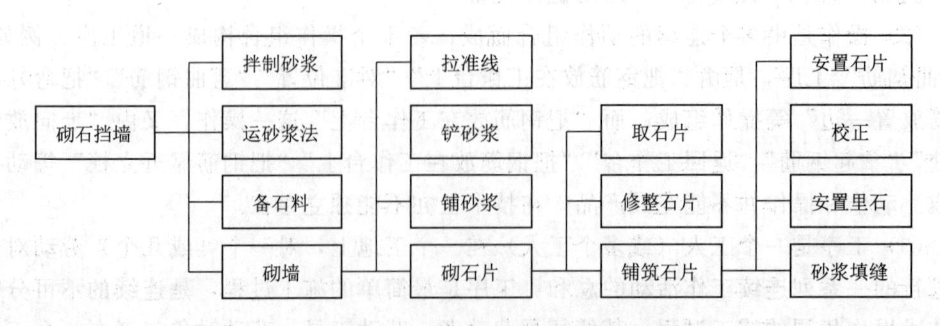

图 4-1　砌石工程施工过程分解图式模型

用图式模型分析施工过程经常采用线图和流程程序图。一般线图用于分析和研究流动作业型的施工过程，而流程程序图用于分析和研究连续作业型的施工过程。对各种图式模型进行详尽分析和研究的目的，是检查有哪些是不必要的、重复的作业，哪些是无效劳动，以便提出改进措施。

资源 4.2

第二节　工 作 时 间 分 类

一、工人工作时间分类

工人的工作时间可分为定额时间和非定额时间两大类。

1. 定额时间

定额时间是指在正常施工条件下，工人为完成一定数量的产品必须消耗的工作时间。包括有效工作时间、休息时间和不可避免的中断时间。它们都是直接或间接用在生产上的时间消耗。

（1）有效工作时间：是指与完成产品有直接关系的工作时间消耗。其中包括准备与结束时间、基本工作时间、辅助工作时间。

1）准备与结束时间是指工人在执行任务前的准备工作和完成任务后的结束工作所需消耗的时间。分为班内的准备与结束时间和任务内的准备与结束时间两种。班内的准备与结束工作是在执行任务前工人、工作地点、劳动工具、原材料的准备工作，以及工作结束后的整理工作、交接班工作，准备与结束时间与工人所接受的任务的大小无关。任务内的准备与结束工作，由工人接受任务的内容决定，如布置操作地点、接受任务书、技术交底、熟悉施工图纸等。

2）基本工作时间是指直接与施工过程的技术操作发生关系的时间消耗，是劳动者利用劳动工具，使劳动对象发生形态或性质的变化或空间位置的改变所消耗的时间。消耗基本工作时间的工作可以使劳动对象直接发生变化，可以改变材料的外形、结构和性质，可以改变产品的位置、外部特征及表面性质，如安装钢梁、粉刷墙壁、混凝土浇筑等。基本工作时间的消耗长短，与生产工艺、操作方法、工人的技术熟练程度有关，并与任务的大小成正比。

3）辅助工作时间是指为了保证基本工作的顺利进行，而做的与施工过程的技术操作没有直接关系的辅助性工作需要消耗的时间。辅助性工作不直接导致产品的形态、性质、结构位置发生变化。如工具磨快、校正、小修、机械上油、转移工作地点等均属辅助性工作。

（2）休息时间是工人在工作中为了恢复体力以及生理需要（如喝水，大小便等）而暂时中断工作的时间。休息时间的长短与劳动强度、工作条件、工作性质等有关，作为劳动保护规定列入工作时间之内，例如在高温、高空、重体力、有毒性等条件下工作时，休息时间应延长一些。

（3）不可避免的中断时间是指由于施工过程中因技术操作或施工组织引起的，不可避免的或难以避免的中断时间。如安装工人等待起吊构件、炮手放炮时的避炮、汽车司机在等待装卸货物和等交通信号所消耗的时间。

不可避免的中断时间具有一个特点，即：工人不能离开工作岗位，不能被安排从事其他工作。否则不应计入不可避免的中断时间。

2. 非定额时间

非定额时间即指损失时间，是指工人或机械在工作时间内与完成生产任务无关的时间消耗。由以下几部分时间组成：

(1) 多余或偶然工作的时间。是指在正常施工条件下不应该发生的时间消耗，或由于意外情况所引起的工作所消耗的时间。如质量不符合要求，返工造成的多余的时间消耗；在岗工人突然生病或机器突然发生故障，而造成的临时停工所消耗的时间。

(2) 停工时间。包括施工造成的和非施工造成的停工时间。施工本身造成的停工，是由于施工组织和劳动组织不善而引起的停工，如分工不合理、不能及时领到工具和材料等而引起的停工。非施工本身而引起的停工是指由于气候条件以及风、水、电源中断等而引起的停工。

(3) 违反劳动纪律的时间。是指工人不遵守劳动纪律造成的时间损失。如迟到早退、出勤不出力、擅自离开工作岗位、工作时间聊天，以及由于个别人违反劳动纪律而使其他人无法工作的时间损失。

上述非定额时间，在确定定额水平时，均不予考虑。如图 4-2 所示为工人工作时间划分图。

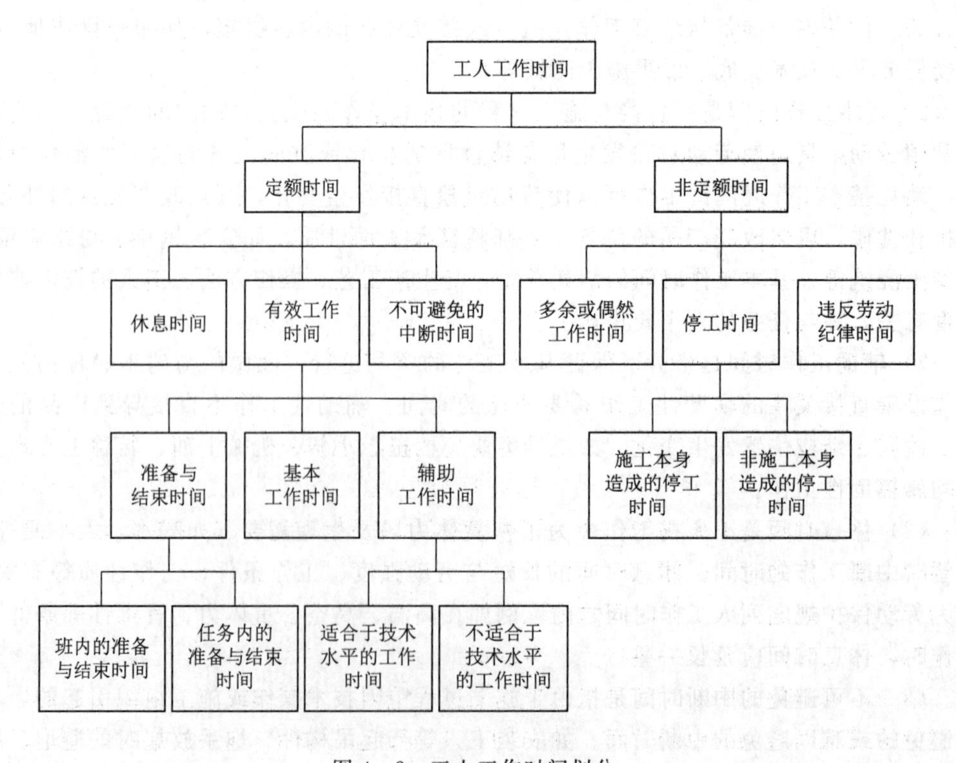

图 4-2　工人工作时间划分

二、机械工作时间分类

1. 定额时间

定额时间由以下几部分组成：

(1) 有效工作时间。包含正常负荷下和降低负荷下的两种工作时间消耗。

正常负荷下的工作时间是指机械在与机械说明书规定的负荷相等的正常负荷下进行工作的时间。在特殊情况下，由于技术原因，机械可能低于规定负荷工作，如汽车载运风力发电机叶片时，由于叶片特殊的长、窄、薄的形状，不能充分发挥汽车的全部载重能力，必须降低负荷工作，也属于正常负荷下工作。降低负荷下的工作时间，是指由于施工管理人员或工人的过失，以及机械陈旧或发生故障等原因，使机械在降低负荷的情况下进行工作的时间。

(2) 不可避免的无负荷工作时间，是指施工过程的特性和机械结构的特点造成的机械无负荷工作时间，一般分为循环的和定时的两类。

循环的不可避免无负荷工作的时间，是指由于施工特性所引起的空转消耗的时间，在机械工作的每一个循环中重复一次，如吊车卸载后空转回位。

定时的不可避免无负荷工作时间主要是指发生在运输汽车或挖土机等的工作中的无负荷工作时间。如工作班开始和结束时来回无负荷的空行、机械由一个工作地点转移到另一个工作地点等。如载重汽车从驻地到施工地点的往返时间。

(3) 不可避免中断时间，是由于施工过程的技术和组织的特性造成的机械工作中断时间，不可避免中断时间通常分为与操作有关的和与机械有关的两类。

1) 与操作有关的不可避免中断时间通常有循环的和定时的两种。循环的是指在机械工作的每一个循环中重复一次，如汽车装载、卸货的停歇时间。定时的是指经过一定时间重复一次，如喷浆器喷白，从一个工作地点转移到另一个工作地点时，喷浆器工作的中断时间。

2) 与机械有关的不可避免中断时间，是指用机械进行工作的人，在准备与结束工作时，使机械暂停的中断时间或者在维护保养机械时必须使其停转所发生的中断时间，例如沥青混合料摊铺机的预热工作和停机前清料工作属于准备与结束工作的不可避免中断时间，推土机的中间加油工作属于定时的不可避免中断时间。

(4) 工人休息时间是指机械操作工人休息时不可避免的机械中断时间。

2. 非定额时间

(1) 多余或偶然的工作时间。一是可避免的机械无负荷工作时间，是由于工人未及时给机械供给材料或由于组织上的原因造成的机械空转，如皮带因没有进料而空转；二是机械在负荷下所做的多余工作，如混凝土搅拌机搅拌混凝土时超过规定搅拌时间，即属于多余工作时间。

(2) 停工时间。一是施工本身造成的停工时间，是指施工组织不合理而引起的机械停工时间，如没有及时给机械供燃料或机械损坏等所引起的机械停工时间。二是非施工本身造成的停工时间，指气候条件和非施工的原因引起的停工，如降雨或停电等引起的机械中断时间。违反劳动纪律时间是工人违反劳动纪律引起的机械停工时间。机械工作时间划分如图 4 - 3 所示。

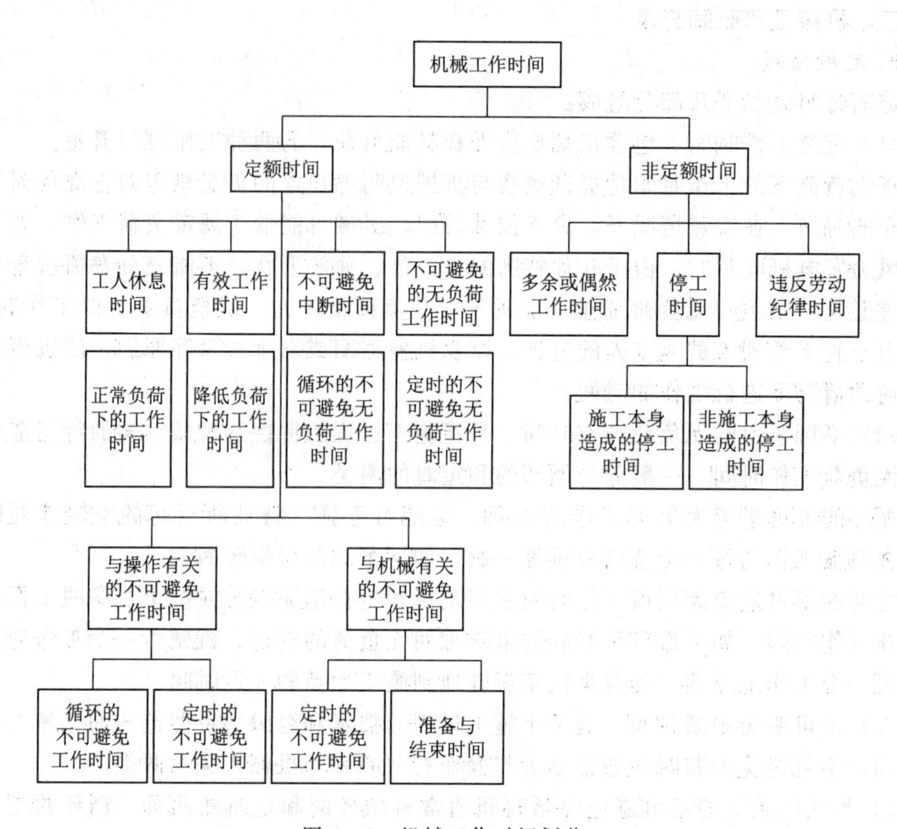

图 4-3 机械工作时间划分

资源 4.3

第三节 工 时 分 析 方 法

工时分析的主要内容是对施工过程进行观察、测时，计算实物和劳务产量，记录施工过程所处的施工条件和确定影响工时消耗的因素。工时分析的方法主要有测时法、写实记录法、工作日写实法和统计分析法等。

一、测时法

测时法利用测时工具测定工作时间消耗，常用的测时工具有秒表、摄像机、录像机、录音机和电子表等。测时法适用于研究以循环形式不断重复进行的施工过程，用于观测施工过程循环（定时重复）组成部分的时间消耗，如起重机吊运混凝土、挖土机挖土等，不包括工人休息、准备与结束及其他非循环的工作时间。测时法一般用于研究循环延续时间短的工作过程或工序，而且每一循环的产品是相等的或近似的。如果产品相差悬殊，就应该分开测定。采用测时法，可以为制定劳动定额提供单位产品所必需的基本工作时间的技术数据；可以分析研究工人的操作或动作，总结先进经验，帮助工人班组提高劳动效率。

（1）测时法的分类。测时法按记录时间的方法的不同，分为选择测时法和连续测时法两种。

1）选择测时法是不连续地测定施工过程的全部循环组成部分，是有选择地进行测定。当要测定的组成部分开始时，立即开动秒表。到预定的定时点时，即停止秒表。此刻显示的时间，即为所测组成部分的延续时间，如此操作，循环测定。此方法简单，故使用广泛。但在测定起始和结束时刻时读数易发生偏差。

采用选择测时法，应注意掌握定时点。当所测定的各工序或操作的延续时间较短时，连续测定比较困难，用选择测时法比较方便。

机械吊装预制构件的选择测时法测时的记录（循环整理）见表4－1，既可记录观察资料，又可进行观察资料的整理。测时之前，应先把表头部分和各组成部分的名称填好，观察时再依次填入各组成部分的延续时间，观察结束再行整理，求出平均修正值。

2）连续测时法，是对施工过程循环的组成部分的时间进行不间断的记录。连续测时法测定的时间包括施工过程中的全部循环时间。优点是在工作进行中和非循环组成部分出现之前，秒表一直不停止，秒针走动过程中，观察者根据各组成部分之间的定时点，记录它的终止时间，再用各定时点终止时间的差值表示各组成部分的延续时间，所以连续测时法是一种数字比较准确、效率高的测时方法。可使各组成部分延续时间之间的误差相互抵消。

连续法测时在测定时间时使用具有辅助秒针的计时表。当测时开始时，立即开动秒表测到预定的定时点，这时辅助针停止转动，辅助针停止的位置即组成部分的时间点，记录下时间点后使辅助针继续转动，至下一个组成部分定时点再停止辅助针，记录时间点（辅助针停止时，计时表仍在继续走动），如此不间断地测时，直到全部过程测完为止。

测定开始之前，需将预先划分的组成部分和定时点分别填入测时表格内。每次测时时，将组成部分的终止时间点填入表格。测时结束后，再根据后一部分的终止时间计算该部分的延续时间，并将其填入表格中。

人力胶轮架子车运送混凝土预制砌块的连续测时法测时的记录见表4－2。

（2）测时法的观察次数。工序的观测次数直接影响测时资料的精度，为保证测时资料的可靠性和代表性，需要注意以下几点：①选择工作条件正常的测时对象；②减少测定人员记录时间误差或错误；③避免多余的观察；④相对规律经济的测时次数。在水利水电工程中，可采用式（4－1），检查所测次数是否满足需要。

算术平均值精确度与观测次数之间的关系可用下式表述为

$$E=\pm\frac{1}{\overline{x}}\sqrt{\frac{\sum(x_1-\overline{x}^2)}{n(n-1)}} \tag{4-1}$$

式中　$\overline{x}$——所有观测值的算术平均值；

E——算术平均值精确度；

n——观测次数；

$(x_1-\overline{x}^2)$——每一次观测值与算术平均值的偏差。

表 4-1　　选择测时法测时的记录（循环整理）表

观察对象：机械吊装预制构件	施工单位	工地名称	日期	开始时间	终止时间	延续时间	观察号次	页次
	××工程公司	××标段	2016 年×月×日	8：00	8：40	40min	4	1/6

时间记载精度：1s　　施工过程名称：　　工人人数：

序号	组成部分名称	定时点	每一次循环的工时消耗/(s/块)										时间整理			产品数量	附注
			1	2	3	4	5	6	7	8	9	10	正常延续时间总和/s	正常循环次数	算术平均值		
1	挂钩	挂钩后松手离开挂钩	31	32	33	32	43①	30	33	33	33	32	289	9	32.1	每循环一次吊装预制构件一块，每块吊装≥5t	①挂了两次钩；②吊钩下降高度不够第一次未脱钩
2	上升回转	回转结束后停止	84	83	82	86	83	84	85	82	82	86	837	10	83.7		
3	下落就位	就位后停止	56	54	55	57	57	69②	56	57	56	54	502	9	55.8		
4	脱钩	脱钩后开始回升	41	43	40	41	39	42	42	38	41	41	408	10	40.8		
5	空钩回转	空钩回至构件堆放处	50	49	48	49	51	50	50	48	49	48	492	10	49.2		
合计															261.6		

①　挂了两次钩。

②　吊钩下降高度不够，第一次未脱钩。

表 4-2

连续测时法测时的记录表

观察对象：人力胶轮架子车运送混凝土预制砌块	施工单位	工地	日期	开始时间	终止时间	延续时间	观察号次	页次
	××工程公司	××标段	2016年×月×日	8：00	10：13	2h13min	5	5/8

时间精度：1s　　施工过程名称：人力胶轮架子车运送混凝土预制砌块（运距 25m）

号次	组成部分名称	时间	观察次数										时间整理			产品数量	备注
			1	2	3	4	5	6	7	8	9	10	时间总和(8)	观察次数	算术平均值/s		
1	装车	终止时间	5′50″	9′25″	32′43″	46′18″	59′44″	12′57″	26′13″	39′29″	53′03″	6′12″	3501	10	350.1	每车运送10块混凝土预制砌块	5′50″为5分50秒，余同
		延续时间	350″	360″	345″	353″	348″	347″	351″	340″	355″	352″					
2	运送	终止时间	6′50″	26′33″	33′41″	47′19″	0′43″	15′55″	27′15″	40′29″	54′02″	7′24″	600	10	60		
		延续时间	60″	61″	58″	61″	59″	58″	65″	60″	59″	62″					
3	卸车	终止时间	12′30″	26′01″	39′29″	53′	6′15″	19′28″	32′34″	46′12″	59′33″	12′58″	3376	10	337.6		
		延续时间	340″	335″	348″	341″	332″	333″	339″	343″	331″	334″					
4	空回	终止时间	13′25″	26′58″	40′25″	53′56″	7′10″	20′22″	33′49″	47′08″	0′30″	13′53″	566	10	55.6		
		延续时间	55″	57″	56”	56″	55″	54″	55″	56″	57″	55″					
														合计	803.3		

（3）测时数据的整理。在建筑工程中，整理测时数据常用巴辛斯基方法和彭斯基方法。下面介绍巴辛斯基方法。

巴辛斯基方法认为观测所得数据的算术平均值即为所求延续时间。

为使算术平均值更加接近于各组成部分延续时间的正确值，必须删去那些显然是错误的以及误差极大的值，通过清理后所得出的算术平均值，称为平均修正值。

在整理测时数据时，应删掉以下几种数据：①由于人为因素影响的偏差，如材料供应不及时造成的等候或测定人员记录时间的疏忽等造成的误测的数据；②由于施工因素影响而出现的大偏差数值，如挖土机挖土时挖到岩石等。

整理数据时注意事项：①不能单凭主观想象，丧失技术测定的真实性和科学性；②不能预先规定出偏差的百分率，某些组成部分偏差百分率可能偏大，而另一些组成部分的偏差百分率可能偏小。

为客观处理偏差数据，可参照误差极限算式或调整系数（表 4－3）进行。

极限算式为

$$\lim_{max}=\overline{x}+K(x_{max}-x_{min}) \tag{4-2}$$

$$\lim_{min}=\overline{x}-K(x_{max}-x_{min}) \tag{4-3}$$

式中 $\lim_{max}$——最大极限；

$\lim_{min}$——最小极限；

K——调整系数。

整理的方法是首先从测得的数据中删去由于人为因素的影响而偏差极大的数据，然后从留下来的测时数据中删去偏差极大的可疑数据，求出最大极限和最小极限，再删去范围之外偏差极大的可疑数据。

表 4－3　误差调整系数表

观察次数	4	5	6	7～8	9～10	11～15	16～30	31～53	54 以上
调整系数	1.4	1.3	1.2	1.1	1	0.9	0.8	0.7	0.6

【例 4－1】 根据测时法得出测时数据如下：20、18、23、21、18、22、21、28、17、19、21 找出应删去的数据。

解： 先在上述数据中删去 28 这一误差大的可疑数字，然后求最大极限和最小极限。

$$\overline{x}=\frac{1}{11}(20+18+23+21+18+22+20+21+17+19+21)=20$$

$$\lim_{max}=20+0.9(23-17)=25.4$$

$$\lim_{min}=20-0.9(23-17)=14.5$$

因可疑数据 28 大于最大极限值 25.4，故应将 28 删去。

如一组测时数据中有两个误差大的可疑数据时，应从偏差最大的一个数字开始，连续进行检验（每次只能删去一个数据）。一组测时数据中有两个以上的可疑数据时，应将这一组测时数据抛弃，重新进行观测。

整理测时数列后，将保留下来的数值计算出算术平均值，填入测时记录表的算术平均值栏内，作为该组成部分在相应条件下所确定的延续时间。测时记录表中的“时间总和”栏和“循环次数”栏，也应按清理后的合计数填入。

二、写实记录法

1. 写实记录法的分类

(1) 写实记录法分为个人写实和集体写实两种。

由一个人单独操作或产品数量可单独计算时，采用个人写实记录。如果由小组集体操作，而产品数量又无法单独计算时，可采用集体写实记录。

(2) 按记录时间的方法不同可分为数示法、图示法和混合法三种。

2. 数示法

数示法是在测定时直接用数字记录时间的方法（表 4-4）。这种方法记录技术比较复杂，一般计时精确度要求高的项目可采用，可同时对两个以内的工人或机器进行测定，适用组成部分较少而且比较稳定的施工过程。记录时间的精确度为 5～10s。观察的时间应记录在数示法写实记录表中。

填表方法如下：

(1) 先将拟定好的所测施工过程的全部组成部分，按操作的先后顺序填写在第 (2) 栏中，并将各组成部分依次编号填入第 (1) 栏。

(2) 第 (4) 栏中，填写工作时间消耗组成部分序号，其序号应根据第 (1) 栏和第 (2) 栏填写，测定一个填写一个。如测定一个工人的工作时间，应将测定的结果先填入第(4) ～ (8) 栏，如同时测定两个工人的工作时间，测定结果应分别填入第 (4) ～ (8) 栏和第 (9) ～ (13) 栏。

(3) 第 (5) 栏，填写起止时间。测定开始时，将开始时间填入此栏第 1 行，在组成部分序号栏即第 (4) 和 (9) 栏里写“开始”或划“×”符号以示区别，其余各行填写各组成部分的结束时间。

(4) 第 (6) 栏应在观察结束之后填写。将某一部分的结束时间减去前一组成部分的结束时间即可得该组成部分的延续时间。

(5) 第 (7) 栏中，可根据划分测定施工过程的组成部分，将实际完成的产品数量按照选定的计量单位填入。如有的组成部分难以计算产量，可不填写。

(6) 第 (8) 栏为附注栏，填写工作中产生的各种影响因素和各组成部分内容的必要说明等。

(7) 计算第 (6) 栏的各组成部分的延续时间，然后计算各组成部分延续时间的合计，填入第 (3) 栏。

(8) 观察结束后，应详细测量或计算最终完成产品数量，填入数示法写实记录表中附注栏 (8) 和 (13) 中。对所测定的原始记录应分页进行整理。各页原始记录整理完毕后，应检查第 (3) 栏的时间总计是否与第 (6) 栏的总计相等。

3. 图示法

图示法是用图表的形式记录时间（表 4-5）。记录时间的精度约 30s，适用于观察 3 个以内的工人或机器共同完成某项施工过程的情况。此种方法具有时间记录清楚、记录简便、整理快速准确等优点。因此在实际工作中图示法较数示法的使用更为普遍。

表 4-4　　写实记录法表格（数示法）

××标段			观察对象：工人张三							观察对象：工人李四						
序号	组成部分	观察对象的时间消耗量	组成部分	终止时间		延续时间		产品数量	附注	组成部分	终止时间		延续时间		产品数	附注
				时：分	秒	分	秒				时：分	秒	分	秒		
(1)	(2)	(3)	(4)	(5)		(6)		(7)	(8)	(9)	(10)		(11)		(12)	(13)
1	装土		开始	8：33	00					开始	9：13	10				
		29′35″	1	8：35	50	2	50	0.288m^3		1	9：16	50	3	40	0.288m^3	
2	运输	21′26″	2	8：39	00	3	10	1次		2	9：19	10	2	20	1次	
3	卸土	8′59″	3	8：40	20	1	20	0.288m^3		3	9：20	10	1	00	0.288m^3	
4	空返	18′5″	4	8：43	00	2	40	1次		4	9：22	30	2	20	1次	
5	等候装土	2′5″	1	8：46	30	3	30	0.288m^3		1	9：26	30	4	00	0.288m^3	
6	喝水	1′30″	2	8：49	00	2	30	1次		2	9：29	00	2	30	1次	
			3	8：50	00	1	00	0.288m^3		3	9：30	00	1	00	0.288m^3	
			4	8：52	30	2	30	1次	甲共运土4车，每车容积0.288m^3，共运0.288m^3×4＝1.152m^3	4	9：32	50	2	50	1次	乙共运土4车，每车容积0.288m^3，共运0.288m^3×4＝1.152m^3
			1	8：56	40	4	10	0.288m^3		5	9：34	55	2	05	1次	
			2	8：59	10	2	30	1次		1	9：38	50	3	55	0.288m^3	
			3	9：00	20	1	10	0.288m^3		2	9：41	56	3	06	1次	
			4	9：03	10	2	50	1次		3	9：43	20	1	24	0.288m^3	
			1	9：06	50	3	40	0.288m^3		4	9：45	50	2	30	1次	
			2	9：09	40	2	50	1次		1	9：49	40	3	50	0.288m^3	
			3	9：10	45	1	05	0.288m^3		2	9：52	10	2	30	1次	
			4	9：13	10	2	25	1次		3	9：53	10	1	00	0.288m^3	
						40	10			6	9：54	40	1	30	1次	
总计		81′40″											41	30		

表 4-5　　图示法写实记录表

<table>
<tr><td colspan="2">工地名称</td><td></td><td>开始时间</td><td></td><td>连续时间</td><td></td><td colspan="2">调查次号</td><td></td></tr>
<tr><td colspan="2">施工单位</td><td></td><td>结束时间</td><td></td><td>记录时间</td><td></td><td colspan="2">页次</td><td></td></tr>
<tr><td colspan="2">施工过程</td><td>浆砌石挡墙</td><td>观察对象</td><td colspan="6"></td></tr>
<tr><td>序号</td><td>各组成部分</td><td colspan="5">时间/t
5 10 15 20 25 30 35 40 45 50 55 60</td><td>时间合计/min</td><td>产品数量</td><td>附注</td></tr>
<tr><td>1</td><td>准备</td><td colspan="5"></td><td></td><td></td><td></td></tr>
<tr><td>2</td><td>拉线</td><td colspan="5"></td><td></td><td></td><td></td></tr>
<tr><td>3</td><td>等待灰浆</td><td colspan="5"></td><td></td><td></td><td></td></tr>
<tr><td>4</td><td>铺灰</td><td colspan="5"></td><td></td><td></td><td></td></tr>
<tr><td>5</td><td>搬运块石</td><td colspan="5"></td><td></td><td></td><td></td></tr>
<tr><td>6</td><td>砌筑块石</td><td colspan="5"></td><td></td><td></td><td></td></tr>
<tr><td>总计</td><td></td><td colspan="5"></td><td></td><td></td><td></td></tr>
</table>

图示法记录方法如下：

（1）表中划分为许多小格，每格为 1min，每张表可记录 1h 的时间消耗。为了记录时间方便，第 5 个小格和第 10 个小格处都有长线和数字标记。表中“号次”及“各组成部分名称”栏应在实际测定过程中，按所测施工过程的组成部分出现的先后顺序随时填写。

（2）记录时间时用铅笔在各组成部分对应的横行中画直线段，每个工人一条线，每一线段的始端和末端与该组成部分的开始时间和结束时间相吻合。工作 1min，直线段延伸一小格。测定两个以上的工人工作时，使用不同颜色的铅笔，以区分不同工人。当工人的操作由一组成部分转入另一组成部分时，时间线段随之改变位置，并将前一线段的末端画一垂直线段与后一线段的始端相连接。

（3）“产品数量”栏，按各组成部分的计量单位和完成的产量填写，如个别组成部分完成的产量无法计算或无实际意义，可不填写。最终产品数量应在观察完结之后，查点或测量清楚，填写在图示法写实记录表第 1 页附注栏中。

（4）“附注”栏，简明扼要地说明有关影响因素和造成非定额时间的原因。

（5）“时间合计”栏，在观察结束之后，及时将每一个组成部分所消耗的时间合计后填入。最后将各组成部分所消耗的时间相加后，填入“总计”栏中。

4. 混合法

混合法吸取了图示法和数示法的优点，是综合改进的写实记录时间分析方法。用图示法表格记录所测施工过程各组成部分的延续时间，而完成每一组成部分的工人人数则用数字表示。这种方法适用于同时观察 3 个以上工人或机器工作时的集体写实记录。

5. 写实记录法的延续时间

采用写实记录法进行延续时间测定时，测定每个施工过程或同时测定几个施工过程所需的总延续时间。延续时间确定要注意：①既不消耗过多的时间，又能得到可靠和完善的结果；②所测施工过程的广泛性和经济价值；③已经达到的工效水平的稳定程度；④同时测定不同类型施工过程的数目；⑤被测定的工人人数；⑥测定完成产品的可能次数等因素。根据过去的实践经验拟定的延续时间表见表 4－6，供测定时参考使用。

表 4－6　　写实记录法最短测定延续时间表

序号	项　目	同时测定施工过程的类型数/(人/组)	测定对象		
			单人的	集体的	
				2～3 人	4 人以上
1	被测定的个人或小组的最低数	根据施工安排编组的任意数	3 人	3 个小组	2 个小组
2	测定总延续时间的最小值/h	1	10	12	8
		2	23	18	12
		3	28	21	24
3	测定完成产品的最低次数	1	4	4	4
		2	6	6	6
		3	7	7	7

应用表 4－6 确定延续时间时，须同时满足表中三项要求：①如第 2 项和第 3 项中任一项达不到最低要求时，应酌情增加延续时间；②适用于一般施工过程，如遇个别施工过程的单位产品所消耗时间过长时，可适当减少表中测定完成产品的最低次数，同时酌情增加测定的总延续时间；③如遇个别施工过程的单位产品所需时间过短时，则适当增加测定完成产品的最低次数，并酌情减少测定的延续时间。下面举例说明确定延续时间的具体方法。

【例 4－2】 电焊 40mm 的圆钢筋。现同时测定平焊、立焊、仰焊三个类型的施工过程。求写实记录应观察的延续时间。

解： 根据调查确定，由一个 4 级电焊工来完成此项工作，产品是按焊接个数计算的，每个接头的焊接长度均为已知数。焊接一个接头均消耗 0.36h。从表 4－6 第 1 项知，至少应观察 3 个人，应观测的总延续时间不少于 28h。

在测定的总延续时间内，可能完成产品的次数＝28/0.36＝77（次）

查表 4－6 第 3 项可得测定产品的最低次数为 7，而计算值为 77 次，所以测定的总延续时间保持 28h，完全满足要求。

将写实记录法取得的若干原始记录表记载的工作时间消耗和完成产品数量进行汇总，并根据调查的有关影响因素加以分析研究，调查各组成部分不合理的时间消耗，最后确定出单位产品必需的时间消耗量。

三、工作日写实法

工作日写实法也是写实记录法的一种，是以一个工作班的延续时间为测定单元，详细记录工人或机器在整个工作班内的各种时间消耗，然后按工时分类归类各种工时消耗的方法，目的是分析工时使用是否合理，找到工时损失原因，采取措施消除工时损失，提高工时利用率和工作效率。它侧重于研究工作日的工时利用情况，总结先进生产者或先进班组的工时利用经验，同时为制定劳动定额提供必需的准备和结束时间、休息时间和不可避免的中断时间的参考资料。采用工作日写实法研究工时利用的情况是基层班组工作增产节约的一项有效措施。

根据对象的不同，工作日写实法可分为个人工作日写实、小组工作日写实和机械工作日写实三种。个人工作日写实是测定一个工人在工作日的工时消耗，这种方法最为常用，可取得同工种工人的工时消耗资料。小组工作日写实是测定一个小组的工人在工作日内的工时消耗，可以是相同工种的工人，也可以是不同工种的工人，可取得确定小组成员和改善劳动组织的资料。机械工作日写实是测定某一机械在一个台班内机械效能发挥的程度，以及配合工作的劳动组织是否合理，其目的在于最大限度地发挥机械的效能。

工作日写实用手表计时，记录方法有数字法、图表法、混合法。在工作日写实中，记录工人的基本工作、辅助工作或属于机械的直接消耗时间，不作详细划分；损失时间和其他各类时间，则详细按造成的原因划分组成部分。写实记录的原始资料应填入有关表格中。

工作日写实法的延续时间以一个工作日为准。如果完成产品的时间消耗大于 8h，则延长观测时间。观测次数根据不同的要求确定：如为了总结先进工人的工时利用经验，可测定 1～2 次；为了掌握工时利用情况或制定标准工时规范，可测定 3～5 次；为了分析造成损失的原因，改进施工管理，可测定 1～3 次，以取得所需要的有价值的资料。

工作日写实法的基本要求：①对因素登记的要求：由于工作日写实法主要研究工时利用和损失时间，不研究基本工作时间和辅助工作时间的消耗，在填写因素登记表时，对施工过程的组织和技术说明可简明扼要，不予详述。②对时间记录方法的要求：个人工作日写实多采用图示法，小组工作日写实多采用混合法，机械工作日写实多采用混合法或数示法。③对延续时间的要求工作日写实法以一个工作日为准，如完成产品时间消耗大于 8h，则应酌情延长观察时间。

四、统计分析法

统计分析法是应用统计学原理测定人工、材料和机械等利用效率的一种方法。用统计分析方法研究工时最先开始于 1934 年的英国。统计学家提皮特（L. C. Tippett）第一次用抽样理论研究工作时间，以提高织布机的工作效率，这个过程称为“快读法”，20 世纪 40 年代该法被引入美国，得到广泛应用和发展，被称为“比例延迟法”。1956 年美国工业工程专家巴恩斯（R. M. Bernes）把这种方法定名为“工作抽样法”。

抽样由调查目的和要求来决定。可以是一个操作工人（或班组、或机械）在生产某一产品中的全部活动过程中每一活动的消耗时间，也可以是其中一项活动的消耗时间。具有以下优点：①抽查工作单一，观察人员思想集中，有利于提高调查的原始数据的质量；②所需的总时间较短，费用可以降低。

工作抽查法的基本原理是概率论，在相同条件下，对于一系列的试验和观察，每次的试验和观察的可能结果不止一个，并在试验或观察之前无法预知确切结果，但在大量重复试验或观察下，结果呈现出符合统计规律的某种规律性，这种规律就是观察结果。

抽查法就是利用这个客观规律，对于在相同的条件下重复工作的活动，进行若干次瞬时观察，累计多次的瞬时观察结果。得到工作中的普遍规律。

(1) 样本的取样和观察次数的确定。观察对象应该根据抽样的目的来确定；对每一个观察对象的观察，在时间上是随机的，保证观察结果的真实性；所选取的样本工作条件应尽量一致，可使观察记录数据具有代表性。

观察对象越多，观察次数越多，所得到结果的精确程度越高。但观察次数越多，则所需要的时间就会越长，同时观察所需费用就会增加。因此，观察的次数应根据观察的目的及所要求的正确程度来确定。

例如，要制定的某一项定额，在多大的范围内能经过努力完成呢？或者说此定额有多大程度上的真实性呢？这个程度就称为置信水平。置信水平以百分比表示。例如在 N 次的观察中，置信水平为95%，即有95%的数据是比较接近真实的，即在 N 次观察中真实数据的发生率达到95%，于是在 N 个观察记录的数据中有5%的数据是偏离真实的，这就是精度。对于一般工程建筑，工作的“纯生产率”取40%～60%，置信水平取95%。

观察次数 N 可按下式计算

$$N=\frac{\lambda^{\lambda}(1-P)}{S^2 P} \tag{4-4}$$

式中 N——随机观察的总次数；

S——需求的精度；

P——观察事件发生的概率；

λ——参数，一般取2或3。

式(4-4)中，需求精度 S 可以事先根据观察的目的确定，但 P 和 N 仍是两个未知数，因此只能采用逐次逼近法求解。其方法是：先假定一个基值计算出第一个 N_1，然后经过相当时日的实际观察结果，又可获得一个新的 P_2 值再代入式(4-4)中求得第二个 N_2，再以 N_2 的观察次数及实际观察所得的 P 值代入公式反求 S。若求得的 S 较原定的精度小时，即可用最后的 P 值和反求的 S 值代入公式，求得所需的观察次数 N。

(2) 观察期限和观察时刻的确定。在确定了观察次数后，还应该确定观察的期限和观察的时刻。

观察期限是完成一项抽查任务的工作天数，一般根据抽查工作的目的和重要性，以及观察任务的大小（即观察的次数 N）和观察人员的多少来确定。

当确定了观察期限（T 工作日）后，即可按下式计算

$$n=\frac{N}{T} \tag{4-5}$$

式中　n——每个工作日内的观察次数，次/工作日。

观察时刻是指在一个工作班内每一次观察的时刻。观察时刻的确定直接影响到观察结果的真实程度。因此，观察时刻是随机的。可以查用随机数表和工作抽查观察时刻对照表。

资源 4.4

第五章 施工定额

资源5.1

第一节 概　　述

一、施工定额的概念

施工定额由劳动定额、材料消耗定额和施工机械台班使用定额三大部分组成。施工定额是直接应用于建筑工程施工管理的定额，是编制施工预算、实行内部经济核算的依据。根据施工定额，可以直接计算出各种不同工程项目的人工、材料和机械合理使用量的数量标准。施工定额是施工企业内部的管理定额，属于企业定额的性质，它的作用范围局限于施工企业内部的经营、组织施工的管理行为。

施工定额涉及企业内部管理（如企业生产经营活动的计划、组织、协调、控制和指挥等）各个环节，施工企业通过加强企业管理、提高企业素质、降低劳动消耗、控制成本开支、提高劳动生产率和企业经济效益的有效手段，来谋求自身的利益和发展。施工定额则是上述各项措施在数量上的反映。加强施工定额的管理成为企业的内在要求和必然的发展趋势。

施工定额作为施工企业的内部定额，企业具有编制和颁发施工定额的权限。企业根据具体条件和可能挖掘的潜力，根据市场的需求和竞争环境以及国家有关政策、法律和规范、制度编制定额，自行决定定额的水平，并且高于国家定额水平。允许同类企业和同一地区企业之间存在施工定额水平的差距，这样在市场上才能具有竞争能力；甚至允许企业就施工定额的水平，对外作为商业秘密进行保密。

国家定额和地区定额对企业的施工定额编制和管理具有参考和指导作用，以实现对工程造价的宏观调控。

二、施工定额的作用

施工定额是安排施工作业进度计划、实行计件工资、签发任务单、限额领料以及计算超额奖和材料节约奖等工作的依据。在施工过程中，正确使用施工定额，对于调动劳动者的生产积极性、开展劳动竞赛和提高劳动生产率以及推动技术进步都有积极的促进作用，它还是编制预算定额的基础。

（1）施工定额是企业计划管理工作的依据。施工定额是企业编制施工组织设计的依据，也是企业编制施工作业计划的依据。施工组织设计是指导拟建工程进行施工准备和施工生产的技术经济文件。施工企业在争取建设项目时或取得建设项目后，应根据招标文件及合同协议的规定，制订施工组织设计方案或实施性施工组织设计，在文件中确定经济合理、技术先进的施工方案；在人力和物力、时间和空间、技术和组织上，对建设项目做出最佳的安排。施工作业计划是施工队、组的具体执行计划以实现企业施工计划为目的，综合体现了企业生产计划、施工进度计划和现场实际情况的要求，是组织和指挥生产的技术文件，也是工程队、班组进行施工作业的依据。因此，施工组织设计和施工作业计划是企业施工过程不可缺少的环节。

施工组织设计包括总施工组织设计、年度施工组织设计、季节性施工组织设计以及单位工程施工组织设计。施工组织设计均包括三部分内容：所建工程的资源需用量、使用这些资源的最佳时间安排和平面规划。施工定额是确定所建工程资源需要量、计算施工中实物工作量、排列施工进度计划、计算施工劳动力和施工机械的依据。

施工作业计划可分为月作业计划和旬作业计划，包括月（旬）应完成的施工任务，劳动力、机械、材料消耗，提高劳动生产率和节约措施计划等，均以施工定额提供的数据为计算依据。

（2）施工定额是组织和指挥施工生产的依据。企业施工队、班组进行施工，是按照作业计划，通过下达施工任务书（单）和限额领料单来实现的。

施工任务书（单）既是下达施工任务的技术文件，也是队、班组经济核算的原始凭证。它记录施工任务、实际完成任务的情况，且据此结算班组工人的工资。内容包括工程名称、工作内容、质量要求、开工和竣工日期、计划用工量、实物工程量、定额指标、计件单价和工人平均用工等级等；以及实际完成任务情况的记录和工资结算，实际开、竣工日期，完成实物工程量，实用工日数，实际平均技术等级，完成工程的工资额，工人工时记录和每人工资分配额等。限额领料单是施工队、班组随同施工任务书同时签发的领用材料的凭证，这一凭证是依据施工任务量和施工的材料定额计算填写的。其中领料的数量，是班组完成任务量消耗材料的最高限额，这一限额也是衡量班组完成任务情况的一项重要指标。以上数据的计算均依据施工定额。

（3）施工定额是计算工人劳动报酬的根据。施工企业的分配原则是“多劳多得”。施工定额是衡量工人劳动数量和质量、产出成果和效益的标准。施工定额是计算人工计件工资的基础，也是计算奖励工资的依据。把工人的劳动成果和个人分配结合起来，可以充分调动工人的生产积极性。

激励是实现企业管理目标的重要手段。施工企业采取措施可以激发和鼓励企业员工在工作中的积极性和创造性。施工定额可以对工人的生理需要、自尊需要和自我实现需要的满足起到直接激励作用。工人在完成和超额完成定额后，不仅能获取更多的工资报酬以满足生理需要，而且也能满足获取社会认同的需要，并且进一步满足尽可能发挥个人潜力以实现自我价值的需要。

（4）施工定额是衡量企业生产水平和技术先进的标准。企业通过加强管理，采取有效措施激发和鼓励职工在工作中的积极性和创造性，使生产力能得到充分的发挥，以提高自己的生产水平，使企业能在市场竞争的环境中取得优势。施工定额的企业性质不但能反映出企业之间的生产水平，即不同企业完成相同单位产品而在人工、材料、机械、资金等要素消费上的差异。对同一企业则反映出企业生产水平的进步。这样，施工定额就成了衡量企业生产水平的尺度。

施工定额水平中包含着已成熟的，先进的施工技术和经验，要达到或超过定额标准，工人就必须掌握和运用这些先进技术；如果要大幅度地超过定额，工人就必须进行创造性的劳动，如改进工具和改进工艺操作方法，注意节省原材料，避免原材料和能源的浪费，或在施工中推广先进技术，贯彻实行施工定额中明确要求采用的某些较先进的施工工具和施工方法等。企业或主管部门为推行施工定额，达到或超过定额水平，会积极组织技术培训、普及先进技术和先进的操作方法。因此，施工定额是企业推广先进技术、衡量企业技术水平的标准。

(5) 施工定额是编制施工预算、加强企业成本管理和经济核算的基础。施工预算以施工定额为编制基础，既要反映设计图纸的要求，也要考虑施工企业的生产水平以及现有条件下采取的节约人工、材料和降低成本的各项具体措施。可促使企业合理地组织施工生产，有效地控制施工中人力、物力消耗，节约成本开支。严格执行施工定额，可以控制成本、降低费用开支，也为企业贯彻经济核算制、加强班组核算和增加盈利创造条件。

施工定额在建筑安装企业管理的各个环节中都是不可缺少的，施工定额管理是企业的基础性工作。

(6) 施工定额是编制工程建设定额体系的基础。施工定额在工程建设定额体系中的基础作用，是由施工定额作为生产定额的基本性质决定的。施工定额和生产结合紧密，直接反映生产技术水平和管理水平，其他各类定额则是在较高的层次上、较大的跨度上反映社会生产力水平。施工定额作为工程建设定额体系中的基础性定额，施工定额的水平是确定概、预算定额和指标消耗水平的基础。

施工定额是建筑安装工程预算定额水平的基础，以企业施工定额水平为计算基础，可以免除测定定额水平的大量繁杂工作，缩短工作周期，使预算定额与实际的生产和经营管理水平相适应。有时预算定额不直接以施工定额作为计算依据，而是以历史的、典型的工程预、决算资料为计算依据，对原有预算定额进行补充、修正和调整，此时施工定额仍然是决定预算定额水平的基础。对于其他定额，施工定额则是定额编制的间接基础。

三、施工定额水平的特点

施工定额水平是指在一定时期内的建筑施工技术水平和条件下，定额规定的完成单位合格产品所消耗的人工、材料和施工机械的消耗标准。定额水平的高低与劳动生产率的高低成正比。劳动生产率高，则完成单位合格产品所需的人工、材料和机械台班就少，说明定额水平高。

在建筑施工企业中，劳动生产力水平大致可分为三种情况：一是代表较高劳动生产率水平的先进企业和先进生产者；二是代表较低劳动生产率的落后企业和落后生产者；三是介于前两者之间，处于中间状态的企业和生产者。

施工定额水平为社会平均先进水平。施工定额是施工企业进行管理、考核和评定各班组及生产者劳动成果的标准，合理的施工定额有利于调动劳动者的生产积极性，提高劳动效率。因此，在确定施工定额水平时，依据在正常的施工和生产条件下，大多数企业和生产者经过努力可以达到和超过，少数企业或生产者经过努力可以接近的水平，即平均先进水平。这个水平略高于企业和生产者的平均水平，低于先进企业的水平。实践证明，如果施工定额水平过高，大多数企业和生产者经过努力仍无法达到，则使生产和管理者的积极性受挫；定额水平定得过低，企业和生产者不经努力也会达到和超额完成，则起不到鼓励和调动生产者积极性的作用。平均先进的定额水平，可望也可及，既有利于鼓励先进，又可以激励落后者积极赶上，有利于推动生产力向更高的水平发展。

定额水平有一定的时限性。随着生产力水平的发展，定额水平必须作相应的修订，使其保持平均先进水平。但是定额水平作为生产力发展水平的标准，又必须具有相对稳定性。如果频繁调整定额水平，会挫伤生产者的劳动积极性。

施工定额的水平直接反映劳动生产率水平，也反映劳动和物质消耗水平。施工定额水平和劳动生产率水平变动的方向是一致的，和劳动与物质消耗水平的变动则呈反方向。即劳动生产率水平越高，施工定额水平也越高；而劳动和物质资料消耗数量越多，则施工定额水平越低。在定额执行期内，随者技术发展和社会劳动生产率提高，二者吻合程度差距增大，当定额水平不能促进施工生产和企业管理时，就应修订，以使二者达到新的平衡。

四、施工定额的编制原则

（1）确定施工定额水平要遵循平均先进的原则。

1）注意数量与质量均达到平均先进的定额水平。要在生产合格产品的前提下规定必要的劳动消耗标准。

2）合理确定劳动组织。在确定定额水平时，要按照工作对象的技术复杂程度和工艺要求，合理地配备劳动组织，使劳动组织的技术等级同工作对象的技术等级相适应。劳动组织指劳动组合的人数和技术等级两个因素。人员过多，会造成窝工浪费，人员过少会延误工期，影响工程进度；人员技术等级过低，难以保证工程质量，人员技术等级过高，浪费技术力量，增加产品的人工成本。因此，要合理确定劳动组织，在保证工程质量的同时，以较少的劳动消耗，生产较多的产品。

3）明确劳动手段和劳动对象。生产者在生产过程中使用不同的劳动手段（机具、设备）和不同的劳动对象（材料、构件)，对劳动效率有不同的影响。因此，在确定定额水平时，必须明确规定达到定额时使用的机具、设备和操作方法。明确规定原材料和构件的规格、型号、等级、品种质量要求等。

4）正确对待先进技术和先进经验，现代生产力水平发展迅速，新技术和先进经验不断涌现，编制定额应鼓励先进。尚不成熟的先进技术和经验不能作为确定定额水平的依据。成熟的先进技术和经验如果没有得到推广应用，可在保留原有定额项目水平的基础上，编制出新的定额项目，既可照顾实际情况，又起到鼓励先进的作用。对于已经普遍推广使用的先进技术和经验，应作为确定定额水平的依据，把已经提高并得到普及的社会生产力水平在定额中确定下来。

5）注意全面比较，协调一致，既要挖掘企业潜力，又要考虑在现有技术条件下，使地区之间和企业之间、工种之间的定额水平相对平衡、协调一致，避免出现定额水平高低差异过大的现象。

(2) 定额结构形式要结合实际、简明扼要。要求定额具有简明性和适用性，容易掌握，便于查阅、计算和携带。当二者发生矛盾时，定额的简明性应服从适用性的要求。

1）定额项目划分要合理，配套齐全。要把已经成熟和开始使用的新技术、新工艺、新材料编入定额，对于缺漏项目要注意积累资料，组织测定，尽快补充到定额项目中。删除在实际工作中已不采用的结构材料和技术。

定额项目的设置是否齐全完备，对定额的适用性影响很大。不同性质、不同类型的工作过程或工序，都应分别反映在各个施工定额的项目中。即使是次要的，也应在说明、备注和系数中反映出来，满足需要时可以利用的要求。如果施工定额项目不全，企业或现场会制定大量的补充定额，不利于加强管理，由于补充定额编制仓促，难以排除众多人为因素影响，导致定额水平降低。

2）定额步距大小要适当。步距是指定额中两个相邻定额项目或定额子目的水平差距。定额步距大，项目就少，定额水平的精确度就低；步距小，精确度高，但编制定额的工作量大，定额使用不方便。为达到简明实用的目标，对于主要工种、主要项目、常用的项目，步距要小些；对于次要工种、工程量不大或不常用的项目，步距可适当大些；对于手工操作为主的定额，步距可适当小些；而对于机械操作的定额，步距可略大一些。如回旋钻机成孔的一组定额，其步距按成孔直径100cm、120cm、150cm、200cm、250cm、300cm、350cm等，步距保持在50cm左右。

3）定额内容要标准化、规范化，计算方法要简便，在贯彻简明适用性原则时，正确选择产品和材料的计量单位，适当利用系数，辅以必要的说明和备注，方便群众掌握运用。

(3) 编制定额以专业为主，实际为辅。编制施工定额是一项专业性很强、政策性很强的技术经济工作。需要有专门的技术机构和专业人员进行大量的组织技术测定、分析和整理资料、拟定定额方案和协调等工作。而生产者是定额的执行者，他们了解施工生产过程和定额的执行情况，因此在编制定额时广泛征求群众的意见，是确保定额质量的有效方法。

(4) 独立自主的编制原则。施工企业独立自主制定定额，是指自主地确定定额水平、划分定额项目，自主地根据需要增加新的定额项目。企业作为具有独立法人地位的经济实体，是施工定额的最终贯彻者和最大受益者，应根据企业的具体情况和需要，结合国家的技术经济政策和产业导向，以盈利为目标，自主地制定施工定额。这样有利于企业自主经营和执行现代企业制度，有利于施工企业摆脱过多的行政干预，更好地面对建筑市场竞争的环境，也有利于促进新的施工技术和施工方法的推广采用。

五、施工定额的编制依据

(1) 国家的经济政策和劳动制度。如《建筑安装工人技术等级标准》、工资标准、工资奖励制度、工作日时制度、劳动保护制度等。

（2）有关规范、规程、标准、制度。如现行国家建筑安装工程施工技术规范、施工验收规范、质量评定标准、技术安全操作规程和有关标准图、全国建筑安装工程统一劳动定额及有关专业部门劳动定额、全国建筑安装工程设计预算定额及有关专业部门预算定额。施工过程应满足工程施工技术规范的技术要求。工程质量应符合工程施工及验收技术规范、工程质量检验评定标准、技术规程中有关质量要求和质量标准。

（3）技术测定和统计资料。主要指现场技术测定数据和工时消耗的单项和综合统计资料。技术测定数据和统计分析资料必须准确可靠。

资源 5.2

第二节　劳动定额及其编制

一、劳动定额的概念

劳动定额是在一定的施工组织和施工条件下为完成单位合格产品所必需的劳动消耗标准。劳动定额是人工的消耗定额，又称为人工定额。劳动定额按其表现形式不同可分为时间定额和产量定额。

（1）时间定额。是指某种专业、某种技术等级的工人班组或个人，在合理的劳动组织与一定的生产技术条件下，为完成单位合格产品必须消耗的工作时间。定额时间包括准备时间与结束时间、基本生产时间、辅助生产时间、不可避免的中断时间及工人必需的休息时间。

时间定额的单位一般以“工日”“工时”表示，一个工日表示一个人工作一个工作班。每个工日工作时间按现行制度为每个人 8h。其计算方法为

$$\text{单位产品时间定额(工日)}=\frac{1}{\text{每工日产量}} \tag{5-1}$$

$$\text{单位产品时间定额(工日)}=\frac{\text{小组成员工日数的总和}}{\text{台班产量}} \tag{5-2}$$

（2）产量定额。它是指在合理的劳动组织与一定的生产技术条件下，某种专业、某种技术等级的工人班组或个人，在单位工日应完成的合格产品数量。其计算方法为

$$\text{每工日产量}=\frac{1}{\text{单位产品时间定额(工日)}} \tag{5-3}$$

$$\text{台班产量}=\frac{\text{小组成员工日数的总和}}{\text{单位产品时间定额(工日)}} \tag{5-4}$$

$$\text{时间定额}=\frac{1}{\text{产量定额}} \tag{5-5}$$

例如：人工挖土，挖土深度为 1.5m，上口宽超过 3m。土质属Ⅰ类。每挖 $1m^3$ 土方需要 0.104 工日，每工日产量为 $9.62m^3$。这样时间定额和产量定额分别为

$$\text{时间定额}=\frac{1}{9.62}=0.104(\text{工日}/m^3)\text{；产量定额}=\frac{1}{0.104}=9.62(\text{工日}/m^3)$$

劳动定额的单位为复合单位，其表示形式一般为：时间定额/产量定额或时间定额/台班定额。

劳动定额通常采用时间定额和产量定额两种形式同时表示，即分子为时间定额，分母为产量定额，使用时可以任意选择。一般情况下，如果生产中需要较长时间才能完成一件产品，采用时间定额为宜。若在单位时间内产量很多，则以产量定额表示为宜。采用时间定额便于综合计算，采用产量定额比较容易理解，但不便于计算。

二、施工正常条件拟定

施工正常条件是产生平均先进水平的定额的基础。施工正常条件是绝大多数企业和施工队、组在合理组织施工时所处的施工条件，是贯彻定额应具备的条件。即是将技术测定所提供的资料以及综合分析所取得的正常条件，在定额的内容中加以明确。正常施工条件必须适用于大多数企业和单位，符合当前生产实际情况，有利于定额的贯彻和劳动生产率的提高。

1. 拟定工作地点

工作地点是工人施工活动场所。在拟定工作地点时，要注意使工人在操作时不受妨碍，所使用的工具和材料应按使用顺序放置在工人最便于取用的地方，保持清洁和秩序井然，以减少疲劳和提高工作效率。

2. 拟定工作组成

拟定工作组成就是将施工过程按照拟定的劳动分工划分为若干工序，以达到合理调配技术工人的目的。

拟定施工人员编制就是确定小组人数、技术工人的配备以及劳动的分工和协作。施工人员编制的原则是使每个工人都能充分发挥作用，均衡担负工作。

三、制定劳动定额的方法

劳动定额是根据国家的经济政策、劳动制度和有关技术文件及资料制定的。制定劳动定额常用经验估工法、统计分析法、数理统计法、比例类推法和技术测定法。

1. 经验估工法

经验估工法也称经验估计法，是由定额专业人员、施工技术人员和工人相配合，总结个人或集体的实践经验，参考有关技术资料和现场观察，并考虑到设备、工具、材料、施工技术组织及其他施工条件，直接估计定额的方法。这种方法要了解施工工艺，分析施工的生产技术组织条件和操作方法的难易等情况，对于同一项定额应选择几种不同类型工序进行反复比较和讨论。此种方法的优点是简便易行、工作量小、速度快，但往往受主观因素的影响，缺乏详细的分析和计算，准确性较差。估工法只适用于企业内部，作为某些局部项目的补充定额。由于受估工人员的经验和水平的局限，同个项目有时会提出几种不同水平的定额，在这种情况下就要对提出的各种不同的数据进行分析处理。

常用的方法是“三点估计法”，就是预先估计某施工过程或工序的工时消耗量或材料消耗量的三个不同水平的数值；先进的（乐观估计）为 a，一般的（最大可能）为 m，保守的（悲观估计）为 b。根据统筹法的原理，求它们的平均值 $\bar{t}$ 为

$$\bar{t}=\frac{a+4m+b}{6} \tag{5-6}$$

标准差为
$$\sigma=\left|\frac{a-b}{6}\right| \tag{5-7}$$

根据正态分布的公式，调整后的工时定额为
$$t=\bar{t}+\lambda\sigma \tag{5-8}$$

式中　λ——σ 的系数，从正态分布表（见有关概率统计的书籍）中，可以查出对应于 λ 值的概率 $P(\lambda)$。三点法的实质仍是一种用样本均值和标准差作为总体均值和标准差估计量的形式。

经验估工法一般用于品种多、工程量少、施工时间短以及一些不常出现的项目一次性定额的制定。

【例 5-1】 在讨论某一施工定额时，估出了三种不同的工时消耗，先进的工时消耗为 6h，保守的工时消耗为 14h。试求：①如果要求在 9.3h 内完成，其完成任务的可能性有多少？②要使完成任务的可能性 $P(\lambda)=90\%$，则下达的工时定额是多少？

解：①$a=6\text{h}$，$b=14\text{h}$，$m=7\text{h}$，$t=9.3\text{h}$，则

$$\bar{t}=\frac{6+4\times7+14}{6}=8(\text{h})$$

$$\sigma=\left|\frac{6-14}{6}\right|=1.3(\text{h})$$

$$\lambda=\frac{t-\bar{t}}{\sigma}=\frac{9.3-8}{1.3}=1$$

由 $\lambda=1$，从正态分布表中查得对应的 $P(\lambda)=0.841$，即在给定工时消耗为 9.3 时，完成任务的可能性为 84.13%。

②由 $P(\lambda)=90\%$，从正态分布表中查得 $\lambda=1.3$，则

$$t=8+1.3\times1.3=9.7(\text{h})$$

即当要求完成任务的可能性为 $P(\lambda)=90\%$时，下达的工时定额为 9.7h。

2. 统计分析法

统计分析法是以历史资料及其数据为依据，与当前生产技术条件等变化因素相结合，进行统计分析的方法。

定额的准确性取决于所选统计资料的准确程度。因此，所选的统计资料需满足以下要求：①所统计的工作班组应在先进合理的施工技术和施工组织下工作；②所选的班组只限完成定额以内的工作；③统计资料的时间、条件与制定定额的时间、条件相似；④统计资料反映的是工人过去达到的水平，施工过程包含的不合理因素（如工时浪费、材料浪费等）往往影响资料的准确性。需剔除统计资料中特别偏高、偏低的明显不合理的数据；⑤在使用过去同类工程或同类产品的工时消耗统计资料的基础上，要考虑当前和今后的新技术、新设备、新材料、新工艺、施工组织、管理水平、地域条件、时间条件等因素的影响。

统计分析法制定的定额偏于保守。为使确定的定额符合平均先进水平的原则，一般采用二次平均法。二次平均法是先计算平均数作为最低标准，再把比这标准先进的各个数据（即工时消耗小于平均数之数）选出来，再来一次平均，即得平均先进值，就是平均先进定额。

统计分析法步骤是：

（1）剔除统计资料中特别偏高、偏低的明显不合理的数据。

（2）计算算术平均值，将各个资料数据的总和除以资料的总数即得算术平均值。计算公式为

$$\bar{t}=\frac{t_1+t_2+\cdots+t_n}{n} \tag{5-9}$$

式中　n——统计资料数据个数；

t——数据值。

（3）计算平均先进值，即

$$\overline{t_0}=\frac{\bar{t}+\overline{t_n}}{2} \tag{5-10}$$

式中　$\overline{t_0}$——二次平均后的平均先进值；

$\bar{t}$——全数平均值；

$\overline{t_n}$——全数平均值的各数值（对于时间定额）或大于全数平均值的各数值（对于产量定额）的平均值。

【例 5-2】 已知工时消耗数据资料为 30、50、60、60、60、50、40、50、40、50，试用二次平均法计算其平均先进值。

解：①求全数的平均值 $\bar{t}$

$$\bar{t}=\frac{1}{10}(30+50\times4+60\times3+40\times2)=49$$

②求小于 t 的各数平均值

$$\overline{t_n}=\frac{30+40\times2}{3}=36.67$$

③求平均先进值 $\bar{t}_0$

$$\bar{t}_0=\frac{36.67+49}{2}=42.84$$

3. *数理统计法*

统计分析法计算的平均先进定额在实际中常出现偏高的现象，一般偏向于先进，可能大多数工人或班组难以达到，不能很好地体现平均先进的原则。数理统计法是在统计数字计算平均先进定额的基础上，采用概率测算有多少百分比的工人可能达到或超过定额，作为确定定额水平的依据。这一方法仍以统计资料为基础。其步骤如下：①剔除资料中明显偏高或偏低的数据；②计算平均数；③计算数组的均方差 C^2；④运用正态分布确定定额水平。其中，计算数组的均方差为

$$s^2=\frac{1}{n-1}\sum_{i=1}^{n}(t_i-\bar{t})^2 \tag{5-11}$$

式中　s^2——方差；

t_i——消耗数据值；

$\bar{t}$——消耗数据值平均值。

根据正态分布，确定概率 $P(\lambda)$ 的定额水平为

$$t=\bar{t}+\lambda\sigma \tag{5-12}$$

式中 λ——σ的系数，λ与$P(\lambda)$的关系可由正态分布表中查得。

【例5-3】 已知工时消耗数据资料为30、50、60、60、60、50、40、40、50、50，试用数理统计法确定85%的工人能够达到或超过的平均先进值。

解： 平均值和标准差分别为

$$t=\frac{1}{10}(30+50\times4+60\times3+40\times2)=49$$

$$s=\sqrt{\frac{1}{10}[(30-49)^2+(40-49)^2\times2+(50-49)^2\times4+(60-49)^2\times3]}=9.94$$

由概率$P(\lambda)=0.85$查表得$\lambda=1.037$。定额水平为

$$t=49+1.037\times9.94=59.31$$

4. 比较类推法

比较类推法又叫典型定额法，适用于同类型产品规格多、工序重复量小的施工过程。是根据生产同类型或相似类型的产品或工序，经过对比分析，类推出同一组定额中相邻项目的定额水平的方法。运用比较类推法，首先将结构上相同的、工艺上相似的同类构件或结构物进行分组，从各组中分别选择典型件，并应用技术测定、技术分析计算、统计分析等方法，找出这些典型件和结构物的时间消耗和材料消耗的规律性，制定典型件的工时定额和材料消耗定额，或者制定定额标准。之后，以这些典型性的定额或标准为基准，通过分析比较类推，确定同类型中其他构件或构筑物的劳动定额、材料消耗定额。

比较类推法简便易行，工作量小。由于增加了一定的技术依据和可比标准，在一定程度上提高了定额的准确性和平衡性。这种方法适用于产品品种多、批量少、变化大的单位和某些施工过程。如水利水电施工企业的修配厂和加工厂制造异型的构件、施工现场细部结构物的施工等。但由于缺少典型件的定额，比较类推法无法普遍推广。

比较类推法一般可分为比例数示法和坐标图示法两种形式。

（1）比例数示法又叫比例推算法，以执行时间长、资料较多、定额水平比较稳定的劳动定额项目为基础，通过技术测定或根据统计资料求得相邻项目或类似项目的比例关系或差数来制定劳动定额。用下列公式进行计算

$$T=Et_0 \tag{5-13}$$

式中 T——需计算的劳动定额；

t_0——相邻的典型定额项目的劳动定额；

E——已确定出的比例。

【例5-4】 已知挖桩基的一类土的时间定额及一类土与二类土、三类土、四类土的比例见表5-1，试计算二类土、三类土、四类土的时间定额。

解： 按式（5-13）可求出二类土、三类土、四类土的时间定额，当上口面积在2.25m^{2}以内时

二类土 $t=1.43\times0.148=0.212$

$$三类土\ t=2.50\times0.148=0.370$$

$$四类土\ t=3.75\times0.148=0.556$$

同理，可求出上口面积在 6.25～20m² 间的二类土、三类土、四类土的时间定额，见表 5－1。

表 5－1　　挖桩基时间定额确定表　　单位：工日/m³

项　目	比例关系	挖桩基深在 1.5m 以内			
		上口面积（m²，以内）			
		2.25	6.25	12	20
一类土	1.00	0.148	0.134	0.131	0.128
二类土	1.43	0.212	0.191	0.187	0.183
三类土	2.50	0.370	0.335	0.328	0.320
四类土	3.75	0.556	0.503	0.491	0.480

（2）坐标图示法的具体做法：选择一组同类型的典型定额项目，以影响因素为横坐标，以相对应的工时或产量为纵坐标。将这些典型定额项目的定额水平点在坐标纸上，连接成一条曲线，从定额曲线上找出所需的项目定额标准。

比较类推法的缺点是由于对定额的时间组成分析不够，对挖掘潜力、提高劳动生产率、节约原材料的可能性估计不足，或选择的典型定额不够恰当，因而影响定额的质量。

5. 技术测定法

技术测定法又叫技术定额测定，是在深入施工现场，对施工过程的技术条件、组织条件和施工方法进行分析研究，在充分挖掘生产潜力的基础上，应用实时观察的方法和材料消耗测定的方法取得数据资料，经过科学整理分析后制定定额的一种方法。技术测定法不仅可用来制定定额，还可以发现和总结推广先进工作方法，改进劳动组织和确定岗位定员；并且可用来发现施工过程中存在的问题，找出造成工时、材料损失和各工序工作过程不协调的原因，以便采取适当措施，提高工时、设备的利用率，降低材料消耗。

技术测定法的具体观测方法，根据用途可分为两大类。

一类是计时观察的方法，包括测时法、写实记录法、工作日写实法、简易估时观察法。这一类方法主要用于：①研究施工过程，即把施工过程分解成几个组成部分，进行计时观察，看哪些组成部分甚至一个细小的动作是否多余、是否可以取消、是否可以合并，哪些复杂繁重的操作是否可以用更简便的办法来代替，以求施工组织与技术最合理；②研究工时消耗，规定工作时间消耗的数量，确定各种因素对工作时间消耗数量的影响，从而制定劳动定额、机械使用定额、材料消耗定额；③找出工作中出现差错的原因。

另一类是材料消耗观测试验的方法，包括施工实测法和试验法，这一类方法主要用于：①研究施工过程的组织与技术、操作方法以及材料储存、运输的方法和地点，采取合理措施，减少材料损耗；②研究材料消耗和损耗的原因，规定其性质与数量；③研究材料消耗与影响因素的规律，确定各种影响因素对材料消耗数量的影响，制定材料、动力工具的消耗定额。

技术测定法有充分的科学技术依据，确定定额比较先进合理。但是这种方法较复杂，工作量较大，因此它的适用范围有一定的限制，适用于产品品种少、施工条件正常、工作量大、施工时间长、经济价值大的定额项目。

技术测定法是根据先进合理的生产（施工）技术、操作工艺、合理的劳动组织和正常生产（施工）条件，对施工过程的具体活动进行实地观察和分析，详细记录工人和机械工作时间的消耗，完成产品的数量及有关影响因素，将记录的结果进行分析整理，对各种影响工作时间的因素进行取舍，以获得各个项目的时间消耗资料，从而制定劳动定额。技术测定法有较高的准确性和科学性，是制定新定额和典型定额的主要方法，也是制定新技术和新工艺劳动定额的主要方法。

上述几种方法是编制劳动定额的基本方法。在编制定额中可以结合具体情况灵活运用，相互结合，相互借鉴。

第三节　材料消耗定额及其编制

资源 5.3

一、材料消耗定额的概念

基本建设中建筑材料的费用约占建筑安装费用的 60%。材料消耗定额是指在既节约又合理地使用材料的条件下，生产单位合格产品所必须消耗的材料数量，既包括合格产品的实际净用量也包括在生产合格产品过程中合理的损耗量。损耗量指材料从现场仓库领出到完成合格产品的过程中的合理损耗量，包括场内搬运的合理损耗、加工制作的合理损耗、施工操作的合理损耗等。

单位合格产品中某种材料的消耗量等于该材料的净耗量和损耗量之和。即

$$材料消耗量=净耗量+损耗量 \tag{5-14}$$

$$损耗率=\frac{损耗量}{消耗量}\times 100\% \tag{5-15}$$

式中损耗量指各种合理损耗量，亦即在合理和节约使用材料情况下不可避免的损耗量，其多少常用损耗率表示。

损耗率是合理损耗量占消耗量的比例。在制定材料消耗定额时，净耗量需要根据结构图和建筑产品（工程）图来计算或根据试验确定，但是有关图纸和试验结果在此阶段常常还没有确定，而且即使是同样产品，其规格型号也各异，不可能在编制定额时把所有规格型号的产品都编制出材料损耗定额，否则这个定额就过于繁琐了。用损耗率形式表示，则简单省事，在使用时只要根据图纸计算出净用量，就可以算出总的需求量。

材料消耗量可用式（5-16）计算：

$$材料消耗量=\frac{净耗量}{1-损耗率} \tag{5-16}$$

材料消耗定额是编制物资供应计划的依据，是加强企业管理和经济核算的重要工

具，是企业确定材料需要量和储备量的依据，是施工队对工人班组签发领料的依据，是减少材料积压、浪费，促进合理使用材料的重要手段。

二、直接性消耗材料定额的制定

建筑工程使用的材料可分为直接性消耗材料和周转性消耗材料。

直接性消耗材料是指直接消耗在工程实体上的各种建筑材料、成品、半成品。根据工程需要直接构成实体的消耗材料，包括不可避免的合理损耗材料。

制定材料消耗定额有两种途径：一是参照预算定额材料部分逐项核查选用；二是自行编制。编制其定额的基本方法有观察法、试验法、统计法和计算法。

1. 观察法

在施工现场，对生产某一合格产品的材料消耗量和净消耗量进行实际测算，以确定该单位产品的材料消耗量或损耗率。

在选择观测对象时，应考虑以下几点：①建筑物的结构具有代表性；②施工必须符合有关技术规范的要求；③所用材料品种、质量符合规范和设计要求；④正常生产状态。观察前还要做好有关准备工作，如准备好标准桶、标准运输工具、称量设备，并采取减少材料损耗的必要措施。观察的目的是要取得在完成合格产品的情况下，所消耗的材料数量的标准。通过观察、测定，分析出哪些是不可避免的材料损耗，哪些是可以避免的材料损耗，并编制出切实可行的材料消耗标准。

设生产 n 个合格产品，实地测算出的某种材料消耗量为 c。按设计图纸计算出的材料净耗量为 cn，则单位产品的材料净耗量为

$$d=\frac{c}{n} \tag{5-17}$$

材料的损耗率为

$$e=\frac{c-c_0}{n}\times\frac{n}{c}\times100\%=\frac{c-c_0}{n}\times100\% \tag{5-18}$$

2. 试验法

在实验室内通过专门的设备进行试验、观察和测定。这种方法主要用于研究材料强度与各种材料消耗的数量关系，以获得各种配合比，并据此计算各种材料的消耗量。例如通过试验，获得不同标号的混凝土的水泥、砂、石、水的配合比，就可以计算每立方米混凝土的各种材料的消耗量。试验法的优点是能够比较详细地研究各种因素对材料消耗的影响，得到比较准确的数据。缺点是无法估计现场施工条件对材料消耗的影响。例如，对于混凝土结构的混凝土浆的消耗，由于使用振捣器捣固，可能使体积减小12%或更多，究竟减少多少，用施工观察法是难以测定损耗因素影响的，用试验法则可以确定。

3. 统计法

它是根据工作开始时拨给分部分项工程的材料数量，和完工后退回的数量进行材料消耗计算的方法。统计法数字准确性差，应该结合施工过程记录、经过分析研究后，确定材料消耗指标。

此法比较简单易行。但要有准确的领、退料统计数字和完成工程量的统计资料，

统计对象也应认真选择。

设某一产品施工时进料 A_0，完工后退回材料的数量为 ΔA，则在产品上用的材料数量为

$$A=A_0-\Delta A \tag{5-19}$$

$$d=\frac{A}{n}=\frac{A_0-\Delta A}{n} \tag{5-20}$$

4. 计算法

它是利用图纸和其他技术资料，通过公式计算材料消耗量来编制定额的方法。这种方法主要适用于板状、块状和卷筒状产品的材料消耗定额。只要根据设计图纸和材料的规格，就可以通过公式计算出材料消耗数量的标准。

（1）规则砖石材料的消耗定额制定，用标准砖（长×宽×厚为 240mm×115mm×53mm）砌筑 $1m^3$ 不同厚度的砖墙，砖和砂浆的净耗量可用以下公式计算

$$\frac{1}{2}\text{砖墙的砖数}=\frac{1}{(\text{砖长}+\text{灰缝})\times(\text{砖厚}+\text{灰缝})\times\text{砖宽}} \tag{5-21}$$

$$1\text{砖墙的砖数}=\frac{1}{(\text{砖宽}+\text{灰缝})\times(\text{砖厚}+\text{灰缝})\times\text{砖长}} \tag{5-22}$$

$$1\frac{1}{2}\text{砖墙的砖数}=\frac{1}{\text{砖长}+\text{砖宽}+\text{灰缝}}\times\left[\frac{1}{(\text{砖长}+\text{灰缝})\times(\text{砖长}+\text{灰缝})}+\frac{1}{(\text{砖宽}+\text{灰缝})\times(\text{砖厚}+\text{灰缝})}\right] \tag{5-23}$$

$$2\text{砖墙的砖数}=\frac{1}{(\text{砖宽}+\text{灰缝})\times(\text{砖厚}+\text{灰缝})}\times\frac{1}{2\times\text{砖长}+\text{灰缝}} \tag{5-24}$$

$$\text{砂浆净用量}(m^3)=1-\text{砖数}\times\text{每块砖体积} \tag{5-25}$$

若已知砖和砂浆的损耗率，则 $1m^3$ 砖砌墙体的砖和砂浆消耗量可按公式计算。

【例 5-5】 已知混凝土预制块为 0.4m×0.185m×0.785m，防浪墙厚 0.4m，高 1m，灰缝按 0.015m 考虑，砌体损耗率为 1.2%，砂浆损耗率为 17.4%，试计算每立方米防浪墙砌块和砂浆的消耗量。

解：①计算砌体和砂浆的净用量（取 100m 长防浪墙计算）为

$$\text{防浪墙的体积}=100\times0.4\times1=40(m^3)$$

$$\text{所需砌块数}=\frac{40}{(0.785+0.015)\times(0.185+0.015)\times0.4}=625$$

$$\text{砌块净用量}=625\times0.4\times0.185\times0.785=36.306(m^3)$$

$$\text{每立方米防浪墙所需砌块净用量}=\frac{36.306}{40}=0.908(m^3)$$

$$\text{每立方米防浪墙砂浆净用量}=1-0.908=0.092(m^3)$$

②每立方米防浪墙砌块和砂浆消耗量为

$$\text{砌块消耗量}=\frac{0.908}{1-1.2\%}=0.919(m^3)$$

$$\text{砂浆消耗量}=\frac{0.092}{1-17.4\%}=0.111(m^3)$$

（2）不规则砌石的材料消耗定额的制定，一般都是用码堆体积的立方米数来表示，这个计量单位是不科学的，因为码堆的孔隙率极不稳定，它与石料形状、大小、数量，以及码堆方法有关。其孔隙率一般在20%～40%，有的甚至更大，这样每一立方米码堆体积中含有密实的石料只有0.6～0.8m^3。

砌石的孔隙率一般变化较小（25%～35%），但由于石料计量不准会影响消耗定额的测算，制定定额时，只能采用施工观测法。

三、周转性材料定额的制定

在施工过程中，有些材料是施工作业用料，也称为施工手段用料。如脚手架、模板等，这些材料在施工中并不是一次消耗完，而是随着使用次数的增加而逐渐消耗，并不断得到补充，多次周转，称为周转性材料。

（1）周转性材料的消耗量，应按多次使用、分次摊销的方法进行计算。周转性材料每一次在单位产品上的消耗量，称为摊销量。周转性材料的摊销量与周转次数有直接关系。例如现浇结构模板摊销量的计算，其计算公式为

$$\text{周转使用量}=\frac{\text{一次使用量}+\text{一次使用量}\times(\text{周转次数}-1)\times\text{损耗率}}{\text{周转次数}}$$

$$=\text{一次使用量}\times\left[\frac{1+(\text{周转次数}-1)\times\text{损耗率}}{\text{周转次数}}\right] \tag{5-26}$$

$$\text{回收量}=\text{一次使用量}\times\left(\frac{1-\text{损耗率}}{\text{周转次数}}\right) \tag{5-27}$$

式中　一次使用量——指周转性材料为完成产品每一次生产时所需用的材料数量。应根据模板设计图或结构图以及典型构件计算接触面积，确定一次使用量。对于拦河坝、闸墩等体积较大混凝土，往往采用分块浇筑，实际立模面积大于接触面积，即在层与层之间的模板有一部分要搭接，计算时应予考虑；

损耗率——指周转性材料使用一次后因损坏不能复用数量，占一次使用量的损耗百分数；

周转次数——新的周转材料从第一次使用（假定不补充新料）起，到材料不能再使用时的使用次数。周转次数的确定是制定周转性材料消耗定额的关键。影响周转次数的因素有：①材料的性质，如木质材料在6次左右，而金属材料可达100次以上；②工程的结构、形状、规格；③使用条件；④施工进度；⑤材料的保管维修；⑥操作技术等。确定材料的周转次数，必须经过长期现场观测和获得大量的统计资料，按平均合理的水平确定。

【例5-6】　某水电站工程浇筑电站厂房钢筋混凝土梁，已知一次使用模板料1.800m^3，支撑料2.500m^3，周转6次，每次损耗15%。试计算施工定额摊销量。

解： 根据公式得

$$\text{模板周转使用量}=1.800\times\left[\frac{1+(6-1)\times 15\%}{6}\right]=0.525(m^3)$$

$$支撑周转使用量=2.500\times\frac{1+(6-1)\times15\%}{6}=0.729(m^3)$$

$$模板回收量=1.800\times\frac{1-15\%}{6}=0.255(m^3)$$

$$支撑回收量=2.500\times\frac{1-15\%}{6}=0.354(m^3)$$

$$模板摊销量=0.525-0.255=0.270(m^3)$$

$$支撑摊销量=0.729-0.354=0.375(m^3)$$

（2）预制混凝土构件模板计算方法。预制混凝土构件模板也是多次使用，反复周转。水利水电工程定额中预制混凝土构件模板的计算方法与现浇混凝土模板计算方法基本相同。但在工业与民用建筑定额中，其计算方法与现浇混凝土计算方法不同。预制混凝土构件是按多次使用平均摊销的计算方法，不计算每次周转损耗率。因此，计算预制模板的摊销量时，只需确定其周转次数，按图纸计算出一次使用量后，摊销量按下列公式计算

$$摊销量=\frac{一次使用量}{周转次数} \tag{5-28}$$

第四节　机械台班（时）使用定额

资源 5.4

一、概念

机械台班（时）使用定额是指在合理使用机械和合理的施工组织条件下，完成单位合格产品必须消耗的机械台班（时）数量标准，也称为机械台班（时）消耗定额。机械台班（时）消耗定额的数量单位，一般用“台班”“台时”或“机组班”表示。一个台班是指一台机械工作一个工作班，即按现行工作制工作 8h。一个台时是指一台机械工作 1h。一个机组班表示一组机械工作一个工作班。

机械台班（时）使用定额有时间定额、产量定额、机械和人工共同工作时的人工定额。机械台班（时）使用定额是施工机械生产效率的反映。

（1）机械时间定额，是在正常的施工条件和劳动组织条件下，使用某种规定的机械，完成单位合格产品必须消耗的台班（时）数量。即

$$机械时间定额=\frac{1}{机械台班(时)产量定额} \tag{5-29}$$

（2）机械台班（时）产量定额，是在正常的施工条件和劳动组织条件下，某种机械在一个台班（时）时间内必须完成的单位合格产品的数量。机械时间定额与机械台班（时）产量定额互为倒数。

（3）机械和人工共同工作时的人工定额表示为

$$时间定额=\frac{机械台班(时)内工人的工日数}{机械的台班(时)产量定额} \tag{5-30}$$

【例 5-7】 用 10t 塔式起重机吊装混凝土板，已知机械台班产量定额为 30 块，工作组内有 1 名吊车司机、5 名安装起重工、2 名电焊工。试求吊装每一块板的机械

时间定额和人工时间定额。

解：吊装每一块板的机械时间定额为

$$机械时间定额=\frac{1}{30}=0.033(台班)$$

吊装每一块板的人工时间定额为

$$吊车司机=1\times0.033=0.033(工日)$$

$$安装起重工时间定额=5\times0.033=0.165(工日)$$

$$电焊工时间定额=2\times0.033=0.066(工日)$$

$$工作小组人工时间定额=\frac{1+5+2}{30}=0.27(工日)$$

二、机械台班（时）产量的计算

（1）机械台班（时）产量（N 台班），等于该机械净工作 1h 的生产率 N_h 乘以工作班的连续时间 T（一般为 8h），再乘以台班时间利用系数 K_B，即

$$N_{台班}=N_h TK_B \tag{5-31}$$

对于某些一次循环时间大于 1 小时的机械施工过程，可以直接用循环时间 t，求出台班循环次数（T/t），再根据每次循环的产品数量（m），确定其台班产量定额。即

$$N_{台班}=\frac{T}{t}mK_B \tag{5-32}$$

（2）台班时间利用系数的确定，机械净工作时间（t）与工作班延续时间（T_1）的比值，称为机械台班时间利用系数 K_B，即

$$K_B=\frac{t}{T_1} \tag{5-33}$$

依据对机械施工过程进行的多次观测与记录，参考机械说明书等有关资料，确定时间利用系数。

（3）机械工作 1h 生产率 N_h，对于循环动作机械，如挖土机、混凝土搅拌机等，机械净工作 1h 生产率 N_h，取决于该机净工作 1h 的正常循环次数（n）和每次循环所生产的产品数量（m），即

$$N_h=nm \tag{5-34}$$

循环次数 n 每次循环生产的产品数量 m，必须通过实测以及参考机械使用说明书求得。

【例 5-8】 塔式起重机吊装大模板到规定高度就位，每次吊装 2 块，循环的各组成部分的延续时间测定如下，挂钩时的停车时间 12s，上升回转时间 63s，下落就位时间 46s，脱钩时间 13s，空钩回转下降时间 43s。试计算 1h 循环次数和 1h 生产率。

解：纯工作 1h 的循环次数为

$$n=\frac{3600}{12+63+46+13+43}=20.34(次)$$

塔吊纯工作 1h 的正常生产率为

$$N_h=20.34\times2=40.68\ (块/h)$$

对于连续动作机械，如碾压机等，机械净工作1h的生产率N_h主要根据机械性能来确定。在一定的条件下，净工作1h的生产率通常是一个比较稳定的数值，可通过试验或在施工现场进行实测，并参考机械使用说明书，观察出某一时段th的生产量m，然后计算。即

$$N_h = \frac{m}{t} \tag{5-35}$$

【例5-9】 混凝土搅拌机，正常生产率为$6.95m^3/h$，工作班内的实际工作时间是6.8h，求机械台班使用定额及时间利用系数。

解： 机械台班产量$=6.95\times6.8=47.26(m^3)$

$$1\text{立方米混凝土的时间定额}=\frac{1}{47.26}=0.021(\text{台班})$$

$$\text{机械时间利用系数}=\frac{6.9}{8}=0.86$$

三、工程机械台班（时）产量定额的制定

工程施工机械的种类很多。有土石方机械、混凝土机械、运输机械、起重机械、工程船舶、基础处理设备、辅助设备、加工设备等。制定这些机械定额的基本要求是一致的。下面介绍土方工程机械的台班（时）产量定额制定。

工程施工中土方工程占有很大比例，土方工程包括场地平整、基坑开挖、土坝（堤）填筑及一些特殊土方工程的开挖、回填、压实等。常用的土方工程施工机械有推土机、铲运机、挖土机、装载机、自卸汽车、平地机、羊脚碾等。

1. 土的分类

土方工程机械施工的工程对象是土，不同的土具有不同的物理力学性质，是影响土方工程机械生产率最主要的因素之一。根据岩石的物理力学性质和施工的难易程度，一般将岩石分为十六类。其中。一至四类是土，五类以上是岩石。一般工程土类分级见表5-2。

表5-2　　一般工程土类分级表

级别	名　称	自然湿容重/(kg/m³)	外形特征	开挖方法
Ⅰ	1. 砂土	1650～1750	疏松，黏着力差或易透水，略有黏性	用锹或略加脚踩开挖
	2. 种植土			
Ⅱ	1. 填土	1750～1850	开挖时能成块，并易打碎	用锹需用脚踩开挖
	2. 淤土			
	3. 含壤种植土			
Ⅲ	1. 黏土	1800～1950	黏手，看不见砂砾或干硬	用锹，三齿耙开挖或用锹需用力加脚踩开挖
	2. 干燥黄土			
	3. 干淤泥			
	4. 含少量砾石黏土			

续表

级别	名　称	自然湿容重/(kg/m³)	外形特征	开挖方法
Ⅳ	1. 坚硬黏土	1900～2100	土壤结构坚硬，将土分裂后成块状或含黏粒砾石较多	用锹，三齿耙开挖
	2. 砾质黏土			
	3. 含卵石黏土			

以上分类表不能准确地反映实际施工中的难易程度，因此，在进行机械施工过程的技术测定中，要注意说明土的特征，尽可能详细测试各种物理力学性质，作为制定或修订定额的依据。

2. 土的松实系数

在土的物理力学性质方面，影响机械生产效率的因素很多，主要有自然容重、含水量、土的可松性。

土的可松性是指自然状态下的土经挖掘后体积增大的性质。通常用松实系数来表示，松实系数分为最初松实系数和最后松实系数。最初松实系数是指土经挖掘后的松散体积与原自然体积之比，通称松方系数。最后松实系数是指挖掘后的土经碾压以后的体积与原自然体积之比，又称自然方折实方系数。一般土石方的松实系数见表5-3。

表5-3　土石方松实系数表

项目	自然方	松方	实方	码方
土方	1	1.33	0.85	
石方	1	1.53	1.31	
砂方	1	1.07	0.94	
混合料	1	1.19	0.88	
块石	1	1.75	1.43	1.67

松方状态下土的松实系数一般都大于1，但某些土如大孔性黄土，其最后松实系数则小于1（在0.85～0.95之间）；实方土的松实系数小于1。

不同的土有不同的松实系数，同一种土的松实系数往往也不是一个固定值，是随着含水量大小、挖掘方法、堆积高度和其他一些因素的不同而变化的。

在拟定土方工程的施工定额时，一般挖运土方定额以土在自然状态下的体积来计算，即以自然方计算；土坝（堤）的填筑定额以实方来计算，即按填筑（回填）并经过压实的成品方计算。填筑土坝时，因为施工方法不同，在制定取土备料和运输定额时，一般应增计施工损耗。

3. 土方施工机械台班（时）产量定额的确定

（1）推土机。推土机是土（石）方工程中的主要机械之一，由拖拉机与推土工作装置（刀片）两部分组成。推土机的功率一般从40kW到575kW不等。其行走装置有履带式和轮胎式两种，传动机械采用机械传动和液压传动；操纵系统分为机械操纵和液压操纵；工作装置的几何尺寸，随机械规格不同而异。推土机主要用于平整场地、摊平土料、基面找平、短距离100m以内的土方挖运、回填等作业。

推土机推土属于循环作业，其循环的组成部分分为推（切）土、送土、散土（弃土区）、回程等，在进行技术测定时，应分别详细记录推（切）土、送土、散土（送土和散土也可合并统称送土）、回程时间和长度以及转向、换挡的时间，同时注明推土机的规格、土的特性及名称等情况。

推土机推土的生产率与土性质、运距、行驶速度、地面坡度、时间利用系数等有关，推土机推土的生产率与土性质、运距、行驶速度、地面坡度、时间利用系数等有关。生产率可按下面方法计算，即

$$\text{净工作时间 1h 生产率 } N_h = nm = \frac{60q}{tK_p} \tag{5-36}$$

式中 N_h——净工作时间生产率，m^3/h；

n——净工作1h的循环次数，次；

m——每次推土量或称每刀片产量，m^3；

q——刀片容量，指理论上计算的松散体积，m^3；

K_p——土最初松实系数；

t——每一循环的延续时间，min。

$$t = \frac{L_1}{V_1} + \frac{L_2}{V_2} + \frac{L_1 + L_2}{V_3} + t_n + t_h \tag{5-37}$$

式中 L_1——推（切）土长度，m；

L_2——送土（包括散土）长度，m；

V_1——推土时推土机行驶速度，m/min；

V_2——送土时推土机行驶速度，m/min；

V_3——回程时推土机行驶速度，m/min；

t_n——推土机转向时间，min；

t_h——推土机换挡时间，min。

定额中推土机的运距，是指推土重心至弃土重心的水平距离。当推土机在坡度较大（大于5%）的土坡推土和送土时，对生产效率有较大影响，应加以调整。

（2）铲运机。用铲运机挖土和运土在水利水电工程施工中较为普遍。铲运机按其行走方式可分为自行式和拖拉式两种；按操纵系统，可分为机械操纵（钢丝绳操纵）和液压操纵两种。

拖拉式铲运机由履带式拖拉机牵引，并使用装在拖拉机上的动力绞盘或液压系统对铲斗进行操纵。自行式铲运机的牵引机与铲斗是连在一起的。前后均为轮胎式行走装置，铲斗采用液压操纵，铲斗容积从2.5～12m^3不等。铲运机在土方工程中，主要用于场地平整、土方的挖运、铺填、碾压等作业，拖式铲运机适合于800m以内的近距离运土，自行式铲运机则适合于500m以上的距离运土。

铲运机铲运土方的一个工作过程，由铲土、运土、卸土、空回以及转向等工序组成。对铲运机进行计时观察，取得各组成部分的行驶距离、相应的时间以及换挡的操

作时间等，铲运机的运距，按每完成一次铲土作业的运行线路全程的一半计算，称为循环运距。即

$$铲运机运距=\frac{1}{2}(铲土长度+运土行驶长度+卸土长度+空回长度+二次转向长度) \quad (5-38)$$

在实际测算时，可用铲运机前轮沿回路行驶一周的转运次数，乘以轮胎周长再乘以 1/2 的办法求得。

铲运机生产率的计算方法为

$$净工作1h生产率\ N_h=\frac{60qK_0}{tK_p} \quad (5-39)$$

$$t=\frac{L_1}{V_1}+\frac{L_2}{V_2}+\frac{L_3}{V_3}+\frac{L_4}{V_4}+t_n+t_b \quad (5-40)$$

式中　N_h——机械净工作 1h 的生产率，m^2/h；

q——铲斗的几何容量，m^3；

K_0——铲斗装土的充盈系数，指装入铲斗内土的体积与铲斗几何容量的比值。一般砂土的充盈系数为 0.75，其他土为 0.85～1.0，最高可达到 1.30；

K_p——土最初松实系数；

t——铲运机每一工作循环的延续时间，min；

L_1、L_2、L_3、L_4——依次为铲土、运土、卸土、空回的行驶长度，m；

V_1、V_2、V_3、V_4——依次为铲土、运土、卸土、空回的行驶速度，m/min；

t_n——铲运机转向的时间，min；

t_b——铲运机换挡的时间，min。

$$台班产量\ N_{台班}=8N_hK_b \quad (5-41)$$

资源 5.5

式中　$N_{台班}$——台班产量定额，m^3/台班；

K_b——时间利用系数，一般在 0.75～0.80 之间。

其他施工机械台班（时）产量定额的确定可参考土方施工机械台班（时）产量定额的确定方法。

第六章

预算定额

第一节　概念、特点及编制原则

资源 6.1

一、预算定额的概念

预算定额是正常的施工条件下，完成质量合格的分项工程或构件的人工、材料和机械台班消耗量的数量标准。全国统一预算定额由国家计委或其授权单位组织编制、审批并颁发执行，专业预算定额由专业部（委）审定颁发，地方定额由地方业务主管部门会同同级计委审批颁发执行。预算定额是编制施工图预算的基本依据，是对设计方案进行技术经济比较的依据，是编制施工组织设计时确定工料的标准，是编制概算定额的基础；是建设单位拨付工程价款、进行工程竣工决算以及编制标底的依据，是施工企业进行经济核算、进行经济活动分析的依据。

二、预算定额的特点

（1）法规性。预算定额的性质属于计价定额，是由行业行政主管部门编制与颁发的一项重要的技术经济法规，为工程建设提供了统一的核算、评价尺度。工程建设有关单位可以根据预算定额，将各种资源消耗控制在合理水平，以此控制与指导固定资产的投资规模与效益。

（2）科学性。预算定额是根据国家现行的工程施工技术及验收规范、质量评定标准及安全操作规程，结合大多数企业的机械化水平、平均劳动熟练程度和强度，通过科学试验与理论计算测定的，反映了我国基本建设一定时期内的科学技术和生产力发展水平。

（3）综合性。预算定额是在施工定额的基础之上，考虑到人工和机械定额中某些琐碎工作难以计算，施工中可能出现事先无法估计的工作及影响效率的因素等，对施工定额的项目加以扩大和综合而编制的。预算定额采用的产品单位比施工定额大，如时间以工日、台班计，产品单位以 $100m^2$、$10m^3$ 计等。

（4）灵活性。由于建筑产品的单件性，每一工程项目的设计和施工都会出现与预算定额中某些分项工程或结构构件不一致的情况，为在执行过程中能适应每一项工程的实际，预算定额规定：对于某些与定额中不一致的工程或构件，可根据工程设计具体情况，对定额中相应分项工程的有关实物消耗指标进行调整和抽换。

三、预算定额的编制原则

（1）按社会必要劳动时间确定预算定额水平，体现技术先进、经济合理的原则。

技术先进是指在编制过程中，在结构选择、施工工艺、施工方法、经营管理和材料的确定等方面，要符合当前设计和施工技术与管理水平，使已经成熟并使用的先进技术和管理经验得到进一步的推广和使用。

经济合理是指定额水平要符合当前社会必要劳动消耗的中等水平，也就是要符合大多数施工企业的生产和经营管理水平。

预算定额水平的确定，应适合现阶段定额区域内社会的平均劳动熟练程度和劳动强度。预算定额作为确定建设产品价格的工具，应遵照价值规律的要求，按产品生产过程中消耗的必要劳动时间确定定额水平。即在现实的中等生产条件、平均劳动熟练程度和平均劳动强度下，大多数企业完成单位的工程基本要素所需要的劳动时间，是确定预算定额的主要依据。

(2) 简明适用，严谨准确。定额项目的划分要做到简明扼要、使用方便。同时要求结构严谨，层次清楚，各种指标要尽量固定，减少换算。少留“活口”，避免执行中的争议。对于那些主要的、常用的、价值量大的项目，分项工程划分要细化；对于次要的、不常用的、价值量相对较小的项目，分项工程划分可以粗放。注意补充因采用新技术、新结构和新材料而出现的新的定额项目。对实际情况变化较大，或影响定额水平幅度大的项目，如果必需留“活口”，也应从实际出发尽量少留；对于留有“活口”的，要注意尽量规定换算方法，避免按实际计算。

(3) 坚持统一性和差别性相结合原则。统一性是指通过编制全国统一定额，使建设工程具有一个统一的计价依据，也使考核设计和施工经济效果具有统一的尺度，避免分散编制预算定额可能产生的定额水平高低不一。通过对定额和工程造价的管理实现建设工程价格的宏观调控。预算定额的计量单位应尽量统一，即尽可能避免同一种材料用不同的计量单位，以简化工程量的计算，减少定额附注和换算系数。

差别性是指在统一性基础上，各部门和省、自治区、直辖市主管部门可以在各自的管辖范围内，根据本部门和地区的具体情况，因地制宜地制定部门和地区性定额、补充性制度和管理办法，以适应我国幅员辽阔、地区间差异过大的实际情况。

(4) 专家编审责任制原则。定额编制政策性和专业性强，任务重，因此，定额的编制和审核工作必须由行业技术与管理专家负责完成。

四、预算定额与施工定额的关系

预算定额的水平以施工定额水平为基础，两者有着密切的联系，预算定额中包含了更多的可变因素，需要保留合理的幅度差，如人工幅度差、机械幅度差、材料的超运距、辅助用工，以及材料堆放、运输、操作损耗和由细到粗综合后的量差等，不是对施工定额的简单套用。

(1) 产品的标定对象不同。预算定额以分项工程或结构构件为标定对象，施工定额以同一性质施工过程为标定对象。前者是后者标定对象综合扩大。

(2) 编制单位和使用范围不同。预算定额由国家、行业或地区建设行政主管部门编制，是国家、行政或地区建设工程造价计价的法规性标准。施工定额由施工企业编制，是企业内部使用的定额。

(3) 确定项目划分的粗细程度不同。施工定额的编制主要是以工序或工作过程为研究对象，所以定额项目划分详细，工作内容具体。预算定额不是企业内部使用的定额，它是一种具有广泛用途的计价定额，其项目以分项工程或结构构件为对象，项目划分步距较大较粗。

(4) 编制水平不同。此外，确定两种定额水平的原则是不相同的。预算定额是社会平均水平，而施工定额是平均先进水平。因此，确定预算定额时，水平要相对低一些，一般预算定额水平要比施工定额低5%～7%。

(5) 预算定额相比施工定额包含了更多的可变因素，预算定额以施工定额为基础，不能简单地套用施工定额，要保留合理的幅度差。可变因素有以下三种。

1) 确定劳动消耗指标时考虑的因素：

a. 工序搭接的停歇时间；

b. 机械的临时维修、小修、移动等所发生的不可避免的停工损失；

c. 工程检查所需的时间；

d. 细小的难以测定的，不可避免工序和零星用工所需的时间等。

2) 确定机械台班（时）消耗指标需要考虑的因素：

a. 机械在与小量手工操作的工作配合中不可避免的停歇时间；

b. 在工作班内机械变换位置引起的，难以避免的停歇时间和配套机械相互影响的损失时间；

c. 机械临时性维修和小修引起的停歇时间；

d. 机械的偶然性停歇，如临时停水、停电、工作不饱和等所引起的间歇；

e. 工程质量检查影响机械工作损失的时间。

3) 确定材料消耗指标时，考虑由于材料质量不符合标准或材料数量不足，对材料耗用量和加工费用的影响。

第二节 预算定额的编制

资源6.2

一、预算定额的编制依据

(1) 现行施工定额是预算定额编制的基础，参考全国统一劳动定额、机械台班使用定额和材料消耗定额，可减轻预算定额的编制工作量，缩短编制时间。

(2) 确定预算定额，要参照现行的设计规范、施工及验收规范、质量评定标准和安全操作规程。这些文件是确定设计标准和设计质量、施工方法和施工质量，以及保证安全施工的法规。

(3) 编制预算定额，需仔细分析研究具有代表性的典型工程施工图及有关标准图。根据图纸计算出工程数量，作为编制定额时选择施工方法、确定定额含量的依据。

(4) 编制预算定额，要参考有关科学实验、测定、统计和经验分析资料，参考新技术、新结构、新材料、新工艺和先进经验等资料。

(5) 编制预算定额，要参考现行以及过去颁发的预算定额及其编制的基础材料。

(6) 常用的施工方法和施工机具性能资料等是编制预算定额的依据。

（7）现行的工资标准、材料市场价格与预算价格、机械台班单价及有关文件规定。

二、预算定额的编制步骤和方法

编制预算定额分为准备工作阶段，定额编制阶段，全面审查、定稿、存档三个阶段。

1. 准备工作阶段

第一步，组织编制小组，拟定编制大纲，就定额的水平、项目划分等进行系统研究，并对参加人员、完成时间和编制进度做出规划安排。

第二步，抽调专业人员进行调查研究，在拟编制的定额范围内，广泛收集国家及有关部门相关规定和政策法规资料；现行工程技术标准、规范及规程；现行预算定额的执行情况及其他预算资料、补充定额资料；新材料、新技术工程实践资料等，确定需要调整与补充的项目，进行专项调查研究。

第三步，邀请建设单位、设计单位、施工单位及其他有关单位的专业人员开座谈会，就以往定额存在的问题提出意见和建议，并归纳总结。

2. 定额编制阶段

第一步，编制初稿。调查熟悉基础资料，按确定的项目和图纸逐项计算工程量，并对有关规范、资料进行深入分析和测算，编制初稿。编制内容具体有以下几个方面。

（1）划分定额项目，确定工作内容及施工方法。预算定额项目在施工定额的基础进一步综合扩大。首先，根据建筑的不同部位、不同构件，将庞大的建筑物分解为各种简单的、可以用适当计量单位计算工程量的基本构造要素，划分为项目齐全、粗细适度、简明适用的定额项目。同时，根据项目的划分，确定预算定额的名称、工作内容及施工方法，并使预算定额和施工定额协调一致，以便于相互比较。在选择施工方法时，应体现技术先进性和经济性。当一种结构类型有两种以上施工方法时，应进行技术经济比较，一般只选择一种技术先进、经济效益好的方法作为编制依据。对确因具体条件不同的，可按不同的施工方法划分子目加以区别。

（2）选择计量单位。为准确计算定额项目的消耗指标，并简化工程量的计算，须根据结构构件或分项工程的特征及变化规律，确定定额项目的计量单位。若物体有一定厚度，而长度和宽度不定时，采用面积单位，如木作、层面、地面等；若物体的长、宽、高均不一定时，则采用体积单位，如土方、砖石、混凝土工程等；若物体断面形状、大小固定，则采用长度单位，如管道、钢筋等。

计量单位确定后，常会出现人工、材料或机械台班量很小的情况，即小数点后好几位有效数值。为了减少小数点位数，一般采取扩大单位的办法。例如，把 m 换算成 cm 或 mm。

预算定额中，各项人工和机械分别按工日和台班计量，取两位小数；各种材料的计量单位与产品计量单位基本一致，一般取两位小数；精确度要求高或贵重材料，一般取 3 位小数。如钢材 t 以下的计量单位取 3 位小数，木材 m 以下的计量单位取 3 位小数。

（3）计算工程量。选择有代表性的图纸和已确定的定额项目计量单位，计算分项工程的工程量。工程量计算的方法、范围都要遵循预算定额中的“工程量计算规则”。

（4）确定人工、材料、机械台班（时）的消耗指标。以施工定额中的人工、材料、机械台班（时）消耗指标为基础，考虑预算定额包括的其他因素，采用理论计算与现场测试相结合、编制定额人员与现场工作人员相结合的方式确定。

（5）编制定额表和拟定有关说明。定额项目表的一般格式是：横向排列各分项工程的项目名称，竖向排列该分项工程的人工、材料和施工机械消耗量指标。有的项目表下部还有附注，用以说明设计有特殊要求时进行调整和换算的方法。

预算定额的说明包括定额总说明、分部工程说明及各分项工程说明（以注解形式表述）。涉及各分部需说明的共性问题列入总说明，属某一分部需说明的事项列章节说明。说明部分要求分门别类、简明扼要、避免争议。

第二步，根据初稿，修改完善，形成征求意见稿，广泛征求项目业主、设计、施工、建设等单位意见。

3. 全面审查、定稿、存档

（1）定额水平测算。定额编制完成后必须与原定额进行对比测算，分析水平升降原因，包括新旧定额水平的比较、预算造价比较和与实际的工、料、机用量的比较。

测算方法一般有两种：一种是单向定额水平对比测算，另一种是总体定额水平对比测算。单项定额水平对比测算，是指选择对工程造价影响较大的主要分项工程或结构构件的人工、材料和机械台班消耗量与现行定额（或实际定额）对应项目的消耗量进行对比测算。总体定额水平对比测算，是指用同一单位工程计算出工程量，并分别套用新编定额和现行定额的消耗量，计算出人工、材料和机械台班总消耗量后进行对比测算。

（2）印发征求意见稿，根据意见，修改整理后报批。

（3）撰写新定额编制说明。定额批准后，为了顺利贯彻执行，需要撰写新定额编制说明。编制说明内容主要包括：项目、子目数量；人工、材料、机械的内容范围；资料的选取依据和综合取定情况；定额中允许换算和不允许换算的规定和计算资料；人工、材料、机械单价的计算和资料；施工方法、工艺的选择及材料运距的考虑；各种材料损耗率的取定资料；调整系数的使用；其他应说明的事项与计算数据、资料等。

（4）印刷、存档。定额编制资料是贯彻执行定额时查对资料的唯一依据，也为日后修编定额提供历史资料数据，作为技术档案永久保存。

三、预算定额项目消耗指标的确定

1. 人工消耗指标的确定

预算定额中，人工消耗指标包括完成该分项工程必需的各种用工量。人工消耗指标由基本用工和其他用工两部分组成。

$$预算定额人工消耗量=基本用工+其他用工$$

$$其他用工=超运距用工+辅助用工+人工幅度差$$

（1）基本用工。基本用工是指为完成某个分项工程所需的主要用工量。例如，砌筑各种墙体工程中的砌砖、调制砂浆以及运砖和运砂浆的用工量。此外，还包括属于预算定额项目工作内容范围内的一些基本用工量，例如在墙体工程中的门窗洞、预留抗震柱孔等工作内容。

基本用工(工日)＝∑(施工定额某工序人工消耗量×工程数量)

其中　　工程数量＝工程量/定额计量单位

（2）其他用工。是辅助基本用工消耗的工日，按其工作内容分为三类：

1）人工幅度差。是指在劳动定额中未包括的，但在正常施工情况下不可避免的一些工时消耗。人工工日和机械台班消耗量，应以施工定额综合后的数量，增加一定的百分数，增加的幅度与原数之比即为幅度差。例如，施工过程中各种工种的工序搭接、交叉配合所需的停歇时间，工程质量检查及隐蔽工程验收而影响工人操作的时间，场内工作操作地点的转移所消耗的时间，因雨雪或其他原因需排除故障所消耗的时间；由于图纸或施工方法的差异需增加的工序、工作项目及少量的零星用工，如临时交通指挥、安全警戒、现场挖沟排水、修路材料整理堆放、场地清扫等工时耗费。

人工幅度差系数＝(1＋人工幅度差)

2）超运距用工，指超过劳动定额所规定的材料、半成品运距的用工数量。

超运距＝预算定额规定的运距－施工定额规定运距

超运距用工(工日)＝∑(施工定额人工消耗×超运距×超运距材料数量)

3）辅助用工，指施工定额内没有包括而在预算定额内又必须考虑的用工，包括机械土方工程的配合用工，材料加工配合用工，如筛沙子等需要增加的用工数量。

辅助用工(工日)＝∑(材料加工数量×相应加工材料的施工定额人工消耗)

（3）按有关规定计算各种用工数量及平均工资等级。

预算定额人工消耗量计算公式为：

预算定额用工数量＝(基本用工＋超运距用工＋辅助用工)×人工幅度差系数

人工幅度差系数的取值因不同专业和不同的分项工程而异，一般土建工程预算定额的人工幅度差系数则是小于1的百分数。

预算定额中各种用工量，根据对多个典型工程测算后综合取定的工程量数据和国家颁发的《全国建筑安装工程统一劳动定额》计算求得。

2. 材料消耗指标的确定

材料消耗指标是指在正常施工条件下，用合理使用材料的方法完成单位合格产品必须消耗的各种材料、成品、半成品的数量标准。

（1）材料消耗指标的组成。预算中的材料用量是由材料的净用量和材料的损耗量组成。预算定额内的材料，按其使用性质、用途和用量大小划分为主要材料、次要材料、周转性材料、其他材料。

1）主要材料：是指构成工程实体的材料，包括原材料、成品和半成品，其消耗量一般以施工定额中材料消耗定额为基础进行综合计算得到，也可以通过计算分析法求得。

2）次要材料：通常是指构成工程实体的辅助性材料，如垫木、钉子和铅丝等。

3）周转性材料：是指钢管、模板和夹具等能反复多次使用的材料，其消耗量是按多次使用、分次摊销的方法进行计算的。

4）其他材料：是指用量较少、难以计算，且不构成工程实体，但需要配合工程的零星材料，如棉纱、油漆等。其他材料的消耗量一般是依据编制时期的价格，根据其他材料占主要材料的比率计算，列在定额材料栏之下，定额内可不列材料的名称和消耗量，以其他材料费的形式表现。

（2）材料消耗指标的确定。材料损耗量的内容，包括从工地仓库到操作地点的运输损耗、操作地点的堆放损耗和操作损耗。损耗量不包括场外运输损耗及储存损耗。它是在编制预算定额方案中已经确定的有关因素（如工程项目划分、工程内容范围、计量单位和工程量的计算）的基础上，分别采用观测法、试验法、统计法和计算法确定。首先确定出材料的净用量，然后确定材料的损耗率，计算出材料的消耗量，并结合测定的资料，采用加权平均的方法计算出材料的消耗指标。

预算定额材料消耗量＝净用量＋损耗量＝材料净用量×(1＋损耗率)

例如，河南省通用安装工程（第十册给排水、采暖、燃气分册）预算定额施工损耗率参考资料见表6－1。水利工程预算定额施工损耗率参考表见表6－2。

表6－1　河南省通用安装工程（第十册）预算定额主要材料损耗率表

序号	名　称	损耗率/%	序号	名　称	损耗率/%
1	室外各类管道	3	15	燃气表接头	1
2	室内碳钢管（雨水管除外）、不锈钢管、钢管	3.6	16	燃气气嘴	1
3	室内塑料管（雨水管除外）、复合管	3.6	17	法兰压盖	1
4	室内铸铁管（雨水管除外）	4	18	支撑圈	1
5	室内塑料排水管	4	19	橡胶圈	1
6	室内排水管（碳钢、砖铁、塑料）	3	20	示踪线	5
7	塑料管（用于套管）	6	21	警示带	5
8	钢管（用于套管）	6	22	医疗设备带	1
9	钢管（用于光排管道热器制作）	3	23	型钢	5
10	各类管道管件	1	24	成品管卡	5
11	铸铁散热器	1	25	散热器卡子及托钩	5
12	卫生器具（搪瓷、陶瓷）	1	26	散热器对丝、补芯、丝堵	4
13	卫生器具配件	1	27	散热器胶垫	10
14	螺纹阀门	1	28	反射膜	3

续表

序号	名　称	损耗率/%	序号	名　称	损耗率/%
29	铁丝网	5	46	橡胶石棉板	15
30	带帽螺栓	3	47	橡胶板	15
31	木螺钉	4	48	组合	20
32	地脚螺栓	5	49	异氰酸酯	20
33	锁紧螺母	6	50	丙酮	4.76
34	脸盆架、存水弯	1	51	氰丁橡胶垫	3
35	小便槽冲洗管	2	52	石棉绳	4
36	冲洗管配件	1	53	石棉绒	4
37	水箱进水嘴	1	54	钢丝	1
38	胶皮碗	5	55	焦炭	5
39	锯条	5	56	木柴	5
40	氧气	10	57	青铅	8
41	乙炔气	10	58	油麻	5
42	铅油	2.5	59	线麻	5
43	清油	2	60	漂白粉	5
44	机油	3	61	油灰	4
45	黏结剂	4	62	镀锌铁丝	1

表 6-2　　水利工程预算定额施工损耗率参考表

材料、成品、半成品名称	单位	损耗率/%	材料、成品、半成品名称	单位	损耗率/%
制模板材	m^3	19.2～25	麻袋	千条	3
制模枋材	m^3	7.13～20.5	玻璃	m^2	3
钢筋	t	2.1	钢轨	t	2
止水铜片	m^3	5	焊条	kg	4
坝体混凝土	m^3	3	毛竹	千根	3
厂房混凝土上部	m^3	2	型钢	t	3
厂房混凝土下部	m^3	3	铁丝	kg	2
小混凝土预制件搬运损耗	m^3	1.5	铁件	kg	2
水泥	t	1	块石	m^3	4
砂子	m^3	3	条石、料石	m^3	2
碎（砾）石	m^3	4	黑铁管	t	2
碎石（人工加工）	m^3	8	柏油	t	3
碎石（机械加工）	m^3	16	煤油	t	0.4

续表

材料、成品、半成品名称	单位	损耗率/%	材料、成品、半成品名称	单位	损耗率/%
石灰膏	m^3	2	汽油	t	0.4
抹墙石灰（砂浆）	m^3	6.7～17	柴油	t	0.4
抹天棚灰（砂浆）	m^3	7.2～17.4	合金钻头	个	1
抹地面砂浆	m^3	7.8	钢钎、空心钢	kg	4
普通门窗材料	m^3	5.3	雷管	个	3
吊顶龙骨料	m^3	1.7	炸药	kg	2
板条	m^3	4	导电线、导火线	m	5
吊顶铁丝	kg	1	煤	t	4
钉	kg	2	石灰	t	2.5
油毡	m^2	5	草袋	千条	4
青红砖	千块	3	砖砌体砌筑砂浆	m^3	1

3. 机械台班（时）消耗量的确定

施工机械台班消耗量是指在正常施工条件下，合理组织和利用某种机械完成单位合格产品必须消耗的台班数量。与人工消耗指标制订方法类似，预算定额中机械台班消耗量指标是综合施工定额各分项工程的机械台班消耗量，考虑机械幅度差而确定的。

（1）编制依据。预算定额中的机械台班消耗指标是以台班为单位计算的，一台机械工作 8h 为一个台班，有的按台时计算。

其中：①以手工操作为主的工人班组所配备的施工机械（如砂浆、混凝土搅拌机、垂直运输的塔式起重机）为小组配合使用，因此应以小组产量计算机械台班量；②机械施工过程（如机械化土石方工程，打桩工程、机械化运输及吊装工程所用的大型机械及其他专用机械）应在劳动定额中的台班定额的基础上另加机械幅度差。

（2）机械幅度差。机械幅度差是指在劳动定额中机械台班耗用量中未包括的，而机械在合理的施工组织条件下所必需的停歇时间。其内容包括：①施工机械转移工作面及配套机械互相影响损失的时间；②在正常施工情况下，机械施工中不可避免的工序间歇时间；③工程检查质量影响机械的操作时间；④临时水、电线路在施工中移动位置所发生的机械停歇时间；⑤施工中工作面不饱满和工程结尾时工作量不多而影响机械的操作时间等。

机械幅度差系数，一般根据测定和统计资料取定。大型机械可参考以下幅度差系数取值：土方机械为 1.25，打桩机械为 1.33，吊装机械为 1.3。其他分项工程机械，如木作、蛙式打夯机、水磨石机等专用机械，均为 1.1。

（3）预算定额中机械台班消耗指标。

1）操作小组配合机械台班消耗指标。操作小组和机械配合的情况很多，如起重

机、混凝土搅拌机等。这种机械，计算台班消耗指标时以综合取定的小组产量计算，不另计机械幅度差。即

$$\text{机械台班消耗指标}=\frac{\text{分项定额的计算单位值}}{\text{小组总产量}} \tag{6-1}$$

$$\text{小组总产量}=\text{小组总人数}\times\sum(\text{分项计算取定的比重}\times\text{劳动定额综合每工产量数}) \tag{6-2}$$

2）按机械台班产量计算机械台班消耗量。大型机械施工的土石方、打桩、构件吊装、运输等项目机械台班消耗量，按劳动定额中规定的各分项工程的机械台班产量计算，再加机械幅度差。即

$$\text{大型机械台班消耗量}=\frac{\text{工序工程量}}{\text{机械台班产量定额}}\times(1+\text{机械幅度差}) \tag{6-3}$$

式中 机械幅度差——一般为20%～40%。

3）专用机械台班消耗指标。打夯、钢筋加工、木作、水磨石等各种专用机械台班消耗指标，有的直接将值计入预算定额中，有的以机械费表示，不列入台班数量。其计算公式为

$$\text{台班产量}=\text{机械配备人数}\times\text{每工产量} \tag{6-4}$$

$$\text{台班消耗量}=\frac{\text{计量单位值}}{\text{台班产量}}\times(1+\text{机械幅度差}) \tag{6-5}$$

四、预算定额基价

现行的水利工程预算定额以及全国房屋建筑与装饰工程、通用安装工程、市政工程定额等是消耗量定额的形式，图6-1在定额中主要反映了该分项工程的名称、适用范围、工作内容，定额单位，以及完成定额单位分项工程所需要的人工工时消耗量、材料消耗量、施工机械台时消耗量，以及备注。

但各省发布的房屋建筑与装饰工程、通用安装工程、市政工程、公路工程等行业预算定额经常以定额基价的形式编制工程预算定额。这种工程预算不仅反映完成单位分项工程或结构件所需的人、材、机消耗量，也同时反映一定价格水平下的费用定额。

各省份、行业预算定额中定额基价包含的内容也有所区别，例如：现行公路工程预算定额中，预算定额基价是人工费、材料费、施工机械使用费之和。所以在编制工程预算时，各行业应当参考各行业的预算定额。现行的河南省房屋建筑与装饰工程预算定额中，定额基价包含人工费、材料费、机械费、企业管理费、利润、安全文明施工费、其他措施费、规费，如图6-2所示。

五、补充定额的编制

随着科学技术的发展，新结构、新工艺、新材料、新设备在工程建设中迅速推广应用，但制订新的预算定额需要一定的周期。在新定额未颁布以前，为了合理确定工程造价，在现行定额的基础上，需要针对定额缺项合理编制补充定额。补充定额分为部颁补充定额、地区补充定额和工程项目的一次性补充定额等。

（一）坝基岩石帷幕灌浆——自下而上灌浆法

适用范围：露天作业，一排帷幕，自下而上分段灌浆。

工作内容：洗孔、压水、制浆、灌浆、封孔、孔位转移。

单位：100m

项　目	单位	透　水　率							
		≤2	2～4	4～6	6～8	8～10	10～20	20～50	50～100
工长	工时	35	35	36	46	57	68	80	95
高级工	工时	56	57	58	73	91	108	127	151
中级工	工时	208	212	219	276	341	405	478	567
初级工	工时	396	404	416	524	648	771	908	1077
合计	工时	695	708	729	919	1137	1352	1593	1890
水泥	t	2.5	305	4.5	6.5	10	10	12	15
水	m^3	470	490	510	530	640	640	930	1410
其他材料费	%	15	15	14	14	13	13	12	12
灌浆泵中压泥浆	工时	126.4	128.8	132.5	167	245.9	245.9	289.7	343.6
灰浆搅拌机	工时	126.4	128.8	132.5	167	245.9	245.9	289.7	343.6
地质钻孔 150 型	工时	12	12	12	12	12	12	12	12
胶轮车	工时	13.2	18	23.4	33.6	51.6	51.6	62.4	78
其他机械费	%	5	5	5	5	5	5	5	5
编号	70016	70017	70018	70019	70020	70021	70022	70023	70024

注　1. 地质钻机作上下灌浆塞用。

2. 二排、三排（指排数，不是指排序数）帷幕乘以下调整系数。

排　数	人工、灌浆泵	水泥、胶轮车	水
二排	0.97	0.75	0.96
三排	0.94	0.53	0.92

3. 对于重要的挡水建筑物的帷幕灌浆，应增加灌浆自动记录仪。其台时数量与灌浆泵台时数量之比例为：单孔记录仪为 1∶1，多路灌浆监测装置为 0.2∶1。

4. 设计要求采用磨细水泥灌浆的，水泥品种应采用干磨磨细水泥。

图 6－1　水利工程预算定额示例

对于设计图纸上采用新材料、新结构、新工艺、新设备的某项工程，现行计价定额无近似的、可利用的工料消耗和机械台班定额时，可以编制补充定额。凡有近似定额可以套用的，均不允许编制补充定额，但也不能随意套用工程内容不同和差异较大的定额作为计价依据。

1. 补充定额的编制方法

编制补充定额一般采用两种方法：

一是采用预算定额的编制方法，计算人工、各种材料及机械台班消耗指标，经有关人员论证后确定。

定　额　编　号				3－17	3－18	3－19	3－20
项目				打预制钢筋混凝土板桩（单桩体积）			
				≤1m³	≤1.5m³	≤2.5m³	≤2.5m³
基价/元				4368.21	3629.40	2951.84	2598.12
其中	人工费/元			859.46	712.71	544.07	477.75
	材料费/元			43.37	43.37	43.37	43.37
	机械使用费/元			2411.83	2000.20	1698.00	1491.30
	其他措施费/元			60.42	50.08	38.22	33.59
	安文费/元			131.35	108.84	83.07	73.01
	管理费/元			422.97	350.53	267.54	235.14
	利润/元			275.99	228.72	174.57	153.43
	规费/元			162.84	134.95	103.00	90.53
名　　称		单位	单价/元	数　　量			
综合工日		工日	—	(11.62)	(9.63)	(7.35)	(6.46)
预制钢筋混凝土板桩		m³	—	(10.10)	(10.10)	(10.10)	(10.10)
白棕绳		kg	20.00	0.900	0.900	0.900	0.900
草纸		kg	0.69	2.500	2.500	2.500	2.500
垫木		m³	1048.00	0.014	0.014	0.014	0.014
金属周转材料		kg	4.58	1.960	1.960	1.960	1.960
轨道式柴油打桩机冲击质量（t）3.5		台班	1376.73	1.207	1.001	—	—
轨道式柴油打桩机冲击质量（t）4		台班	1481.31	—	—	0.764	0.671
履带式起重机提升质量（t）10		台班	621.47	1.207	1.001	—	—
履带式起重机提升质量（t）15		台班	741.20	—	—	0.764	0.671

图 6－2　河南省房屋建筑与装饰工程预算定额（2016）示例

二是人工、机械及其他材料消耗量套用相似项目的预算定额计算，主要材料按施工图设计进行计算或测定。

2. 补充定额的编制步骤

(1) 确定补充定额的子目名称、计量单位和项目工作内容。

(2) 根据子目划分原则和综合误差进行子目平衡。

(3) 按典型设计图纸和资料，根据工程量计量规则计算补充定额项目的工程数量。

(4) 计算补充定额项目的人工、材料消耗数量、机械台班消耗数量。

(5) 计算其他材料费、小型机具使用费、设备摊销费。

(6) 计算定额基价及材料总重量。

3. 整理出补充定额成果表并写出编制说明

资源 6.3

第三节　预算定额的组成与应用

由于各行业和各地区预算定额编制主管单位不同，各行业的预算定额内容有所区别，所以选用预算定额时要专业专用，并结合工程实际情况选择适合的预算定额。

一、水利工程预算定额的组成

现行水利部颁发的水利工程预算定额有：水利建筑工程预算定额（上、下册）（水利部水总〔2002〕116 号）；《水利水电设备安装工程预算定额》（水建管〔1999〕523 号文）；水利工程概预算补充定额（海委部分 2010）；《水利工概预算补充定额》（掘进机施工隧洞工程 2007）定额；《水利工程施工机械台时费定额》。

《水利建筑工程预算定额（上、下册）》包括土方工程，砌石工程、混凝土工程、模板工程、砂石备料工程、钻孔灌浆及锚固工程、疏浚工程、其他工程共九章及附录。

《水利水电设备安装工程预算定额》包括水轮机安装、调速系统安装、水轮发电机安装、大型水泵安装、进水阀安装、水力机械辅助设备安装、电气设备安装、变电站设备安装、通信设备安装、电气调整、起重设备安装、闸门安装、压力钢管制作及安装、设备工地运输共十四章以及附录。

定额包括水总〔2002〕116 号文件、总说明、目录、章节说明、定额子目、附录组成。

1. 总说明

介绍预算定额的分类、编制依据、作用、适用范围及调整、人工机械工作制度、定额工作内容、人工、材料、机械消耗量说明、表达方式、数字适用范围等。

2. 目录

目录位于总说明之后，简明扼要地反映定额的全部内容及相应的页码，对查用定额起索引作用。

3. 章节说明

根据工程项目特点及性质的不同，各章又分出若干小节。除附录外，各章前面均附有说明，说明本章的适用范围，工作内容，需要调整的系数。

4. 定额子目

水利工程预算定额如图 6－1 所示，由以下几部分组成。

（1）序号及分项工程名称。例如“7－4 坝基岩石帷幕灌浆——自下而上灌浆法”指第 7 章第 4 个表格分项工程名称：坝基岩石帷幕灌浆。

（2）“工作内容”仅扼要说明各章节的主要施工过程及工序。次要的施工过程及工序和必要的辅助工作所需的人工、材料、机械也已包括在定额内。

（3）单位。例如：帷幕灌浆定额单位 100m。

（4）特征参数。例如：透水率是帷幕灌浆的指标参数，只用一个数字表示的仅适用于该数字本身。当需要选用的定额介于两子目之间时可用插入法计算。数字用上下限表示的如“～”适用于大于、小于或等于的数字范围。

（5）项目：反映人工、材料、施工机械的种类和名称。

（6）单位：定额单位是合格产品的计量单位，实际的工程数量应是定额单位的倍数。

（7）数量：完成定额单位分项工程的相应项目的消耗量。

定额表中的人工消耗量，指完成该定额子目工作内容所需的人工耗用量。包括基本用工和辅助用工，并按其所需技术等级分别列示出工长、高级工、中级工、初级工的工时及其合计数。

定额表中的材料消耗定额（含其他材料费、零星材料费）是指完成一个定额子目内容所需的全部材料耗用量。材料消耗量中未列示品种、规格的可根据设计选定的品种、规格计算但定额数量不得调整。凡材料已列示了品种、规格的，编制预算单价时不予调整。材料定额中一种材料名称之后，同时并列了几种不同型号规格的，如石方工程导线的火线和电线，表示这种材料只能选用其中一种型号规格的定额进行计价。材料定额中一种材料分几种型号规格，与材料名称同时并列的，如石方工程中同时并列导火线和导电线，则表示这些名称相同规格不同的材料都应同时计价。其他材料费和零星材料费是指完成一个定额子目的工作内容必需的未列量材料费，如工作面内的脚手架、排架、操作平台等的摊销费，地下工程的照明费，混凝土工程的养护用材料，石方工程的钻杆、空心钢等以及其他用量较少的材料。材料从分仓库或相当于分仓库材料堆放地至工作面的场内运输所需的人工、机械及费用已包括在各定额子目中。

定额表中的机械台时消耗量（含其他机械费），是指完成一个定额子目工作内容所需的主要机械及次要辅助机械使用费。机械定额中凡数量以“组时”表示的，其机械数量等均按设计选定计算，定额数量不予调整。机械定额中一种机械名称之后，同时并列几种型号规格的，如运输定额中的自卸汽车等，表示这种机械只能选用其中一种型号、规格的定额进行计价。机械定额中，一种机械分几种型号规格，与机械名称同时并列的，表示这些名称相同规格不同的机械定额都应同时进行计价。

其他机械费是指完成一个定额子目工作内容必需的次要机械使用费，如混凝土浇筑现场运输中的次要机械、疏浚工程中的油驳等辅助生产船舶等。定额中其他材料费、零星材料费、其他机械费均以费率形式表示。其计算基数如下：其他材料费以主要材料费之和为计算基数，零星材料费以人工费、机械费之和为计算基数，其他机械费以主要机械费之和为计算基数。

二、河南省建设工程预算定额的组成

2016年，河南省住房和城乡建设厅发布了关于《河南省房屋建筑与装饰工程预算定额》（HA01－31－2016）、《河南省通用安装工程预算定额》（HA02－31－2016）、《河南省市政工程预算定额》（HAA1－31－2016）的通知，适用于河南省行政区域内工业与民用建筑、扩建、改造房屋建筑与装饰工程、通用安装工程、市政工程。

该定额的编制依据为2015年住房与城乡建设部颁发的《房屋建筑与装饰工程消耗量定额》《通用安装工程工程量消耗定额》（2015）、《市政工程消耗量定额》《建设工程施工机械台班费用编制规则》《建设工程施工仪器仪表台班费用编制规则》《建设工程工程量清单计价规范》（GB 50500—2013）、《关于印发〈建筑安装工程费用项目的组成〉的通知》（建标〔2013〕44号）、《关于做好建筑业营改增建设工程计价依据调整准备工作的通知》（建办标〔2016〕4号）。

定额包括通知、总说明、费用组成说明及工程造价计价程序表、专业说明、（册说明）、章节说明、定额子目、附录。

1. 通知

刊印在定额前面，政府主管部门发布的说明发布定额及施行日期、定额性质、适用范围及负责解释部门等的法令性文件。

2. 总说明

总说明主要阐述定额的编制原则、指导思想、编制依据、适用范围以及定额的作用，同时说明编制定额时已考虑和未考虑的因素及有关规定和使用方法等。是各章说明的总纲，具有统管全局的作用。

3. 费用组成说明及工程造价计价程序表

介绍河南省建设工程费用组成，材料运输损耗采购及报关费率表、计价程序表（一般计价方法、简易计税方法）。建设工程费用由分部分项工程费、措施项目费、其他项目费、规费、增值税组成。定额各项费用组成中均不含抵扣进项税金。

4. 目录

目录位于总说明之后，简明扼要地反映定额的全部内容及相应的页码，对查用定额起索引作用。

5. 专业说明

介绍定额各分册内容、施工条件、定额编号说明、人材机消耗量说明、涉及水平运输和垂直运输、建筑高度等费用调整的边界条件及方法、单位说明等。

《河南省房屋建筑与装饰工程预算定额》分为上、下册。

《河南省通用安装工程预算定额》一共十二册：第一册《机械设备安装工程》；第二册《热力设备安装工程》；第三册《静置设备与工艺金属结构制作安装工程》；第四册《电气设备安装工程》；第五册《建筑智能化工程》；第六册《自动化控制仪表安装工程》；第七册《通风空调工程》；第八册《工业管道工程》；第九册《消防工程》；第十册《给排水、采暖、燃气工程》；第十一册《通信设备及线路工程》；第十二册《刷油、防腐蚀、绝热工程》。

《河南省市政工程预算定额》一共十一册：第一册《土石方工程》；第二册《道路工程》；第三册《桥涵工程》；第四册《隧道工程》；第五册《市政管网工程》；第六册《水处理工程》；第七册《水生活垃圾处理工程》；第八册《路灯工程》；第九册《钢筋工程》；第十册《拆除工程》；第十一册《措施项目》。

6. 章节说明

主要介绍本章节工程项目内容，适用条件，工程量的计算方法和规则，计算单位，尺寸的起讫范围，应增加或扣除的部分以及计算使用的系数和附表等，是工程量计算及应用定额的基础。

7. 定额表

河南省建设工程预算定额表的内容和形式如图 6-2 所示。

主要包括分项工程名称、工作内容、定额单位、定额编号、子分项名称、定额基价、人材机消耗量、附录。

(1) 工作内容。工程内容位于定额表的左上方，主要说明本定额表所包括的主要操作内容。查定额时，必须将实际发生的操作内容与表中的工程内容相对照，若不一致时，应按照章（节）说明中的规定进行调整或抽换。

(2) 定额单位。位于定额表的右上方，如图 6-2 中“单位：$10m^3$”。

定额单位是合格产品的计量单位，实际的工程数量应是定额单位的倍数。当定额表有两个或两个以上定额单位时，其定额值不能叠加，而应按不同的定额单位分开单列。

(3) 定额编号。建筑与装饰工程定额编号由两位组成，例如 3-17 是指第三章第 17 个序号子目。通用安装工程与市政工程册数较多，采用的是三位，例如通用安装工程中 7-1-28 是指第 7 分册通用安装工程第 1 章第 28 个序号子目。

(4) 定额基价。定额基价由人工费、材料费、机械使用费、其他措施费、安文费、管理费、利润、规费组成，工程造价计价根据需要分析统计核算，其他措施费不发生或部分发生可以调整。

(5) 人工、材料、机具消耗量。

“名称”列显示本定额中所需人工、材料、机具、费用的名称和规格。

“单位”是各人材机对应的单位。

“单价”人材机单价均为编制定额的基期价格，按最终市场定价原则，设计费用按动态原则调整。

“数量”是各种资源消耗量的数量值。

“备注”有些定额表在其表下方列有注解，是对定额表中内容的补充说明，使用时必须仔细阅读，以免发生错误。

(6) 附录。工程造价计算用到的基础数据和参考表，例如通用安装工程中的主要材料损耗率表、管道、管件数量取定表、综合机械组成表等。

数字资源：住房城乡建设部《建设工程施工机械台班费用编制规则》2015《建设工程施工仪器仪表台班费用编制规则》2015

三、预算定额应用注意事项

1. 准确确定定额编号

查用定额时，首先要鉴别工程项目属于哪类工程，避免盲目、随意地确定定额编号从而引起定额引用错误，或在表中找不到相应的项目栏目，或无法计算。

【例 6-1】 试确定下列河南省水利工程项目预算定额编号。

(1) 坝基岩石帷幕灌浆（透水率 10～20Lu）

(2) 土坝（堤）劈裂灌浆（灌水泥黏土浆）

(3) 地下连续墙——深层水泥搅拌桩防渗墙（沙壤土）

解： 以上虽然都是灌浆工程，但灌浆方法不同，土体类型不同，故定额编号亦不同。

(1) 河南省水利工程预算定额编号 70021，表名为“帷幕灌浆”。工作内容：洗孔、压水、制浆、灌浆、封孔、孔位转移。

（2）河南省水利工程预算定额编号为70065，工作内容：检查钻进、制浆、灌浆、劈裂观测、冒浆处理、记录、复灌、封孔、孔位转移。

（3）河南省水利工程预算定额编号为70228，工作内容：机具就位、搅拌桩机下沉、拌制水泥浆、提升搅拌机、重复搅拌、移位。

2. 仔细阅读定额中的各种说明

预算定额中，总说明、章节说明和小注对定额值的采用都有不同的规定或说明作用，在查用前应仔细地阅读和理解，并按照规定对定额值进行调整。

例如：水利建筑工程预算定额总说明中规定“挖掘机、半轮挖掘机或装载机挖装土（含渠道土方）自卸汽车运输各节，适用于Ⅲ类土。Ⅰ、Ⅱ类土和Ⅳ类土按表中所列系数进行调整。”

项　目	人　工	机　械
Ⅰ、Ⅱ类土	0.91	0.91
Ⅲ类土	1	1
Ⅳ类土	1.09	1.09

3. 工程项目和定额表的内容与计量单位应一致

（1）工程数量的分解及自定。计算一个完整项目的工程造价时，除施工图纸上反映的工程数量外，还包括与施工方案、施工组织措施相关的其他内容所涉及的工程量。有些定额虽然在设计中有所反映，但由于设计习惯或设计图纸的篇幅和标准所限，反映得较为隐蔽，个别工程数量甚至包含了多个定额。造价人员在编制概、预算时，应根据施工工艺流程对工程量进行分解和自定后采用。如设计图中路面工程量表中只列出各结构层的面积数量，如果采用厂拌法施工，除考虑拌和、摊铺、碾压定额外，还应根据施工组织设计，考虑拌和场的位置和拌和料数量，采用相应定额计算拌和设备安装、拆除及混合料运输费用。

（2）工程计量单位的换算及调整。由于设计图样或工程量清单上的工程量的单位和内容，与所用定额的单位和内容不一定完全一致，所以需要根据定额要求进行分解、换算或调整，以保证工程量与定额计量单位的一致性，包括体积与面积单位的调整、体积与个数的调整、千克与吨的调整等。

4. 定额的调整与换算

由于定额是按一般正常合理的施工组织和施工条件编制的，定额中所采用的施工方法和工程质量标准是根据国家现行工程施工技术及验收规范、质量评定标准及安全操作规程取定的。因此，使用时不得因具体工程的施工组织、操作方法和材料消耗与定额的规定不同而变更定额。

但是当设计中所规定内容与定额中工作内容、材料规格不相符时，应查用相应的定额或基本定额予以替换。在抽换前应仔细阅读定额总说明、章节说明及表下方的注解。例如：抽换定额砂浆、混凝土标号；周转及摊销材料定额用量换算；定额钢筋品种比例调整等。

资源6.4

第七章

概算定额与概算指标

资源 7.1

第一节　概算定额的概念及其作用

一、概算定额的概念

建筑工程概算定额也叫扩大结构定额，规定了完成一定计量单位的扩大结构构件或扩大分项工程的人工、材料和机械台班（时）的数量标准。

概算定额是以预算定额为基础，根据通用图和标准图等资料，经过适当综合扩大编制而成的。定额的计量单位为体积（m^3）、面积（m^2）、长度（m），或以每座小型独立构筑物计算，定额内容包括单位概算价格、工人工资、机械台班（时）费、主要材料耗用量及概算价格的组成等。

二、概算定额的作用

（1）概算定额是编制初步设计、技术设计的设计概算和修正设计概算的依据。

（2）概算定额是编制机械和材料需用计划的依据。

（3）概算定额是进行设计方案经济比较的依据。

（4）概算定额是编制建设工程招标标底、投标报价、评定标价以及进行工程结算的依据。

（5）概算定额是编制概算指标和估算指标的基础。

（6）概算定额在实行建设项目投资包干时，是项目包干费的计算依据。

三、概算定额的特点

（1）法规性。概算定额是国家建设行政主管部门编制、颁发的一项重要技术经济法规，是国家确定和控制基本建设总投资的依据。

（2）科学性。概算定额是按照合理的施工组织和正常的资源消耗量标准，根据国家现行工程施工技术及验收规范、质量评定标准及安全操作规程取定的，科学地反映了当前行业的劳动生产率水平。

（3）适应性。定额包含新技术、新工艺、新材料和新设备的内容。例如，现有定额中施工工艺机械化程度提高，对以机械为主进行施工的工程，增加大机械施工项目，并按多种机械合理配合施工编制，以适应现代化施工的实际情况。

（4）综合性。概算定额的内容和深度，是以预算定额为基础进行综合与扩大的，将预算定额中有联系的若干个分项工程项目综合为一个概算定额项目。概算定额的项目是根据初步设计或技术设计所能提供的工程量的深度加以划分的。

第二节　概算定额的编制

一、概算定额编制的原则

（1）与设计深度相适应的原则。概算定额项目的划分和定额单位的选取是根据初步设计或技术设计提供的工程设计深度来确定的。

（2）满足概算控制工程造价的原则。初步设计概算或技术设计修正概算起到控制建设项目工程造价的作用，概算定额项目应能覆盖建设项目的全部工程项目，并使设计概算或修正概算能控制施工图预算。因此，编制概算定额时，选定的图纸与资料应有一定的代表性；所综合的工程项目应齐全、不漏项，工程数量准确、合理；在平衡、分析和确定定额水平时，要留有余地。

（3）简明适用的原则。概算定额的项目名称要与初步设计或技术设计提供的工程量名称相一致，定额项目工程内容界定应明晰，方便使用。适用性还包括尽量不留缺口，即定额不要留有不完备的内容。如注明遇到某种情况时必须说明如何计算。

（4）贯彻国家政策、法规的原则。概算定额的编制，除严格贯彻国家有关法律、法规和政策外，对于国家或行业发布的有关控制工程造价方面的指导精神，如“打足投资，不留缺口”“改进概算管理办法，解决超概算问题”“工程造价实行动态管理”等也应贯彻落实。

（5）贯彻社会平均水平的原则。概算定额水平的确定与预算定额的水平基本一致，必须反映正常条件下，大多数施工企业的设计、生产、施工管理水平，应符合价值规律，反映现阶段社会生产力水平。

二、概算的编制依据

（1）现行的设计标准及规范，施工验收规范。

（2）现行的工程预算定额和施工定额。

（3）经过批准的标准设计和有代表性的设计图纸等。

（4）人工工资标准、材料预算价格和机械台班（时）费用等。

（5）现行的概算定额。

（6）有关的工程概算、施工图预算、工程结算和工程决算等经济资料。

（7）上级颁发的有关政策性文件。

三、概算定额的编制步骤和方法

概算定额的编制方法、编制原则和编制步骤与预算定额基本相似，由于在可行性研究阶段及初步设计阶段，设计资料尚不如施工图设计阶段详细和准确，设计深度也有限，因此，要求概算定额具有比预算定额更大的综合性，包含的可变因素更多。概算定额与预算定额之间允许有5%以内的幅度差。例如：在水利水电工程中，从预算定额过渡到概算定额，一般采用扩大系数1.03～1.05。

概算定额的编制步骤一般分为三个阶段，即准备阶段、编制概算定额阶段和审查定稿阶段。

(1) 编制概算定额准备阶段，应确定编制定额的机构和人员组成，进行调查研究，了解现行的概算定额执行情况和存在的问题。明确编制目的，并制定概算定额的编制方案和划分概算定额的项目。

(2) 编制概算定额阶段，应根据所制定的编制方案和定额项目，在收集资料和整理分析各种测算资料的基础上，根据选定有代表性的工程图纸计算出工程量，套用预算定额中的人工、材料和机械消耗量，再加权平均得出概算项目的人工、材料、机械的消耗指标，并计算出概算项目的基价。

(3) 审查定稿阶段，要对概算定额和预算定额水平进行测算，以保证两者在水平上的一致性。如概算与预算定额水平不一致或幅度差不合理，则需要对概算定额做必要的修改，经定稿批准后，颁发执行。

第三节　概算定额的组成

概算定额一般由目录、总说明、工程量计算规则、分部工程说明、定额目录表和有关附录或附表等组成。在总说明中主要阐明编制依据、使用范围、定额的作用及有关统一规定等。在分部工程说明中主要阐明有关工程量计算规则及本分部工程的有关规定等。在概算定额表中，分节定额的表头部分列有本节定额的工作内容及计量单位，表格中列有定额项目的人工、材料和机械台班（时）消耗量指标。

一、水利工程概算定额

《水利建筑工程概算定额》是在《水利建筑工程预算定额》的基础上进行编制的，包括土方开挖工程、石方开挖工程、土石填筑工程、混凝土工程、模板工程、砂石备料工程、钻孔灌浆及锚固工程、疏浚工程、其他工程共九章及附录。

概算定额组成及定额表形式与预算定额基本相同，由颁发定额的公告，总目录，总说明，上、下册目录，各章、节说明及定额表组成，适用于大中型水利工程项目，是编制初步设计概算的依据。

该概算定额适用于海拔小于或等于2000m地区的工程项目。海拔大于2000m的地区，根据水利枢纽工程所在地的海拔高程及规定的调整系统计算。海拔高程应以拦河坝或水闸顶部的海拔高程为准。没有拦河坝或水闸的，以厂房顶部海拔高程为准。一个工程项目只采用一个调整系数。

定额不包括因冬季、雨季和特殊地区气候影响施工的因素增加的设施费用。定额按一日三班作业施工，每班八小时工作制拟订，如采用一日一班或二班制时，定额不作调整。

定额的“工作内容”仅扼要说明各章节的主要施工过程及工序。次要的施工过程、施工工序和必要的辅助工作所需的人工、材料、机械也已包括在定额内。

总说明主要阐述概算定额的适用范围、内容及对各章、节都适用的统一规定；定额所采用的标准及抽换的统一规定；定额编制中未包括或未考虑的内容以及编制补充定额的规定等。

各章、节说明包括各章、节的工作内容、工作范围、工程项目的统一规定、工程量的计算规则等。

定额项目表中包括：工程项目名称，定额单位，工程内容，完成定额单位工程的人工、材料和机械消耗量、单位、代号、数量、基价等。

主要材料在定额表中以定额消耗量或周转使用量表示，主要材料中数量很小的材料及次要材料则以其他材料费表示；吊装等金属设备的折旧费以设备摊销费表示。

主要机械以台班消耗数量表示，数量中已包括预算定额，综合为概算定额的机械幅度差；次要机械以小型机械使用费的形式表示。

二、建筑工程概算定额

目前全国没有统一的建筑工程概算定额，各省市定额站编制了自己的概算定额，例如《湖北省建筑安装工程概算定额统一基价表》《湖南省建筑工程概算定额》《北京市建筑安装工程概算定额》《重庆市概算定额》《河北省建筑工程概算定额》《浙江省建筑工程定额》，等等。

河南省建筑工程概算有《河南省建筑工程概算定额》(1997)，但现阶段的编制现多参考《河南省房屋建筑与装饰工程预算定额》(2016)，《河南省通用安装工程预算定额》(2016)、《河南省市政工程预算定额》(2016) 进行编制，费用标准参考豫建设标〔2009〕64 号《关于河南省建筑工程概算编制适用定额的通知》。

第四节　概　算　指　标

概算指标是在概算定额的基础上对项目进行进一步的综合扩大，比概算定额的综合性更强。概算指标以单位工程为对象，以建筑面积、体积或成套设备装置的台或组为计量单位。规定人工、材料、机械台班的耗量和资金的定额指标。例如，以每 $100m^2$ 建筑物面积或者 $1000m^3$ 建筑物体积为计算单位；构筑物以“座”为计量单位；设备安装和机械用量以“台”或“组”为计量单位。概算指标是编制投资估算指标的基础，也是控制项目投资及编制计划的依据。

一、概算指标的分类

概算指标在具体内容的表示方法分为单项概算指标和综合概算指标。

单项概算指标是以典型的建筑物或构筑物为分析对象编制的概算指标。单项概算指标的针对性较强，指标中需要对工程结构的形式做介绍。只要拟建工程项目的结构形式及工程内容与单项指标中的工程概况相吻合，编制出的设计概算就比较准确。

综合指标是以建筑物或构筑物的体积、面积等为单位，并综合各个单位工程造价形成的指标，是一种概括性较强的指标，准确性和针对性不如单项概算指标。

二、概算指标的作用

(1) 在初步设计阶段，当工程的设计内容和深度不足以计算工程量时，可通过概算指标编制初步设计概算。概算指标在初步设计阶段是编制初步设计概算书的依据，也是分析投资经济效益的重要依据。

（2）概算指标是在建设项目可行性研究阶段编制项目投资估算的依据。

（3）概算指标是建设单位编制基本建设计划、申请投资贷款和编写主要材料计划的依据。

（4）概算指标是设计单位和建设单位进行设计方案的技术经济分析及考核投资效果的标准。

三、概算指标编制的内容

主要包括总说明、分册说明、经济指标及结构特征等。

总说明主要包括概算指标编制依据、作用、适用范围、分册情况及其共性问题说明。

分册说明就是对本册中的具体问题作出必要的说明。

经济指标是概算指标的核心部分，包括单项工程或单位工程每平方米的基价指标、扩大分项工程量、主要材料消耗及工日消耗指标等。

结构特征是指在概算指标内标明建筑物、构筑物等的示意图，并对工程的结构形式、层高、层数和建筑工程进行说明，以表示建筑结构工程的概况。

四、概算指标及概算造价的计算

概算指标的数据主要来自各类工程的预算和结算资料，根据选定已取得的结算资料，通过施工图纸核实，计算出各主要分部工程的工程量，换算出每米、每 $100m^2$ 或 $1000m^3$ 的建筑物或每座构筑物的分部工程量指标及造价指标。

（1）计算工程量指标。根据审定的图纸和消耗量定额，计算出建筑面积或建筑体积以及各分部分项工程的工程量。然后按编制方案规定的项目进行归并，并以每 $100m^2$ 建筑面积或 $1000m^3$ 建筑体积为计算单位，换算出工程量指标。

例如，由已建工程建筑物的工程量可知，其钢筋混凝土带形基础的工程量为 $210m^3$，该建筑物建筑面积为 $960m^2$，则 $100m^2$ 该建筑的钢筋混凝土带形基础的工程量指标为

$$\frac{210}{960}\times 100=21.86(m^3)$$

其他各结构工程量指标的计算依此类推。

（2）根据计算出的工程量和预算定额等资料编制预算书，求出每 $100m^2$ 建筑面积或 $1000m^3$ 建筑体积的预算造价及人工、材料和施工机械费用和材料消耗量指标。主要材料消耗量的计算公式为

$$材料消耗量=拟建建筑面积\times 概算指标每\ 100m^2\ 材料消耗量/100 \quad (7-1)$$

$$材料消耗量=拟建建筑体积\times 概算指标每\ 1000m^3\ 材料消耗量/1000 \quad (7-2)$$

【例 7-1】 某新建生产车间建筑面积 $800m^2$，该地区已建同类型车间，规模类似，采用的建筑材料基本相同，概算参考指标见表 7-1。计算拟建建筑物的砂、碎石、型钢、水泥的消耗量。

表 7-1　　某地区车间每 $100m^2$ 概算参考指标

材料名称	单　位	消耗量
水泥 42.5	t	14
型钢（综合）	t	3.2
砖	千块	29.03
玻璃	m^2	44
生石灰	t	3.6
砂	m^3	42
碎石	m^3	41.05
钢材	t	3.01

解：

砂的消耗量 $=800\times42/100=336(m^3)$

碎石消耗量 $=800\times41.05/100=328.4(m^3)$

型钢消耗量 $=800\times3.2/100=25.6(t)$

水泥的消耗量 $=800\times14/100=112(t)$

（3）以建筑面积为例，拟建建筑物的造价为

综合造价＝拟建建筑面积×概算指标中每 $1m^2$ 单位综合造价　　(7-3)

土建造价＝拟建建筑面积×概算指标中每 $1m^2$ 单位土建造价　　(7-4)

暖卫电造价＝拟建建筑面积×概算指标中每 $1m^2$ 单位暖卫电造价　　(7-5)

土建造价＋暖卫电造价＝综合造价　　(7-6)

采暖造价＝拟建建筑面积×概算指标中每 $1m^2$ 单位采暖造价　　(7-7)

给水排水造价＝拟建建筑面积×概算指标中每 $1m^2$ 单位给水排水造价　　(7-8)

电气照明造价＝拟建建筑面积×概算指标中每 $1m^2$ 单位电气照明造价　　(7-9)

采暖造价＋给水排水造价＋电气照明造价＝暖卫电造价　　(7-10)

（4）构筑物以座为单位编制概算指标，因此，在计算已完工程量并编制成预算书后不必进行换算，预算书确定的价值就是每座构筑物概算指标的经济指标。

【例 7-2】 某企业拟建住宅楼，建筑面积为 $6500m^2$，如某工程内容与表 7-2 所示某地区住宅建筑工程概算指标中的内容基本相同，请计算拟建住宅楼的造价。

表 7-2　　某市住宅建筑工程单项概算指标参考示例

结构	砖混结构	造价/(元/m^2)		工料用量		
地耐力	0.159MPa	级别	施工企业	项目	单位	数量
层数	6 层	造价	1359.8	人工费	元	36.48
层高	3.3m	土建	1183.03	用工	工日	4.75
梯户数	一梯二户	水暖	142.3	钢筋	kg	15.95
		电照	34.47	水泥		

续表

结构		砖混结构	造价/(元/m^2)		工料用量		
			级别	施工企业	项目	单位	数量
建筑工程特点	基础	条形板式钢筋混凝土，上部毛石基础，基础埋深2.5m，局部4.2m	其中		木材	kg	155
			土方	94.08	红砖		
	地下室	占建筑面积的4.2%	基础	140.34	净砂	m^2	0.033
	墙壁	外墙2砖厚；内墙1～1.5砖厚	门窗	99.54	砾石	块	310
	门窗	木制	地面	16.5	白灰	m^3	0.44
	地面	水泥抹面	屋面	28.68	白石子	m^3	0.23
	楼板	预制钢筋混凝土空心板	外装修	15.3	沥青	kg	32
	层面保温	散铺珍珠岩12cm	暖气片	31.28	油毡	kg	1.5
	屋面防水	三毡四油一砂	大便器	20.3	铁钉	kg	2.05
	内装修	中级抹灰，刷白	洗手盆	13.3	8号线	m^2	0.8
	外装修	阳台、雨棚、檐头水刷石，其余墙面勾缝	灯具	3.7	珍珠岩	kg	0.2
	楼梯	现浇钢筋混凝土内楼梯			玻璃	kg	0.4
	给水排水	集中供暖，N132暖气片				m^3	0.025
	电照	塑料管暗配，普通灯具，木制电表箱				m^2	0.28

解：由题意可知，拟建住宅楼的工程内容与表7-2所示工程内容相同，可直接套用表7-2的概算指标，则拟建住宅楼的各项造价分别为：

$$综合造价=6500\times1359.8=8838700(元)$$

$$土建造价=6500\times1183.03=7689695(元)$$

$$暖卫电造价=6500\times(142.3+34.47)=1149005(元)$$

$$水暖造价=6500\times142.3=924950(元)$$

$$电气照明造价=6500\times34.47=224055(元)$$

五、修正概算指标编制概算

在实际工程建设中，局部工程内容在套用现成的概算指标时，经常不完全符合情况，此时应将不同的局部工程内容的单位造价从单位综合造价中扣除，然后将代替局部工程内容的单位造价加入单位综合造价中。

具体的计算公式为

资源7.2

修正后的单位造价＝拟建建筑面积×(概算指标中的建筑物单位造价指标中不同工作内容的单位造价＋拟改用的工程内容单位造价)　(7-11)

第八章

估算指标

资源 8.1

第一节　投资估算指标的概念及作用

一、投资估算指标的概念

投资估算指标，是在编制项目建议书可行性研究报告和编制设计任务书阶段进行投资估算、计算投资需要量时使用的一种定额。现行发布的估算指标有：《市政工程投资估算指标》（建标〔2007〕163 号、240 号）、《电力建设工程估算指标》（2016）、《公路工程估算指标》（JTG－T3812－2018）、《防护林造林工程投资估算指标》（林规发〔2016〕58 号）等。

投资估算指标具有较强的综合性、概括性，以独立的建筑项目、单项工程或单位工程为对象编制，概略程度与可行性研究阶段相适应。主要作用是为项目决策和投资控制提供依据，是一种扩大的技术经济指标。

由于工程前期估算要求从项目建设的全过程出发估算投资额，这就使投资估算指标比其他各种计价定额具有更大的综合性和概括性，需要充分考虑各种可能的需要、风险、价格上涨的因素。

二、投资估算指标的作用

工程投资估算指标是编制建设项目建议书、可行性研究报告等前期工作阶段投资估算的依据，也可以作为编制固定资产长远规划投资的参考。

（1）在编制项目建议书阶段，是项目主管部门审批项目建议书的依据之一，对项目的规划及规模起参考作用。

（2）在可行性研究阶段，是项目决策的重要依据，也是多方案比较、优化设计方案、正确编制投资估算、合理确定项目投资的重要基础。

（3）在项目评价及决策过程中，是评价建设项目投资可行性、分析投资效益的主要技术经济指标。

（4）在项目实施阶段，他是限额设计和工程造价确定与控制的依据，是核算建设项目建设投资需要额和编制建设投资计划的重要依据。

（5）合理准确确定投资估算指标，是工程造价管理改革实现工程造价事前控制和主动控制的前提条件。

三、投资估算指标的编制原则

（1）与项目前期阶段的工作深度相适应；

（2）按不同的单项工程和单位工程编制；

（3）具有较强的综合性、概况性；

（4）表示形式应准确、简化、方便使用；

（5）应选择具有代表性的典型项目。

四、投资估算指标的编制依据

（1）生产规模、工艺流程、产品方案类似的具有代表性的已建或在建工程，可重复使用的设计图样及工程量清单、设备清单、主要材料用量表和预算资料、决算资料。

（2）国家主管部门颁发的各种建设项目用地定额、建设项目工期定额、单项工程施工工期定额和生产定员标准等。

（3）全国统一、地区统一的各类工程概预算定额、各种费用标准。

（4）年度各类工资标准、材料单价、机具台班单价及工程造价指数、设备估价。

五、投资估算指标编制的要求

（1）文字、用词、符号应统一规范；

（2）计量单位一律采用国家规定的国际单位；

（3）表格统一格式，所有数字为阿拉伯数字；

（4）成本表下附注应注明有关采用系数的规定和抽换方法及其他必要的说明，应尽量避免系数过多，抽换频繁。

六、投资估算指标编制方法

投资估算指标的编制一般包括收集整理资料、平衡调整和测算审查三个阶段。

1. 收集整理资料阶段

收集整理已建成或正在建设的、符合现行技术政策和技术发展方向、有可能重复采用的、有代表性的工程设计施工图、标准设计以及相应的竣工决算或施工图预算资料等，这些资料是编制工作的基础，资料收集得越广泛，反映出的问题越多，编制工作考虑得越全面，越有利于提高投资估算指标的实用性和覆盖面。

同时，对调查收集到的资料要选择占投资比重大、相互关联多的项目进行认真的分析整理，由于已建成或正在建设的工程，其设计意图、建设时间和地点、资料的基础等不同，相互之间的差异很大，需要去粗取精、去伪存真地加以整理，才能重复利用。将整理后的数据资料按项目划分栏目加以归类，按照编制年度的现行定额、费用标准和价格调整成编制年度的造价水平及比例。

基础资料调查方法有两种：一种是抽调经验丰富的专业人员成立专门的调查小组，进行重点工程的专题资料收集或专项研究；另一种是普遍收集资料，在已确定的编制范围内，采取表格化的方法，以主要统计资料为主，注明所需要的资料内容、填表要求和时间范围，以便于更好的整理资料。后者具有广泛性和全面性。

2. 平衡调整阶段

由于调查收集的资料来源不同，虽然经过分析整理，但难免会由于设计方案、建设条件和建设时间上的差异影响，使数据失准或漏项等，因此必须对有关资料进行综合平衡调整，对基础资料工程量含量分析取定的方法一般有三种：算术平均取值法、加权平均取值法、典型工程取值法。

3. 测算审查阶段

测算是将新编的指标和选定工程的概预算在同一价格条件下进行比较，检验其“量差”的偏离程度是否在允许偏差的范围之内。如偏差过大，则要查找原因，进行修正，以保证指标的确切、实用。测算同时也是对指标编制质量进行的一次系统检查，应由专人进行，以保持测算口径的统一，在此基础上组织有关专业人员予以全面审查定稿。

由于投资估算指标的计算工作量非常大，应尽可能应用计算机程序和软件进行投资估算指标的编制工作。

第二节　投资估算指标的内容

由于建设项目建议书、可行性研究报告的编制深度不同，为了使用方便，估算指标应结合专业特点，按其综合程度的不同适当分类。一般可分为：建设项目综合指标、单项工程指标和单位工程指标。

（1）建设项目综合指标。包括工程总投资指标，和以生产能力或其他计量单位为计算单位的综合投资指标。投资指标包括按国家规定应列入建设项目总投资的投资，例如单项工程投资、工程建设其他费和预备费等。一般以项目的综合生产能力为单位投资表示，如元/t；或者以使用功能表示，如医院床位费，元/床。

（2）单项工程指标。是指组成建设项目各单项工程的，以生产能力（或其他计量单位）为计算单位的投资指标。应包括单项工程的建筑安装工程费和设备、工器具购置费以及应列入单项工程投资的其他费用。

（3）单位工程指标。一般是指建筑物、构筑物以平方米、立方米、延长米、座等为计算单位的投资指标。指建筑安装工程费用。

建设项目综合指标和单项工程指标应说明所列项目的建设特点、工程内容、建筑结构特征和主要设备的名称、型号、规格、数量（重量、台数）、单价及其他设备费与主要设备费的百分比、主要材料用量和基价等。

单位工程指标应说明工程内容、建筑结构特征、主要工程量、主要材料量、其他材料费、人工合计工日数和平均等级、机械使用费等。一般民用建筑每 $100m^2$ 建筑面积主要工程量估算指标示例见表 8-1。

表 8-1　一般民用建筑每 $100m^2$ 建筑面积主要工程量估算指标示例

序号	项目	单位	估算指标
一	结构部分		
（一）	基础		
1	钢筋混凝土现浇、预制桩（长 100m 内）	$m^3/100m^2$ 基础面积	45～60
2	钢筋混凝土单层地下室（箱基）	$m^3/100m^2$ 基础面积	100～110
	（1）底板厚 0.3m 内（其中底板 50%，顶板 15%，其余墙柱等 35%）	$m^3/100m^2$ 基础面积	150～160

续表

序号	项　　目	单　　位	估算指标
2	（2）底板厚0.8m内（其中顶板10%，其余同上）	$m^3/100m^2$ 基础面积	200～220
	（3）底板厚1.0m左右（其中顶板8%，其余同上）	土建造价	8%～12%
3	条基、柱基或综合基础		
（二）	上部结构		
1	全现浇钢筋混凝土结构（框剪、框筒等） 其中柱16%，框架梁9%，有梁板23%，内墙21%，电梯井壁7%，其他2%	$m^3/100m^2$ 上部基础面积	30～45
2	现浇剪力墙结构（高层住宅为主） 其中墙体60%，板30%，电梯井壁4%，楼梯、阳台、挑檐5%，其他1%	$m^3/100m^2$ 上部基础面积	35～40
3	砖混结构（多层住宅为主，不含砖墙） 其中板40%，梁8%，构造柱18%，圈梁10%过梁5%墙体6%，楼梯、阳台、挑檐等13%	$m^3/100m^2$ 上部基础面积	10～25
二	建筑装饰部分		
1	楼、地面	$m^3/100m^2$ 上部基础面积	80～90
2	顶棚	$m^3/100m^2$ 上部基础面积	80～92
3	屋面保温		
	厚250加气混凝土块	$m^3/100m^2$ 上部基础面积	26.75
	厚150水泥蛭石	$m^3/100m^2$ 上部基础面积	15.60
	250水泥珍珠岩	$m^3/100m^2$ 上部基础面积	26.00
	50聚苯乙烯泡沫塑料板	$m^3/100m^2$ 上部基础面积	5.10
4	屋面防水卷材	$m^3/100m^2$ 上部基础面积	105～120
5	窗	$m^3/100m^2$ 上部基础面积	12～20
6	门	$m^3/100m^2$ 上部基础面积	5～10
7	楼梯投影面积	$m^3/100m^2$ 上部基础面积	4～7
8	外墙（不同厚度）	$m^3/100m^2$ 上部基础面积	40～80
9	内墙及隔墙（不同厚度）	$m^3/100m^2$ 上部基础面积	80～150
10	外墙装饰（不同做法）	$m^3/100m^2$ 上部基础面积	50～90
11	内墙装饰（不同做法）	$m^3/100m^2$ 上部基础面积	160～360

资源8.2

第九章

建筑安装工程费用定额

第一节　建筑安装工程费用定额的编制原则

资源 9.1

一、合理确定定额水平的原则

建设安装工程费用定额的水平应按照社会必要劳动量确定。合理的定额水平，应该从实际出发，一方面要及时准确地反映企业技术和施工管理水平，促进企业管理水平的完善提高，另一方面要考虑到，由于材料预算价格上涨，定额人工费的变化，会使建筑安装工程费用定额有关费用支出发生变化。各项费用开支标准应符合国务院、财政部、劳动和社会保障部以及各省、自治区、直辖市人民政府的有关规定。

二、简明、适用性原则

建筑安装工程费用定额，应尽可能地反映实际消耗水平，并做到形式简明，方便适用。要结合工程建设的技术经济特点，在认真分析各项费用属性的基础上，理顺费用定额的项目划分。有关部门可以按照统一的费用项目划分，制定相应的费率，按工程类型划分费率，实行同一工程，同一费率，运用定额记取各项费用的方法应力求简单易行，与不同类型的工程和不同企业等级承担工程的范围相适应。

三、定性与定量分析相结合的原则

建筑安装工程费用定额的编制，要充分考虑可能对工程造价造成影响的各种因素。在编制其他直接费定额时，要充分考虑现场的施工条件对某个具体工程的影响，对各种因素进行定性、定量的分析研究后，制定出合理的费用标准。在编制间接费定额和现场经费定额时，要贯彻勤俭节约的原则，在满足施工生产和经营管理需要的基础上，尽量压缩非生产人员的人数，以节约企业管理费中的有关费用支出。

第二节　间 接 费 定 额

一、间接费定额的基础数据

间接费定额的各项费用支出受许多因素的影响，首先要合理地确定间接费定额的基础数据指标，这些数据指标包括以下方面。

1. 全员劳动生产率

全员劳动生产率指施工企业的每个成员每年平均完成的建筑、安装工程的货币工作量。在确定全员劳动生产率指标时，要对各类企业或公司的有关资料进行分析整理，既要考虑施工企业过去2～3年的实际完成水平，又要考虑价格变动因素对完成建筑安装工作量的影响，重点分析自行完成建筑安装工作量和企业全员人数，以便把劳动生产率建立在切实可靠的基础上。全员劳动生产率的计算公式为

$$全员劳动生产率=\frac{年度自行完成建筑安装工程工作量}{年平均在册人数} \quad (9-1)$$

2. 非生产人员比例

非生产人员比例指非生产人员占施工企业职工总数的比例，非生产人员比例一般应控制在职工总数的20%。非生产人员由以下部分人员组成：第一部分是在企业管理费项目开支的人员，主要有企业的政工、经济、技术、警卫、后勤人员，这部分的人员占企业职工总数的16%左右；第二部分是在职职工福利费项目开支的医务、理发和保育人员，这部分人员占企业职工总数的1%左右，第三部分是在材料采购及保管费项目开支的材料采购、保管、管理人员，这部分人员占企业职工总数的3%左右。

3. 全年有效施工天数

全年有效施工天数指在施工年度内能够用于施工的天数，通常按全年日历天数扣除法定节假日、双休日天数、气候影响平均停工天数、学习开会和执行社会义务天数、婚丧病假天数后的净施工天数计取。各地区的全年有效天数由于气候因素的影响而略有不同。

4. 工资标准

工资标准指施工企业的建筑安装工人的日平均标准工资和工资性质的津贴、非生产人员的日平均标准工资和工资性津贴。工资性津贴主要指住房补贴、副食补贴、冬煤补贴和交通费补贴等。

5. 间接费年开支额

选择具有代表性的施工企业进行综合分析，确定出建筑安装工人每人平均的间接费开支额。

二、间接费定额的编制方法

间接费定额的编制，最终表现为间接费率。间接费的计算方法按取费基数的不同分为以下三种。

1. 以直接费为计算基础

$$间接费=直接费合计\times间接费费率(\%) \quad (9-2)$$

$$间接费费率(\%)=规费费率(\%)+企业管理费费率(\%)$$

2. 以人工费和机械费合计为计算基础

$$间接费=人工费和机械费合计\times间接费费率(\%) \quad (9-3)$$

3. 以人工费为计算基础

$$间接费=人工费合计\times间接费费率(\%) \quad (9-4)$$

三、规费费率

(1) 根据本地区典型工程发承包价的分析资料，综合取定规费。计算中所需数据：

1）每万元发承包价中人工费含量和机械费含量；

2）人工费占直接费的比例；

3）每万元发承包价中所含规费缴纳标准的各项基数。

（2）规费费率的计算公式。

1）以直接费为计算基础：

$$规费费率(\%)=\frac{\sum规费缴纳标准\times每万元发承包价计算基数}{每万元发承包价中的人工费含量}\times人工费占直接费的比例(\%) \quad (9-5)$$

2）以人工费和机械费合计为计算基础：

$$规费费率(\%)=\frac{\sum规费缴纳标准\times每万元发承包价计算基数}{每万元发承包价中的人工费含量和机械费含量}\times100\% \quad (9-6)$$

3）以人工费为计算基础：

$$规费费率(\%)=\frac{\sum规费缴纳标准\times每万元发承包价计算基数}{每万元发承包价中的人工费含量}\times100\% \quad (9-7)$$

四、企业管理费费率

企业管理费费率计算公式如下。

1. 以直接费为计算基础

$$企业管理费费率(\%)=\frac{生产工人年平均管理费}{年有效施工天数\times人工单价}\times人工费占直接费比例(\%) \quad (9-8)$$

2. 以人工费和机械费合计为计算基础

$$企业管理费费率(\%)=\frac{生产工人年平均管理费}{年有效施工天数\times(人工单价+每一日机械使用费)}\times100\% \quad (9-9)$$

3. 以人工费为计算基础

$$企业管理费费率(\%)=\frac{生产工人年平均管理费}{年有效施工天数\times人工单价}\times100\% \quad (9-10)$$

第三节 利　润

利润的计算公式如下。

1. 以直接费为计算基础

$$利润=(直接工程费+措施费+间接费)\times相应利润率 \quad (9-11)$$

2. 以人工费和机械费为计算基础

$$利润=直接工程费和措施费中的(人工费+机械费)\times相应利润率 \quad (9-12)$$

3. 以人工费为计算基础

$$利润=直接工程费和措施费中的人工费\times相应利润率 \quad (9-13)$$

第四节 税 金

1. 税金计算公式

$$税金=(税前造价+利润)\times税率(100\%) \quad (9-14)$$

2. 税率

(1) 纳税地点在市区的企业：

$$税率(\%)=\frac{1}{1-3\%-(3\%\times7\%)-(3\%\times3\%)}-1 \quad (9-15)$$

(2) 纳税地点在县城、镇的企业：

$$税率(\%)=\frac{1}{1-3\%-(3\%\times5\%)-(3\%\times3\%)}-1 \quad (9-16)$$

(3) 纳税地点不在市区、县城、镇的企业：

$$税率(\%)=\frac{1}{1-3\%-(3\%\times1\%)-(3\%\times3\%)}-1 \quad (9-17)$$

第十章 水利工程项目工程造价构成

资源 10.1

建设项目总投资是为完成工程项目建设并达到使用要求或生产条件，在建设期内预计或实际投入的全部费用总和。生产性建设项目总投资包括建设投资、建设期利息和流动资金三部分；非生产性建设项目总投资包括建设投资和建设期利息两部分。其中建设投资和建设期利息之和对应固定资产投资，固定资产投资与建设项目的工程造价在量上相等。

工程造价是指在建设期预计或实际支出的建设费用。工程造价基本构成包括用于购买工程项目所含各种设备的费用，用于建筑施工和安装施工所需支出的费用，用于委托工程勘察设计应支付的费用，用于购置土地所需的费用，也包括用于建设单位自身进行项目筹建和项目管理所花费的费用等。

工程造价中的主要构成部分是建设投资，建设投资是为完成工程项目建设，在建设期内投入且形成现金流出的全部费用。根据国家发展改革委和建设部发布的《建设项目经济评价方法与参数（第三版）》（发改投资〔2006〕1325 号）的规定，建设投资包括工程费用、工程建设其他费用和预备费三部分。工程费用是指建设期内直接用于工程建造、设备购置及其安装的建设投资，可以分为建筑安装工程费和设备及工器具购置费。工程建设其他费用是指建设期发生的与土地使用权取得、整个工程项目建设以及未来生产经营有关的，构成建设投资但不包括在工程费用中的费用。预备费是在建设期内因各种不可预见因素的变化而预留的可能增加的费用，包括基本预备费和价差预备费。建设项目总投资的具体构成内容如图 10-1 所示。

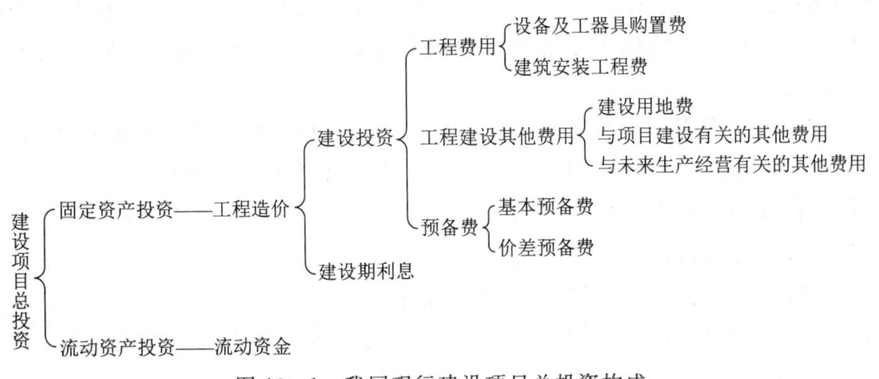

图 10-1　我国现行建设项目总投资构成

每个工程项目在计价过程中具有多次性，这些多次计价的过程逐步深入和细化、不断接近实际造价的过程。下面以估算、概算、合同价为主，详细介绍水利工程和建筑工程项目的工程造价的计算过程。

资源 10.2

第一节　水利水电工程概（估）算工程部分费用构成

依据水利部水总〔2014〕429 号文颁布的《水利工程设计概（估）算编制规定（工程部分）》规定，水利水电工程工程部分费用组成有以下内容组成，如图 10－2 所示。

- 工程部分费用
  - 工程费
    - 建筑及安装工程费
    - 设备费
  - 独立费用
  - 预备费
  - 建设期融资利息

图 10－2　水利水电工程工程部分费用组成

一、建筑及安装工程费

建筑及安装工程费由直接费、间接费、利润、材料补差、未计价装置性材料费及税金组成。

（一）直接费

直接费指建筑安装工程施工过程中直接消耗在工程项目上的活劳动和物化劳动。由基本直接费、其他直接费组成。基本直接费包括人工费、材料费、施工机械使用费。其他直接费包括冬雨季施工增加费、夜间施工增加费、临时设施费、安全生产措施费和其他。

1. 基本直接费

（1）人工费。指直接从事建筑安装工程施工的生产工人开支的各项费用，内容包括：

1）基本工资。由岗位工资和年应工作天数内非作业天数的工资组成。

a. 岗位工资，指按照职工所在岗位各项劳动要素测评结果确定的工资。

b. 生产工人年应工作天数以内非作业天数的工资，包括生产工人开会学习、培训期间的工资，调动工作、探亲、休假期间的工资，因气候影响的停工工资，女工哺乳期间的工资，病假在六个月以内的工资及产、婚、丧假期的工资。

2）辅助工资。指在基本工资之外，以其他形式支付给生产工人的工资性收入，包括：根据国家有关规定属于工资性质的各种津贴，主要包括施工津贴、夜餐津贴、节日加班津贴等。

（2）材料费。指用于建筑安装工程项目上的消耗性材料、装置性材料和周转性材料摊销费。包括定额工作内容规定应计入的未计价材料和计价材料。

材料预算价格一般包括材料原价、运杂费、运输保险费和材料采购及保管费四项。均按不含相应增值税进项税额的价格计算。

1）材料原价。指材料指定交货地点的价格。

2）运杂费。指材料从指定交货地点至工地分仓库或相当于工地分仓库（材料堆放场）所发生的全部费用。包括运输费、装卸费及其他杂费。

3）运输保险费。指材料在运输途中的保险费。

4）材料采购及保管费。指材料在采购、供应和保管过程中所发生的各项费用。主要包括材料的采购、供应和保管部门工作人员的基本工资、辅助工资、职工福利费、劳动保护费、养老保险费、失业保险费、医疗保险费、工伤保险费、生育保险费、住房公积金、教育经费、办公费、差旅交通费及工具用具使用费；仓库、转运站等设施的检修费、固定资产折旧费、技术安全措施费；材料在运输、保管过程中发生的损耗等。

(3) 施工机械使用费。指消耗在建筑安装工程项目上的机械磨损、维修和动力燃料费用等。包括折旧费、修理及替换设备费、安装拆卸费、机上人工费和动力燃料费等。

1) 折旧费。指施工机械在规定使用年限内回收原值（不含增值税进项税）的台时折旧摊销费用。

2) 修理及替换设备费。修理费指施工机械使用过程中，为了使机械保持正常功能而进行修理所需的摊销费用，和机械正常运转及日常保养所需的润滑油料、擦拭用品的费用，以及保管机械所需的费用。替换设备费指施工机械正常运转时所耗用的替换设备及随机使用的工具附具等摊销费用。修理费及替换设备费按不含增值税进项税的费用计算。

3) 安装拆卸费。指施工机械进出工地的安装、拆卸、试运转和场内转移及辅助设施的摊销费用。部分大型施工机械的安装拆卸，不在其施工机械使用费中计列，包含在其他施工临时工程中。

4) 机上人工费。指施工机械使用时机上操作人员人工费用。

5) 动力燃料费。指施工机械正常运转时所耗用的风、水、电、油和煤等费用。动力燃料费用按不含增值税进项税的费用计算。

2. 其他直接费

(1) 冬雨季施工增加费。指在冬、雨季施工期间为保证工程质量所需增加的费用。包括增加施工工序，增设防雨、保温、排水等设施增耗的动力、燃料、材料以及因人工、机械效率降低而增加的费用。

(2) 夜间施工增加费。指施工场地和公用施工道路的照明费用。照明线路工程费用包括在“临时设施费”中；施工附属企业系统、加工厂、车间的照明费用，列入相应的产品中，均不包括在本项费用之内。

(3) 临时设施费。指施工企业为进行建筑安装工程施工所必需的但又未被划入施工临时工程的临时建筑物、构筑物和各种临时设施的建设、维修、拆除、摊销等费用，如供风、供水（支线）、供电（场内）、照明、供热系统及通信支线，土石料场，简易砂石料加工系统，小型混凝土拌和浇筑系统，木工、钢筋、机修等辅助加工厂，混凝土预制构件厂，场内施工排水，场地平整、道路养护及其他小型临时设施等。

(4) 安全生产措施费。指为保证施工现场安全作业环境及安全施工、文明施工所需要的费用，在工程设计已考虑的安全支护措施之外发生的安全生产、文明施工相关费用。

(5) 其他。包括施工工具用具使用费、检验试验费、工程定位复测及施工控制网测设、工程点交、竣工场地清理、工程项目及设备仪表移交生产前的维护费，工程验收检测费等。

1) 施工工具用具使用费。指施工生产所需，但不属于固定资产的生产工具，检验、试验用具等的购置、摊销和维护费。

2）检验试验费。指对建筑材料、构件和建筑安装物进行一般鉴定、检查所发生的费用，包括自设实验室所耗用的材料和化学药品费用，以及技术革新和研究试验费，不包括新结构、新材料的试验费和建设单位要求对具有出厂合格证明的材料进行试验、对构件进行破坏性试验，以及其他特殊要求检验试验的费用。

3）工程项目及设备仪表移交生产前的维护费，指竣工验收前对已完工程及设备进行保护所需费用。

4）工程验收检测费。指工程各级验收阶段为检测工程质量发生的检测费用。

（二）间接费

间接费指施工企业为建筑安装工程施工而进行组织与经营管理发生的各项费用。间接费构成生产成本，由规费和企业管理费组成。

1. 规费

规费是指政府和有关部门规定必须缴纳的费用，包括社会保险费和住房公积金。

（1）社会保险费。

1）养老保险费。指企业按规定标准为职工缴纳的基本养老保险费。

2）失业保险费。指企业按照国家规定标准为职工缴纳的失业保险费。

3）医疗保险费。指企业按照规定标准为职工缴纳的基本医疗保险费。

4）工伤保险费。指企业按照规定标准为职工缴纳的工伤保险费。

5）生育保险费。指企业按照规定标准为职工缴纳的生育保险费。

（2）住房公积金。指企业按规定标准为职工缴纳的住房公积金。

2. 企业管理费

企业管理费指施工企业为组织施工生产和经营管理活动产生的费用，内容包括：

（1）管理人员工资。指管理人员的基本工资、辅助工资。

（2）差旅交通费。指施工企业管理人员因公出差、工作调动的差旅费，误餐补助费，职工探亲路费，劳动力招募费，职工离退休、退职一次性路费，工伤人员就医路费，工地转移费，交通工具运行费及牌照费等。

（3）办公费。指企业办公用文具、印刷、邮电、书报、会议、水电、燃煤（气）等费用。

（4）固定资产使用费。指企业属于固定资产的房屋、设备、仪器等的折旧、大修理、维修费或租赁费等。

（5）工具用具使用费。指企业管理使用的不属于固定资产的工具、用具、家具、交通工具和检验、试验、测绘、消防用具等的购置、维修和摊销费。

（6）职工福利费。指企业按照国家规定支出的职工福利费，以及由企业支付离退休职工的易地安家补助费、职工退职金、六个月以上的病假人员工资、按规定支付给离休干部的各项经费；职工发生工伤时企业依法在工伤保险基金之外支付的费用；其他在社会保险基金之外依法由企业支付给职工的费用。

（7）劳动保护费。指企业按照国家有关部门规定标准发放的，一般劳动防护用品的购置及修理费、保健费、防暑降温费、高空作业及进洞津贴、技术安全措施以及洗澡用水、饮用水的燃料费等。

（8）工会经费。指企业按职工工资总额计提的工会经费。

（9）职工教育经费。指企业为职工学习先进技术和提高文化水平，按职工工资总额计提的费用。

（10）保险费。指企业财产保险、管理用车辆等保险费，高空、井下、洞内、水下、水上作业等特殊工种安全保险费，危险作业意外伤害保险费等。

（11）财务费用。指施工企业为筹集资金而发生的各项费用，包括企业经营期间发生的短期融资利息净支出、汇兑净损失、金融机构手续费，企业筹集资金发生的其他财务费用，以及投标和承包工程发生的保函手续费等。

（12）税金。指企业按规定交纳的房产税、管理用车辆使用税、印花税、城市维护建设税、教育费附加以及地方教育附加等。

（13）其他。包括技术转让费、企业定额测定费、施工企业进退场费、施工企业承担的施工辅助工程设计费、投标报价费、工程图纸资料费及工程摄影费、技术开发费、业务招待费、绿化费、公证费、法律顾问费、审计费、咨询费等。

（三）利润

利润指按规定应计入建筑安装工程费用中的利润。

（四）材料补差

材料补差指根据主要材料消耗量、主要材料预算价格与材料基价之间的差值，计算的主要材料补差金额。材料基价指计入基本直接费的主要材料的限制价格。

（五）未计价装置性材料费

未计价装置性材料费指建筑定额或设备安装定额中的装置性材料，只计取税金，不作为其他直接费、间接费、利润等费用的计算基数。

（六）税金

税金指按国家及各省有关规定，应计入建筑安装工程费用内的增值税销项税额。

二、设备费

设备费包括设备原价、运杂费、运输保险费和采购及保管费。

（一）设备原价

（1）国产设备，其原价指出厂价。

（2）进口设备，以到岸价和进口征收的税金、手续费、商检费及港口费等各项费用之和为原价。

（3）大型机组及其他大型设备，各部分分别运至工地后的拼装费用，包括在设备原价内。

（二）运杂费

运杂费指设备由厂家运至工地现场所发生的一切运杂费用。包括运输费、装卸费、包装绑扎费、大型变压器充氮费及可能发生的其他杂费。

（三）运输保险费

运输保险费指设备在运输过程中的保险费用。

（四）采购及保管费

采购及保管费指建设单位和施工企业在负责设备的采购、保管过程中发生的各项费用。主要包括：

（1）采购保管部门工作人员的基本工资、辅助工资、职工福利费、劳动保护费、养老保险费、失业保险费、医疗保险费、工伤保险费、生育保险费、住房公积金、教育经费、办公费、差旅交通费、工具用具使用费等。

（2）仓库、转运站等设施的运行费、维修费、固定资产折旧费、技术安全措施费和设备的检验、试验费等。

三、独立费用

独立费用由建设管理费、工程建设监理费、联合试运转费、生产准备费、科研勘测设计费和其他六项组成。

（一）建设管理费

建设管理费指建设单位在工程项目筹建和建设期间进行管理工作所需的费用。包括建设单位开办费、建设单位人员费、项目管理费三项。

建设单位开办费指新组建的工程建设单位为开展工作必须购置的办公设施、交通工具以及其他用于开办工作的费用。

建设单位人员费指建设单位从批准组建之日起，至完成该工程建设管理任务之日止，需开支的建设单位人员费用。主要包括工作人员的基本工资、辅助工资、职工福利费、劳动保护费、养老保险费、失业保险费、医疗保险费、工伤保险费、生育保险费、住房公积金等。

项目管理费指建设单位从筹建到竣工期间所发生的各种管理费用，包括：

（1）工程建设过程中用于资金筹措、召开董事（股东）会议、视察工程建设所发生的会议和差旅等费用。

（2）工程宣传费。

（3）土地使用税、房产税、印花税、合同公证费。

（4）审计费。

（5）施工期间所需的水情、水文、泥沙、气象监测费和洪水报汛费。

（6）工程验收费。

（7）建设单位人员的教育经费、办公费、差旅交通费、会议费、交通车辆使用费、技术图书资料费、固定资产折旧费、零星固定资产购置费、低值易耗品摊销费、工具用具使用费、修理费、水电费、采暖费等。

（8）招标业务费。

（9）经济技术咨询费。包括勘测设计成果咨询、评审费，工程安全鉴定、验收技术鉴定、安全评价相关费用，建设期造价咨询，防洪影响评价、水资源论证、工程场地地震安全性评价、地质灾害危险性评价及其他专项咨询等发生的费用。

（10）公安、消防部门派驻工地补贴费及其他工程管理费用。

（二）工程建设监理费

工程建设监理费指在工程建设过程中委托监理单位，对工程建设的质量、进度、安全和投资等监理工作所发生的全部费用。

（三）联合试运转费

联合试运转费指水利水电工程的发电机组、水泵等安装完毕，在竣工验收前，进行整套设备带负荷联合试运转期间需的各项费用。主要包括联合试运转期间消耗的燃料、动力、材料及机械使用费，工具用具购置费，施工单位参加联合试运转人员的工资等。

（四）生产准备费

生产准备费指水利水电建设项目的生产、管理单位为准备正常的生产运行或管理发生的费用。包括生产及管理单位提前进厂费、生产职工培训费、管理用具购置费、备品备件购置费和工器具及生产家具购置费。

生产及管理单位提前进厂费指在工程完工之前，生产及管理单位一部分工人、技术人员和管理人员提前进厂，进行生产筹备工作所需的各项费用，包括提前进场人员的基本工资、辅助工资、职工福利费、劳动保护费、养老保险费、失业保险费、医疗保险费、工伤保险费、生育保险费、住房公积金、教育经费、办公费、差旅交通费、会议费、技术图书资料费、零星固定资产购置费、低值易耗品摊销费、工具用具使用费和修理费、水电费、采暖费等，以及其他属于生产筹建期间应开支的费用。

生产职工培训费指工程在竣工验收之前，生产及管理单位为保证生产、管理工作能顺利进行，对工人、技术人员和管理人员进行培训发生的费用。

管理用具购置费指为保证新建项目的正常生产和管理，必须购置的办公和生活用具等费用。包括办公室、会议室、资料档案室、阅览室、文娱室、医务室等公用设施需要配置的家具器具。

备品备件购置费指工程在投产运行初期，由于易损件损耗和可能发生的事故，而必须准备的备品备件和专用材料的购置费。不包括设备价格中配备的备品备件。

工器具及生产家具购置费指按设计规定，为保证初期生产正常运行所必须购置的，不属于固定资产标准的生产工具、器具、仪表、生产家具等的购置费。不包括设备价格中已包括的专用工具。

（五）科研勘测设计费

科研勘测设计费指工程建设所需的科研、勘测和设计费等费用。包括工程科学研究试验费和工程勘测设计费。

工程科学研究试验费指为保障工程质量，解决工程建设技术问题，而进行必要的科学研究试验所需的费用。

工程勘测设计费指工程从项目建议书开始至以后各设计阶段发生的勘测费、设计费和为勘测设计服务的常规科研试验费。工程建设移民征地设计、环境保护设计、水土保持设计各阶段发生的勘测设计费，包含在工程建设移民征地设计、环境保护设计、水土保持设计相应投资内。

（六）其他

1. 工程保险费

工程保险费指工程建设期间，为使工程能在遭受水灾、火灾等自然灾害和意外事故造成的损失后得到经济补偿，而对工程投保所发生的保险费用。

2. 其他税费

其他税费指按国家规定应缴纳的与工程建设有关的税费。

四、预备费及建设期融资利息

（一）预备费

预备费包括基本预备费和价差预备费。

基本预备费主要为解决在工程建设过程中，设计变更和有关技术标准调整增加的投资，工程遭受一般自然灾害造成的损失，以及为预防一般自然灾害采取的措施费用。

价差预备费主要为解决在工程项目建设过程中，因人工工资、材料和设备价格上涨以及费用标准调整而增加的投资。

（二）建设期融资利息

根据相关财政金融政策规定，工程在建设期内需偿还并应计入工程总投资的资金融资利息。

第二节　水利水电工程概（估）算单价编制办法及计算标准

资源 10.3

依据水利部《水利工程设计概（估）算》编制规定，以河南省《水利水电工程设计概（估）算编制规定》为例，介绍水利水电工程单价编制办法及计算标准。概（估）算的基础单价编制方法相同，主要建筑、安装工程单价编制也相同，一般采用概算定额，但考虑投资估算工作深度和精度，应乘以扩大系数。扩大系数详见建筑、安装工程单价扩大系数表。

一、基础单价编制

（一）人工预算单价

人工预算单价按表 10-1 标准计算。

表 10-1　　人工预算单价计算标准　　单位：元/工时

等　级	枢 纽 工 程	引水及河道工程
工长	11.55	9.27
高级工	10.67	8.57
中级工	8.9	6.62
初级工	6.13	4.64

（二）材料预算价格

材料预算价格包含材料原价、运杂费、运输保险费、采购及保管费，按不含相应增值税进项税额的价格计算。

1. 主要材料预算价格

对于用量多、影响工程投资大的主要材料，如钢材、木材、水泥、粉煤灰、油料、火工产品、电缆及母线等，一般需编制材料预算价格。

计算公式为

材料预算价格=(材料原价+运杂费)×(1+采购及保管费率)+运输保险费 (10-1)

(1) 材料原价。按工程所在地区附近大的物资供应公司、材料交易中心的市场成交价或设计选定的生产厂家的出厂价计算。

(2) 运杂费。铁路运输按国家主管部门现行有关规定计算其运杂费。公路及水路运输，按河南省交通部门现行规定或市场价计算。

(3) 运输保险费。按工程所在地或中国人民保险公司的有关规定计算。

(4) 采购及保管费。按材料运到工地仓库价格（不包括运输保险费）作为计算基数，采购及保管费率见表10-2。

表10-2 采购及保管费率表

序号	材料名称	费率/%
1	水泥、碎（砾）石、砂、块石	3.3
2	钢材	2.2
3	油料	2.2
4	其他材料	2.75

2. 其他材料预算价格

可参考工程所在地区的工业与民用建筑安装工程材料预算价格或信息价格。

3. 材料补差

主要材料预算价格超过表10-3规定的材料基价时，应按基价计入工程单价参与取费，预算价与基价的差值以材料补差形式计算，材料补差列入单价表中并计取税金。

主要材料预算价格低于基价时，按预算价计入工程单价。

计算施工电、风、水价格时，按预算价参与计算。

表10-3 主要材料基价表

序号	材料名称	单位	基价/元
1	柴油	t	2990
2	汽油	t	3075
3	钢筋	t	2560
4	水泥	t	255
5	炸药	t	5150

（三）施工电、风、水预算价格

施工用电、风、水价格中的机械组（台）时费用，应按调整后的机械台时费定额和不含增值税进项税额的基础价格计算，电网供电价格中的基本电价应不含增值税进项税。

1. 施工用电价格

施工用电价格由基本电价、电能损耗摊销费和供电设施维修摊销费组成。根据施工组织设计确定的供电方式，以及不同电源的电量所占比例，按规定的工程所在地电网电价和规定的加价进行计算。

电价计算公式为

$$\text{施工用电价格}[\text{元}/(\text{kW}\cdot\text{h})]=\text{电网供电价格}[\text{元}/(\text{kW}\cdot\text{h})]\times\text{电网供电比例}(\%)+\text{柴油发电机供电价格}[\text{元}/(\text{kW}\cdot\text{h})]\times\text{自发电比例}(\%) \quad (10-2)$$

(1) 电网供电价格＝基本电价÷(1－高压输电线路损耗率)÷(1－变配电设备及配电线路损耗率)＋供电设施维修摊销费　(10－3)

(2) 柴油发电机供电采用水泵供水冷却，自发电价格计算公式为：

$$\text{柴油发电机供电价格}=\frac{\text{柴油发电机组(台)时总费用}+\text{水泵组(台)时总费用}}{\text{柴油发电机额定容量之和}\times K}\div(1-\text{厂用电率})\div(1-\text{变配电设备及配电线路损耗率})+\text{供电设施维修摊销费} \quad (10-4)$$

(3) 柴油发电机供电如采用循环冷却水，不用水泵，则电价计算公式为

$$\text{柴油发电机供电价格}=\frac{\text{柴油发电机组(台)时总费用}}{\text{柴油发电机额定容量之和}\times K}\div(1-\text{厂用电率})\div(1-\text{变配电设备及配电线路损耗率})+\text{单位循环冷却水费}+\text{供电设施维修摊销费} \quad (10-5)$$

式中　K——发电机出力系数，取 0.8；

厂用电率取 4%；

高压输电线路损耗率取 4%；

变配电设备及配电线路损耗率取 5%；

供电设施维修摊销费取 0.04 元/(kW·h)；

单位循环冷却水费取 0.06 元/(kW·h)。

2. 施工用水价格

施工用水价格由基本水价、供水损耗和供水设施维修摊销费组成，根据施工组织设计所配置的供水系统设备组（台）时总费用和组（台）时总有效供水量计算。

水价计算公式为

$$\text{施工用水价格}=\frac{\text{水泵组(台)时总费用}}{\text{水泵额定容量之和}\times K}\div(1-\text{供水损耗率})+\text{供水设施维修摊销费} \quad (10-6)$$

式中　K——能量利用系数，取 0.8；

供水损耗率取 8%；

供水设施维修摊销费取 0.04 元/m^3。

注：(1) 施工用水为多级提水并中间有分流时，要逐级计算水价；

(2) 施工用水有循环用水时，水价要根据施工组织设计的供水工艺流程计算。

3. 施工用风价格

施工用风价格由基本风价、供风损耗和供风设施维修摊销费组成。根据施工组织设计配置的空气压缩机系统设备组（台）时总费用和组（台）时总有效供风量计算。

空气压缩机系统采用水泵供水冷却，风价计算公式为

$$施工用风价格=\frac{空气压缩机组(台)时总费用+水泵组(台)时总费用}{空气压缩机额定容量之和\times 60\text{min}\times K}\div(1-供风损耗率)+供风设施维修摊销费 \tag{10-7}$$

空气压缩机系统如采用循环冷却水，不用水泵，则风价计算公式为

$$施工用风价格=\frac{空气压缩机组(台)时总费用}{空气压缩机额定容量之和\times 60\text{min}\times K}\div(1-供风损耗率)+单位循环冷却水费+供风设施维修摊销费 \tag{10-8}$$

式中 K——能量利用系数，取 0.8；

供风损耗率取 8%；

单位循环冷却水费 0.007 元/m^3；

供风设施维修摊销费 0.004 元/m^3。

（四）施工机械使用费

施工机械使用费应根据《河南省水利水电工程概预算定额及设计概（估）算编制规定》之《施工机械台时费定额》及有关规定计算。施工机械台时费中的折旧费除以 1.15 的调整系数，修理及替换设备费除以 1.11 的调整系数，安装拆卸费不变。掘进机及其他由建设单位采购、设备费单独列项的施工机械，台时费中不计折旧费，设备费除以 1.17 调整系数。

对于定额缺项的施工机械，可补充编制台时费定额。

（五）砂石料单价

砂石料由施工企业自行采备时，砂石料单价应根据料源情况、开采条件和工艺流程，按相应定额和不含增值税进项税额的基础价格进行计算，并计取间接费、利润及税金。自采砂石料按不含税金的单价参与工程费用计算。

外购砂、碎石（砾石）块石、料石等采用不含增值税进项税额的价格，材料预算价格超过 60 元/m^3 时，应按基价 60 元/m^3 计入工程单价参加取费，预算价格与基价的差额以材料补差的形式计算，材料补差列入单价表中并计取税金。

（六）混凝土材料单价

根据设计确定的不同工程部位的混凝土强度等级、级配和龄期，分别计算出每立方米混凝土材料单价，计入相应的混凝土工程概算单价内。其混凝土配合比的各项材料用量，应根据工程试验提供的资料计算，若无试验资料时，也可参照河南省水利水电建筑工程概算定额附录的混凝土材料配合表计算。

当采用商品混凝土时，采用不含增值税进项税额的价格，其材料单价应按基价 200 元/m^3计入工程单价参加取费，预算价格与基价的差额以材料补差形式进行计算，材料补差列入单价表中并计取税金。

二、建筑、安装工程单价编制

（一）建筑工程单价

1. 直接费

（1）基本直接费。

基本直接费＝人工费＋材料费＋机械使用费　　(10－9)

人工费＝定额劳动量(工时)×人工预算单价(元/工时)
材料费＝定额材料用量×材料预算单价
机械使用费＝定额机械使用量(台时)×施工机械台时费(元/台时)　　(10－10)

（2）其他直接费。

其他直接费＝基本直接费×其他直接费费率之和　　(10－11)

2. 间接费

间接费＝直接费×间接费费率　　(10－12)

3. 利润

利润＝(直接费＋间接费)×利润率　　(10－13)

4. 材料补差

材料补差＝(材料预算价格－材料基价)×材料消耗量　　(10－14)

5. 未计价材料费

未计价材料费＝定额未计价材料用量×材料预算单价　　(10－15)

6. 税金

税金＝(直接费＋间接费＋利润＋材料补差＋未计价材料费)×税率　　(10－16)

7. 建筑工程单价

建筑工程单价＝直接费＋间接费＋利润＋材料补差＋未计价材料费＋税金　　(10－17)

注：建筑工程单价含有未计价材料（如输水管道）时，其格式参照安装工程单价。

（二）安装工程单价

1. 实物量形式的安装单价

(1) 直接费。

1）基本直接费。

基本直接费＝人工费＋材料费＋机械使用费
人工费＝定额劳动量(工时)×人工预算单价(元/工时)
材料费＝定额材料用量×材料预算单价
机械使用费＝定额机械使用量(台时)×施工机械台时费(元/台时)　　(10－18)

2）其他直接费。

其他直接费＝基本直接费×其他直接费费率之和　　(10－19)

(2) 间接费。

间接费=人工费×间接费费率　　(10-20)

(3) 利润。

利润=(直接费+间接费)×利润率　　(10-21)

(4) 材料补差。

材料补差=(材料预算价格-材料基价)×材料消耗量　　(10-22)

(5) 未计价装置性材料费。

未计价装置性材料费=未计价装置性材料用量×材料预算单价　　(10-23)

(6) 税金。

税金=(直接费+间接费+利润+材料补差+未计价装置性材料费)×税率　　(10-24)

(7) 安装工程单价。

单价=直接费+间接费+利润+材料补差+未计价装置性材料费+税金　　(10-25)

2. 费率形式的安装单价

(1) 直接费（%）。

1) 基本直接费（%）。

基本直接费(%)=人工费(%)+材料费(%)+装置性材料费(%)+机械使用费(%)

人工费(%)=定额人工费(%)

材料费(%)=定额材料费(%)

装置性材料费(%)=定额装置性材料费(%)

机械使用费(%)=定额机械使用费(%)

2) 其他直接费（%）。

其他直接费(%)=基本直接费(%)×其他直接费费率之和(%)

(2) 间接费（%）。

间接费(%)=人工费(%)×间接费费率(%)

(3) 利润（%）。

利润(%)=[直接费(%)+间接费(%)]×利润率(%)

(4) 税金（%）。

税金(%)=[直接费(%)+间接费(%)+利润(%)]×税率(%)

(5) 安装工程单价。

单价(%)=直接费(%)+间接费(%)+利润(%)+税金(%)

单价=单价(%)×设备原价

(6) 以费率形式（%）表示的安装工程定额，材料费费率除以1.03调整系数，机械使用费费率除以1.10调整系数，装置性材料费费率除以1.17调整系数。计算基数不变，仍为含增值税的设备费。

(三) 其他直接费

1. 冬雨季施工增加费

按基本直接费的1.0%计算。

2. 夜间施工增加费

按基本直接费的百分率计算。

(1) 枢纽工程：建筑工程0.5%，安装工程0.7%。

(2) 引水工程：建筑工程0.3%，安装工程0.6%。

(3) 河道工程：建筑工程0.3%，安装工程0.5%。

3. 临时设施费

按基本直接费的百分率计算。

(1) 枢纽工程：建筑及安装工程3.0%。

(2) 引水工程：建筑及安装工程1.8%～2.3%，若工程自采加工人工砂石料，费率取上限；若工程自采加工天然砂石料，费率取中值；若工程采用外购砂石料，费率取下限。

(3) 河道工程：建筑及安装工程1.7%。

4. 安全生产措施费

按基本直接费的百分率计算。

(1) 枢纽工程：建筑及安装工程2.0%。

(2) 引水工程：建筑及安装工程1.4%。

(3) 河道工程：建筑及安装工程1.2%。

5. 其他

按基本直接费的百分率计算。

(1) 枢纽工程：建筑工程1.0%，安装工程1.5%。

(2) 引水工程：建筑工程0.6%，安装工程1.1%。

(3) 河道工程：建筑工程0.5%，安装工程1.0%。

特别说明：

(1) 砂石备料工程其他直接费费率取0.5%。

(2) 掘进机施工隧洞工程其他直接费取费费率执行以下规定：土石方类工程、钻孔灌浆及锚固类工程，其他直接费费率为2%～3%；掘进机由建设单位采购、设备费单独列项时，台时费中不计折旧费，土石方类工程、钻孔灌浆及锚固类工程其他直接费费率为4%～5%。敞开式掘进机费率取低值，其他掘进机取高值。

(四) 间接费

根据工程性质不同，间接费标准划分为枢纽工程、引水工程、河道工程三部分(表10-4)。

表10-4　间接费费率表

序号	工程类别	计算基础	费率/%		
			枢纽工程	引水工程	河道工程
一	建筑工程				
1	土方工程	直接费	8.5	5	4～5
2	石方工程	直接费	12.5	10.5	8.5～9.5

续表

序号	工程类别	计算基础	费率/%		
			枢纽工程	引水工程	河道工程
3	砂石备料工程（自采）	直接费	5	5	5
4	模板工程	直接费	9.5	7.5	6～7
5	混凝土浇筑工程	直接费	9.5	9.5	7～8.5
6	钢筋制安工程	直接费	5.5	5	5
7	钻孔灌浆工程	直接费	10.5	9.5	9.25
8	锚固工程	直接费	10.5	9.5	9.25
9	疏浚工程	直接费	7.25	7.25	6.25～7.25
10	掘进机施工隧洞工程①	直接费	4	4	4
11	掘进机施工隧洞工程②	直接费	6.25	6.25	6.25
12	其他工程	直接费	10.5	8.5	7.25
二	机电、金属结构设备安装工程	人工费	75	70	70

河道工程：灌溉田间工程取下限，其他取上限。

工程类别划分说明：

（1）土方工程：包括土方开挖与填筑等。

（2）石方工程：包括石方开挖与填筑、砌石、抛石工程等。

（3）砂石备料工程：包括天然砂砾料和人工砂石料的开采加工。

（4）模板工程：包括采用现浇各种混凝土时制作及安装的各类模板工程。

（5）混凝土浇筑工程：包括现浇和预制各种混凝土、伸缩缝、止水、防水层、温控措施等。

（6）钢筋制安工程：包括钢筋制作与安装工程等。

（7）钻孔灌浆工程：包括各种类型的钻孔灌浆、防渗墙、灌注桩工程等。

（8）锚固工程：包括喷混凝土（浆）、锚杆、预应力锚索（筋）工程等。

（9）疏浚工程：指用挖泥船、水力冲挖机组等机械疏浚江河、湖泊的工程。

（10）掘进机施工隧洞工程①：包括掘进机施工土石方类工程、钻孔灌浆及锚固类工程等。

（11）掘进机施工隧洞工程②：指掘进机设备单独列项采购并且在台时费中不计折旧费的土石方类工程、钻孔灌浆及锚固类工程等。

（12）其他工程：指除表中所列 11 类工程以外的其他工程。

（五）利润

利润按直接费和间接费之和的 7%计算。

（六）税金

$$税金=(直接费+间接费+利润+材料补差)\times 增值税税率 \quad (10-26)$$

注：若建筑、安装工程中含未计价装置性材料费，则计算税金时应计入未计价装

置性材料费。

水利工程适用增值税税率11%，国家调整税率标准，可以相应调整计算标准。依据水利部办公厅《关于调整水利工程计价依据增值税计算标准的通知（办财务函〔2019〕448号）的通知》调整，自2019年4月1日起执行最新标准。水利工程及水土保持工程工程部分的增值税税率调整为9%。各省（自治区、直辖市）可结合本地区计价依据管理的实际情况，调整增值税计算标准。

资源10.4

第三节　水利工程工程量清单计价及格式

水利部按照《中华人民共和国招标投标法》和《建设工程工程量清单计价规范》(GB 50500—2003)，结合水利工程建设的特点，制定了《水利工程工程量清单计价规范》(GB 50501—2007)。该规范适用于水利枢纽、水力发电、引（调）水、供水、灌溉、河湖整治、堤防等新建、扩建、改建、加固工程的招标投标工程量清单编制和计价活动。

工程量清单应由具有编制招标文件能力的招标人，或受其委托具有相应资质的中介机构进行编制。工程量清单应由分类分项工程量清单、措施项目清单、其他项目清单和零星工作项目清单组成。

第十一章
建筑工程项目工程造价构成

资源 11.1

资源 11.2

第一节　建筑工程项目建设投资构成

建设投资由工程费用、工程建设其他费用、预备费构成。工程费用由设备及工、器具购置费用、建筑安装工程费用构成。

一、设备及工、器具购置费用的构成和计算

设备及工、器具购置费用是由设备购置费和工具、器具及生产家具购置费组成的，它是固定资产投资中的积极部分。在生产性工程建设中，设备及工、器具购置费用占工程造价比重的增大，意味着生产技术的进步和资本有机构成的提高。

（一）设备购置费的构成和计算

设备购置费是指购置或自制的，达到固定资产标准的设备、工器具及生产家具等所需的费用。由设备原价和设备运杂费构成。

设备购置费＝设备原价＋设备运杂费　　（11－1）

式中，设备原价指国内采购设备的出厂（场）价格，或国外采购设备的抵岸价格，设备原价通常包含备品备件费；设备运杂费指除设备原价之外的在设备采购、运输、途中包装及仓库保管等方面支出费用的总和。

1. 国产设备原价的构成及计算

国产设备原价一般指的是设备制造厂的交货价或订货合同价，即出厂（场）价格。一般根据生产厂或供应商的询价、报价、合同价确定，或采用一定的方法计算确定。国产设备原价分为国产标准设备原价和国产非标准设备原价。

国产标准设备是指按照主管部门颁布的标准图纸和技术要求，由国内设备生产厂批量生产的，符合国家质量检测标准的设备。国产标准设备一般有完善的设备交易市场，因此可通过查询相关交易市场价格或向设备生产厂家询价得到国产标准设备原价。

国产非标准设备是指国家尚无定型标准，各设备生产厂不可能在工艺过程中采用批量生产，只能按订货要求并根据具体的设计图纸制造的设备。非标准设备由于单件生产、无定型标准，所以无法获取市场交易价格，只能按其成本构成或相关技术参数估算其价格。非标准设备原价有多种不同的计算方法，如成本计算估价法、系列设备插入估价法、分部组合估价法、定额估价法等。但无论采用哪种方法都应该使非标准设备计价接近实际出厂价，并且计算方法要简便。

成本计算估价法是比较常用的估算非标准设备原价的方法。按成本计算估价法，

非标准设备的原价材料费、加工费、辅助材料费、专用工具费、废品损失费、外购配套件费、包装费、利润、税金、非标准设备设计费组成，公式如下

单台非标准设备原价＝{[(材料费＋加工费＋辅助材料费)×(1＋专用工具费率)(1＋废品损失费率)＋外购配套件费]×(1＋包装费率)外购配套件费}×(1＋利润率)＋外购配套件费＋销项税额＋非标准设备设计费　(11-2)

2. 进口设备原价的构成及计算

进口设备的原价是指进口设备的抵岸价，即设备抵达买方边境、港口或车站，交纳完各种手续费、税费后形成的价格。抵岸价通常是由进口设备到岸价（CIF）和进口从属费构成。进口设备的到岸价，即设备抵达买方边境港口或边境车站形成的价格。在国际贸易中，交易双方所使用的交货类别不同，则交易价格的构成内容也有所差异。进口设备从属费用是指进口设备在办理进口手续过程中发生的应计入设备原价的银行财务费、外贸手续费、进口关税、消费税、进口环节增值税及进口车辆的车辆购置税等。

(1) 进口设备的交易价格。在国际贸易中，较为广泛使用的交易价格术语有FOB、CFR和CIF。

1) FOB（free on board），意为装运港船上交货，亦称为离岸价格。FOB指当货物在装运港被装上指定船时，卖方即完成交货义务。FOB风险转移分界点，以在指定的装运港货物被装上指定船时为分界点，费用划分与风险转移的分界点相一致。

2) CFR（cost and freight），意为成本加运费，或称为运费在内价。CFR是指货物在装运港被装上指定船时卖方即完成交货，卖方必须支付将货物运至指定的目的港所需的运费和费用，但交货后货物灭失或损坏的风险，以及由于各种事件造成的任何额外费用，即由卖方转移到买方。与FOB价格相比，CFR的费用划分与风险转移的分界点是不一致的。

3) CIF（cost insurance and freight），意为成本加保险费、运费，习惯称到岸价格。在CIF术语中，卖方除负有与CFR相同的义务外，还应办理货物在运输途中最低险别的海运保险，并应支付保险费。如买方需要更高的保险险别，则需要与卖方明确地达成协议，或者自行做出额外的保险安排。除保险外，买方的义务与CFR相同。

(2) 进口设备到岸价的构成及计算。

进口设备到岸价(CIF)＝离岸价格(FOB)＋国际运费＋运输保险费
＝运费在内价(CFR)＋运输保险费　(11-3)

1) 货价。一般指装运港船上交货价（FOB)。设备货价分为原币货价和人民币货价，原币货价一律折算为美元表示，人民币货价按原币货价乘以外汇市场美元兑换人民币汇率中间价确定。进口设备货价按有关生产厂商询价、报价、订货合同价计算。

2) 国际运费。即从装运港（站）到达我国目的港（站）的运费。我国进口设备大部分采用海洋运输，小部分采用铁路运输，个别采用航空运输。进口设备国际运费计算公式为

国际运费（海、陆、空）＝原币货价(FOB)×运费率　(11-4)

$$国际运费（海、陆、空）=单位运价\times 运量 \tag{11-5}$$

其中，运费率或单位运价参照有关部门或进出口公司的规定执行。

3）运输保险费。对外贸易货物运输保险是由保险人（保险公司）与被保险人（出口人或进口人）订立保险契约，在被保险人交付议定的保险费后，保险人根据保险契约的规定，对货物在运输过程中发生的承保责任范围内的损失给予经济上的补偿。这是一种财产保险。计算公式为

$$运输保险费=\frac{原币货价(FOB)+国际运费}{1-保险费率}\times 保险费率 \tag{11-6}$$

其中，保险费率按保险公司规定的进口货物保险费率计算。

（3）进口从属费的构成及计算。

$$\begin{aligned}进口从属费=&银行财务费+外贸手续费+关税+消费税\\&+进口环节增值税+车辆购置税\end{aligned}$$

1）银行财务费。一般是指在国际贸易结算中，中国银行为进出口商提供金融结算服务所收取的费用，可按下式简化计算

$$银行财务费=离岸价格(FOB)人民币外汇汇率\times 银行财务费率 \tag{11-7}$$

2）外贸手续费。指按对外经济贸易部门规定的外贸手续费率计取的费用，外贸手续费率一般取 1.5%。计算公式为

$$外贸手续费=到岸价格(CIF)\times 人民币外汇汇率\times 外贸手续费率 \tag{11-8}$$

3）关税。由海关对进出国境或关境的货物和物品征收的一种税。计算公式为

$$关税=到岸价格(CIF)\times 人民币外汇汇率\times 进口关税税率 \tag{11-9}$$

关税完税价格指以到岸价格作为关税的计征基数，进口关税税率分为优惠和普通两种。优惠税率适用于与我国签订关税互惠条款的贸易条约或协定的国家的进口设备；普通税率适用于与我国未签订关税互惠条款的贸易条约或协定的国家的进口设备。进口关税税率按我国海关总署发布的进口关税税率计算。

4）消费税。仅对部分进口设备（如轿车、摩托车等）征收，一般计算公式为

$$应纳消费税税额=\frac{到岸价格(CIF)\times 人民币外汇汇率+关税}{1-消费税税率}\times 消费税税率 \tag{11-10}$$

其中，消费税税率根据规定的税率计算。

5）进口环节增值税。是对从事进口贸易的单位和个人，在进口商品报关进口后征收的税种。我国增值税征收条例规定，进口应税产品均按组成计税价格和增值税税率直接计算应纳税额。即

$$进口环节增值税额=组成计税价格\times 增值税税率 \tag{11-11}$$

$$组成计税价格=关税完税价格+关税+消费税 \tag{11-12}$$

增值税税率根据规定的税率计算。

6）车辆购置税。进口车辆需缴进口车辆购置税。其公式如下

$$进口车辆购置税=(关税完税价格+关税+消费税)\times 车辆购置税率 \tag{11-13}$$

3. 设备运杂费的构成及计算

(1) 设备运杂费的构成。设备运杂费是指国内采购设备自来源地、国外采购设备自到岸港运至工地仓库或指定堆放地点发生的采购、运输、运输保险、保管、装卸等费用。

(2) 设备运杂费的计算。设备运杂费按设备原价乘以设备运杂费率计算，其公式为

设备运杂费=设备原价×设备运杂费率 (11-14)

其中，设备运杂费率按各部门及省、市有关规定计取。

(二) 工具、器具及生产家具购置费的构成和计算

工具、器具及生产家具购置费，是指新建或扩建项目初步设计规定的，保证初期正常生产必须购置的，没有达到固定资产标准的设备、仪器、工卡模具、器具、生产家具和备品备件等的购置费用。一般以设备购置费为计算基数，按照部门或行业规定的工具、器具及生产家具费率计算。计算公式为

工具、器具及生产家具购置费=设备购置费×定额费率 (11-15)

二、建筑安装工程费用构成及计算

(一) 建筑安装工程费用的构成

1. 建筑安装工程费用内容

建筑安装工程费是指完成工程项目建造、生产性设备及配套工程安装所需的费用。

(1) 建筑工程费用内容。

1) 各类房屋建筑工程和列入房屋建筑工程预算的供水、供暖、卫生、通风、煤气等设备费用及其装饰、油饰工程的费用，列入建筑工程预算的各种管道、电力、电信和电缆导线敷设工程的费用。

2) 设备基础、支柱、工作台、烟囱、水塔、水池、灰塔等建筑工程以及各种炉窑的砌筑工程和金属结构工程的费用。

3) 为施工而进行的场地平整，工程和水文地质勘察，原有建筑物和障碍物的拆除以及施工临时用水、电、暖、气、路、通信和完工后的场地清理，环境绿化、美化等工作的费用。

4) 矿井开凿、井巷延伸、露天矿剥离；石油、天然气钻井；修建铁路、公路、桥梁、水库、堤坝、灌渠及防洪等工程的费用。

(2) 安装工程费用内容。

1) 生产、动力、起重、运输、传动和医疗、实验等各种需要安装的机械设备的装配费用，与设备相连的工作台、梯子、栏杆等设施的工程费用，附属于被安装设备的管线敷设工程费用，以及被安装设备的绝缘、防腐、保温、油漆等工作的材料费和安装费。

2) 为测定安装工程质量，对单台设备进行单机试运转、对系统设备进行系统联动无负荷试运转工作的调试费。

2. 我国现行建筑安装工程费用项目组成

根据住房和城乡建设部、财政部颁布的“关于印发《建筑安装工程费用项目组成》的通知”（建标〔2013〕44 号），我国现行建筑安装工程费用项目按两种不同的方式划分，即按费用构成要素划分和按造价形成划分，其具体构成如图 11-1 所示。

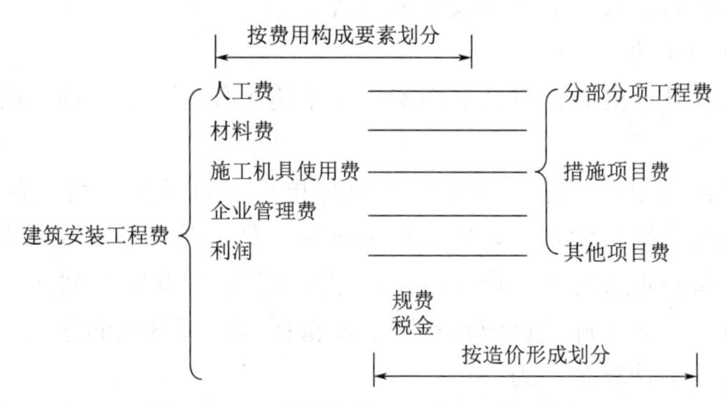

图 11-1 建筑安装工程费用项目构成

（二）按费用构成要素划分建筑安装工程费用项目构成和计算

按照费用构成要素划分，建筑安装工程费包括：人工费、材料费（包含工程设备，下同）、施工机具使用费、企业管理费、利润、规费和税金。

1. 人工费

建筑安装工程费中的人工费，是指支付给直接从事建筑安装工程施工作业的生产工人的各项费用。计算人工费的基本要素有两个，即人工工日消耗量和人工日工资单价。

（1）人工工日消耗量。人工工日消耗量是指在正常施工生产条件下，完成规定计量单位的建筑安装产品所消耗的生产工人的工日数量。由分项工程综合的各个工序劳动定额包括的基本用工、其他用工两部分组成。

（2）人工日工资单价。人工日工资单价是指直接从事建筑安装工程施工的生产工人在每个法定工作日的工资、津贴及奖金等。

人工费的基本计算公式为

$$人工费=\sum（工日消耗量\times 日工资单价） \tag{11-16}$$

2. 材料费

建筑安装工程费中的材料费，是指工程施工过程中耗费的各种原材料、半成品、构配件、工程设备等的费用，以及周转材料等的摊销、租赁费用。计算材料费的基本要素是材料消耗量和材料单价。

（1）材料消耗量。材料消耗量是指在正常施工生产条件下，完成规定计量单位的建筑安装产品消耗的各类材料的净用量和不可避免的损耗量。

（2）材料单价。材料单价是指建筑材料从其来源地运到施工工地仓库，直至出库形成的综合平均单价。由材料原价、运杂费、运输损耗费、采购及保管费组成。当一般纳税人采用一般计税方法时，材料单价中的材料原价、运杂费等均应扣除增值税进项税额。

材料费的基本计算公式为

$$材料费=\sum(材料消耗量\times材料单价) \tag{11-17}$$

（3）工程设备。工程设备是指构成或计划构成永久工程一部分的机电设备、金属结构设备、仪器装置及其他类似的设备和装置。

3. 施工机具使用费

建筑安装工程费中的施工机具使用费，是指施工作业发生的施工机械、仪器仪表使用费或其租赁费。

（1）施工机械使用费。施工机械使用费是指施工机械作业发生的使用费或租赁费。构成施工机械使用费的基本要素是施工机械台班消耗量和机械台班单价。施工机械台班消耗量是指在正常施工生产条件下，完成规定计量单位的建筑安装产品所消耗的施工机械台班的数量。施工机械台班单价是指折合到每台班的施工机械使用费。施工机械使用费的基本计算公式为

$$施工机械使用费=\sum(施工机械台班消耗量\times机械台班单价) \tag{11-18}$$

施工机械台班单价通常由折旧费、检修费、维护费、安拆费及场外运费、人工费、燃料动力费和其他费用组成。

（2）仪器仪表使用费。仪器仪表使用费是指工程施工所需使用的仪器仪表的摊销及维修费用。仪器仪表使用费的基本计算公式为

$$仪器仪表使用费=\sum(仪器仪表台班消耗量\times仪器仪表台班单价) \tag{11-19}$$

仪器仪表台班单价通常由折旧费、维护费、校验费和动力费组成。

当一般纳税人采用一般计税方法时，施工机械台班单价和仪器仪表台班单价中的相关子项均需扣除增值税进项税额。

4. 企业管理费

（1）企业管理费的内容。企业管理费是指施工单位组织施工生产和经营管理所发生的费用。内容包括：

1）管理人员工资。管理人员工资是指按规定支付给管理人员的计时工资、奖金、津贴补贴、加班加点工资及特殊情况下支付的工资等。

2）办公费。办公费是指企业管理办公用的文具、纸张、账簿、印刷、邮电、书报办公软件、现场监控、会议、水电、烧水和集体取暖降温（包括现场临时宿舍取暖降温）等费用。当一般纳税人采用一般计税方法时，办公费中增值税进项税额的抵扣原则是以购进货物适用的相应税率扣减，其中购进自来水、暖气冷气、图书、报纸、杂志等适用的税率为11%，接受邮政和基础电信服务等适用的税率为11%，接受增值电信服务等适用的税率为6%，其他一般为17%。

3）差旅交通费。差旅交通费是指职工因公出差、调动工作的差旅费、住勤补助费、市内交通费和误餐补助费、职工探亲路费、劳动力招募费、职工退休、退职一次性路费、工伤人员就医路费、工地转移费以及管理部门使用的交通工具的油料、燃料等费用。

4）固定资产使用费。固定资产使用费是指管理和试验部门及附属生产单位使用的，属于固定资产的房屋、设备、仪器等的折旧、大修、维修或租赁费。当一般纳税人采用一般计税方法时，固定资产使用费中增值税进项税额的抵扣原则是：2016 年 5 月 1 日后以直接购买、接受捐赠、接受投资入股、自建以及抵债等各种形式取得，并在会计制度上按固定资产核算的不动产，或者 2016 年 5 月 1 日后取得的不动产在建工程，其进项税额应自取得之日起分两年扣减，第一年抵扣比例为 60%，第二年抵扣比例为 40%。设备、仪器的折旧、大修、维修或租赁费以购进货物、接受修理修配劳务或租赁有形动产服务适用的税率扣减，均为 17%。

5）工具用具使用费。工具用具使用费是指企业施工生产和管理使用的，不属于固定资产的工具、器具、家具、交通工具和检验、试验、测绘、消防用具等的购置、维修和摊销费。当一般纳税人采用一般计税方法时，工具用具使用费中增值税进项税额的抵扣原则是：以购进货物或接受修理修配劳务适用的税率扣减，均为 17%。

6）劳动保险和职工福利费。劳动保险和职工福利费是指由企业支付的职工退职金、按规定支付给离休干部的经费、集体福利费、夏季防暑降温、冬季取暖补贴、上下班交通补贴等。

7）劳动保护费。劳动保护费是企业按规定发放的劳动保护用品的支出。如工作服、手套、防暑降温饮料以及在有碍身体健康的环境中施工的保健费用等。

8）检验试验费。检验试验费是指施工企业按照有关标准规定，对建筑以及材料、构件和建筑安装物进行一般鉴定、检查所发生的费用，包括自设试验室进行试验耗用的材料等费用。不包括新结构、新材料的试验费，对构件做破坏性试验及其他特殊要求检验试验的费用和建设单位委托检测机构进行检测结果的费用，对此类检测发生的费用，由建设单位在工程建设其他费用中列支。但对施工企业提供的具有合格证明的材料进行检测结果不合格的，该检测费用由施工企业支付。当一般纳税人采用一般计税方法时，对检验试验费中增值税进项税额，现代服务业以适用的税率 6%扣减。

9）工会经费。工会经费是指企业按《工会法》规定的全部职工工资总额比例计提的工会经费。

10）职工教育经费。职工教育经费是指按职工工资总额的规定比例计提，企业为职工进行专业技术和职业技能培训，专业技术人员继续教育、职工职业技能鉴定、职业资格认定以及根据需要对职工进行各类文化教育所发生的费用。

11）财产保险费。财产保险费是指施工管理用财产、车辆等的保险费用。

12）财务费。财务费是指企业为施工生产筹集资金或提供预付款担保、履约担保、职工工资支付担保等发生的各种费用。

13）税金。税金是指企业按规定缴纳的房产税、非生产性车船使用税、土地使用税、印花税、城市维护建设税、教育费附加、地方教育附加等各项税费。

14）其他。包括技术转让费、技术开发费、投标费、业务招待费、绿化费、广告费、公证费、法律顾问费、审计费、咨询费、保险费等。

（2）企业管理费的计算方法。企业管理费一般采用取费基数乘以费率的方法计算，取费基数有三种，分别是：以直接费为计算基础、以人工费和施工机具使用费合计为计算基础，及以人工费为计算基础。企业管理费费率计算方法如下：

1）以直接费为计算基础

$$企业管理费(\%)=\frac{生产工人年平均管理费}{年有效施工天数\times人工单价}\times人工费占直接费的比例(\%) \tag{11-20}$$

2）以人工费和施工机具使用费合计为计算基础

$$企业管理费费率(\%)=\frac{生产工人年平均管理费}{年有效施工天数\times(人工单价+每一台班施工机具使用费)}\times100\% \tag{11-21}$$

3）以人工费为计算基础

$$企业管理费费率=\frac{生产工人年平均管理费}{年有效施工天数\times人工单价}\times100\% \tag{11-22}$$

工程造价管理机构在确定计价定额中的企业管理费时，应以定额人工费或定额人工费与施工机具使用费之和作为计算基数，其费率根据历年积累的工程造价资料，辅以调查数据确定。

5. 利润

利润是指施工单位从事建筑安装工程施工获得的盈利，由施工企业根据企业自身需求并结合建筑市场实际自主确定。工程造价管理机构在确定计价定额中利润时，应以定额人工费或定额人工费与施工机具使用费之和作为计算基数，其费率根据历年积累的工程造价资料，并结合建筑市场实际确定，以单位（单项）工程测算，利润在税前建筑安装工程费的比重可按不低于5%且不高于7%的费率计算。

6. 规费

（1）规费的内容。规费是指按国家法律、法规规定，由省级政府和省级有关权力部门规定施工单位必须缴纳或计取，应计入建筑安装工程造价的费用。主要包括社会保险费、住房公积金和工程排污费。

1）社会保险费。包括：

a. 养老保险费：企业按规定标准为职工缴纳的基本养老保险费。

b. 失业保险费：企业按照国家规定标准为职工缴纳的失业保险费。

c. 医疗保险费：企业按照规定标准为职工缴纳的基本医疗保险费。

d. 工伤保险费：企业按照国务院制定的行业费率为职工缴纳的工伤保险费。

e. 生育保险费：企业按照国家规定为职工缴纳的生育保险。根据“十三五”规划纲要，生育保险与基本医疗保险合并的实施方案已在12个试点城市行政区域进行试点。

2）住房公积金：是指企业按规定标准为职工缴纳的住房公积金。

3）工程排污费：是指企业按规定缴纳的施工现场工程排污费。

（2）规费的计算。

1）社会保险费和住房公积金。社会保险费和住房公积金应以定额人工费为计算基础，根据工程所在地省、自治区、直辖市或行业建设主管部门规定费率计算。

社会保险费和住房公积金＝∑(工程定额人工费×社会保险费和住房公积金费率)

社会保险费和住房公积金费率可以每万元发承包价的生产工人人工费和管理人员工资含量与工程所在地规定的缴纳标准综合分析取定。

2）工程排污费。工程排污费等其他应列而未列入的规费，应按工程所在地环境保护等部门规定的标准缴纳，按实计取列入。

7. 税金

建筑安装工程费用中的税金是指按照国家税法规定的应计入建筑安装工程造价内的增值税额，按税前造价乘以增值税税率确定。

（1）采用一般计税方法时增值税的计算。当采用一般计税方法时，建筑业增值税税率为11％。计算公式为

增值税＝税前造价×11％

税前造价为人工费、材料费、施工机具使用费、企业管理费、利润和规费之和，各费用项目均以不包含增值税可抵扣进项税额的价格计算。

（2）采用简易计税方法时增值税的计算。

1）简易计税的适用范围。根据《营业税改征增值税试点实施办法》以及《营业税改征增值税试点有关事项的规定》的规定，简易计税方法主要适用于以下几种情况：

a. 小规模纳税人发生应税行为，适用简易计税方法计税。小规模纳税人通常是指纳税人提供建筑服务的，年应征增值税销售额未超过500万元，并且会计核算不健全，不能按规定报送有关税务资料的增值税纳税人。年应税销售额超过500万元，但不经常发生应税行为的单位也可选择按照小规模纳税人计税。

b. 一般纳税人以清包工方式提供的建筑服务，可以选择适用简易计税方法计税。以清包工方式提供建筑服务，是指施工方不采购建筑工程所需的材料或只采购辅助材料，并收取人工费、管理费或者其他费用的建筑服务。

c. 一般纳税人为甲供工程提供的建筑服务可以选择适用简易计税方法计税。甲供工程，是指全部或部分设备、材料、动力由工程发包方自行采购的建筑工程。

d. 一般纳税人为建筑工程老项目提供的建筑服务，可以选择适用简易计税方法计税。建筑工程老项目是指：①《建筑工程施工许可证》注明的合同开工日期在2016年4月30日前的建筑工程项目；②未取得《建筑工程施工许可证》的，建筑工程承包合同注明的开工日期在2016年4月30日前的建筑工程项目。

2）简易计税的计算方法。当采用简易计税方法时，建筑业增值税税率为3％。计算公式为

增值税＝税前造价×3％　　(11－23)

税前造价为人工费、材料费、施工机具使用费、企业管理费、利润和规费之和，各费用项目均以包含增值税进项税额的含税价格计算。

（三）按造价形成划分建筑安装工程费用项目构成和计算

建筑安装工程费按照工程造价形成可划分为分部分项工程费、措施项目费、其他项目费、规费和税金。

1. 分部分项工程费

分部分项工程费是指各专业工程的分部分项工程应予列支的各项费用。各类专业工程的分部分项工程划分遵循国家或行业工程量计算规范的规定。分部分项工程费通常用分部分项工程量乘以综合单价进行计算。

$$分部分项工程费=\sum(分部分项工程量\times综合单价) \quad (11-24)$$

综合单价包括人工费、材料费、施工机具使用费、企业管理费和利润，以及一定范围的风险费用。

2. 措施项目费

(1) 措施项目费的构成。措施项目费是指为完成建设工程施工，发生于该工程施工准备和施工过程中的技术、生活、安全、环境保护等方面的费用。措施项目及其包含的内容应遵循各类专业工程的现行国家或行业工程量计算规范。以《房屋建筑与装饰工程工程量计算规范》(GB 50854—2013) 中的规定为例，措施项目费可以归纳为以下几项：

1) 安全文明施工费。安全文明施工费是指工程项目施工期间，施工单位为保证安全施工、文明施工和保护现场内外环境等发生的措施项目费用。通常由环境保护费、文明施工费、安全施工费、临时设施费组成。

a. 环境保护费：施工现场为达到环保部门要求所需要的各项费用。

b. 文明施工费：施工现场文明施工所需要的各项费用。

c. 安全施工费：施工现场安全施工所需要的各项费用。

d. 临时设施费：施工企业为进行建设工程施工必须搭设的生活和生产用的临时建筑物、构筑物和其他临时设施费用。包括临时设施的搭设、维修、拆除、清理费或摊销费等。

各项安全文明施工费的具体内容见表 11-1。

表 11-1　安全文明施工费的主要内容

项目名称	工作内容及包含范围
环境保护	现场施工机械设备降低噪声、防扰民措施费用
	水泥和其他易飞扬细颗粒建筑材料密闭存放或采取覆盖措施等费用
	环境保护
	工程防扬尘洒水费用
	土石方、建筑弃渣外运车辆防护措施费用
	现场污染源的控制、生活垃圾清理外运、场地排水排污措施费用
	其他环境保护措施费用
文明施工	"五牌一图"费用
	现场围挡的墙面美化（包括内外墙粉刷、刷白、标语等）、压顶装饰费用
	现场厕所便槽刷白、贴面砖，水泥砂浆地面或地砖铺砌，建筑物内临时便溺设施费用
	其他施工现场临时设施的装饰装修、美化措施费用

续表

项目名称	工作内容及包含范围
文明施工	现场生活卫生设施费用
	符合卫生要求的饮水设备、淋浴、消毒等设施费用
	文明施工生活用洁净燃料费用
	防煤气中毒、防蚊虫叮咬等措施费用
	施工现场操作场地的硬化费用
	现场绿化费用、治安综合治理费用
	现场配备医药保健器材、物品费用和急救人员培训费用
	现场工人的防暑降温、电风扇、空调等设备及用电费用
	其他文明施工措施费用
安全施工	安全资料、特殊作业专项方案的编制，安全施工标志的购置及安全宣传费用
	“三宝”（安全帽、安全带、安全网）、“四口”（楼梯口、电梯井口、通道口、预留洞口）、“五临边”（阳台围边、楼板围边、屋面围边、槽坑围边、卸料平台两侧）、水平防护架、垂直防护架、外架封闭等防护费用
	施工安全用电的费用，包括配电箱三级配电、两级保护装置要求、外电防护措施费用
	起重机、塔吊等起重设备（含井架、门架）及外用电梯的安全防护措施（含警示标志）
	及卸料平台的临边防护、层间安全门、防护棚等设施费用
	建筑工地起重机械的检验检测费用
	施工机具防护棚及其围栏的安全保护设施费用
	施工安全防护通道费用
	工人的安全防护用品、用具购置费用
	消防设施与消防器材的配置费用
	电气保护、安全照明设施费
	其他安全防护措施费用
临时设施	施工现场采用彩色、定型钢板，砖、混凝土砌块等围挡的安砌、维修、拆除费用
	施工现场临时建筑物、构筑物的搭设、维修、拆除，如临时宿舍、办公室、食堂、厨房、厕所、诊疗所、临时文化福利用房、临时仓库、加工场、搅拌台、临时简易水塔、水池等费用
	临时设施
	施工现场临时设施的搭设、维修、拆除，如临时供水管道、临时供电管线、小型临时设施等费用
	施工现场规定范围内临时简易道路铺设，临时排水沟、排水设施安砌、维修、拆除费用
	其他临时设施搭设、维修、拆除费用

2）夜间施工增加费。夜间施工增加费是指因夜间施工发生的夜班补助费、夜间

施工降效、夜间施工照明设备摊销及照明用电等措施费用。内容由以下各项组成：

a. 夜间固定照明灯具和临时可移动照明灯具的设置、拆除费用；

b. 夜间施工时，施工现场交通标志、安全标牌、警示灯的设置、移动、拆除费用；

c. 夜间照明设备摊销及照明用电、施工人员夜班补助、夜间施工劳动效率降低等费用。

3）非夜间施工照明费。非夜间施工照明费是指为保证工程施工正常进行，在地下室等特殊施工部位施工时采用的照明设备的安拆、维护及照明用电等费用。

4）二次搬运费。二次搬运费是指因施工管理需要或因场地狭小等原因，导致建筑材料、设备等不能一次搬运到位，必须发生的二次或以上搬运所需的费用。

5）冬雨季施工增加费。冬雨季施工增加费是指因冬雨季天气原因导致施工效率降低而加大投入增加的费用，以及为确保冬雨季施工质量和安全而采取的保温、防雨等措施所需的费用。内容由以下各项组成：

a. 冬雨（风）季施工时增加的临时设施（防寒保温、防雨、防风设施）的搭设、拆除费用；

b. 冬雨（风）季施工时，对砌体、混凝土等采用的特殊加温、保温和养护措施费用；

c. 冬雨（风）季施工时，施工现场的防滑处理、对影响施工的雨雪的清除费用；

d. 冬雨（风）季施工时增加的临时设施、施工人员的劳动保护用品、冬雨（风）季施工劳动效率降低等费用。

6）地上、地下设施和建筑物的临时保护设施费。在工程施工过程中，对已建成的地上、地下设施和建筑物进行的遮盖、封闭、隔离等必要保护措施发生的费用。

7）已完工程及设备保护费。竣工验收前，对已完工程及设备采取的覆盖、包裹、封闭、隔离等必要保护措施发生的费用。

8）脚手架费。脚手架费是指施工需要的各种脚手架搭、拆、运输费用以及脚手架购置费的摊销（或租赁）费用。通常包括以下内容：

a. 施工时可能发生的场内、场外材料搬运费用；

b. 搭、拆脚手架、斜道、上料平台费用；

c. 安全网的铺设费用；

d. 拆除脚手架后材料的堆放费用。

9）混凝土模板及支架（撑）费。指混凝土施工过程中需要的各种钢模板、木模板、支架等的支拆、运输费用及模板、支架的摊销（或租赁）费用。内容由以下各项组成：

a. 混凝土施工过程中需要的各种模板制作费用；

b. 模板安装、拆除、整理堆放及场内外运输费用；

c. 清理模板黏结物及模内杂物、刷隔离剂等费用。

10）垂直运输费。垂直运输费是指现场所用材料、机具从地面运至相应高度以及职工人员上下工作面发生的运输费用。内容由以下各项组成：

a. 垂直运输机械的固定装置、基础制作、安装费；

b. 行走式垂直运输机械轨道的铺设、拆除、摊销费。

11）超高施工增加费。当单层建筑物檐口高度超过20m，多层建筑物超过6层时，可计算超高施工增加费，内容由以下各项组成：

a. 建筑物超高引起的人工工效降低以及人工工效降低引起的机械降效费；

b. 高层施工用水加压水泵的安装、拆除及工作台班费；

c. 通信联络设备的使用及摊销费。

12）大型机械设备进出场及安拆费。机械整体或分体自停放场地运至施工现场或由一个施工地点运至另一个施工地点，所发生的机械进出场运输和转移费用及机械在施工现场进行安装、拆卸所需的人工费、材料费、机具费、试运转费和安装所需的辅助设施的费用。内容由安拆费和进出场费组成：

a. 安拆费包括施工机械、设备在现场进行安装拆卸所需人工、材料、机具和试运转费用以及机械辅助设施的折旧、搭设、拆除等费用；

b. 进出场费包括施工机械、设备整体或分体自停放地点运至施工现场或由一施工地点运至另一施工地点所发生的运输、装卸、辅助材料等费用。

13）施工排水、降水费。施工排水、降水费是指将施工期间有碍施工作业和影响工程质量的水排到施工场地以外，以及为防止在地下水位较高的地区开挖深基坑出现基坑浸水，地基承载力下降，在动水压力作用下还可能引起流砂、管涌和边坡失稳等现象而必须采取有效的降水和排水措施费用。该项费用由成井和排水、降水两个独立的费用项目组成：

a. 成井。成井的费用主要包括：①准备钻孔机械、埋设护筒、钻机就位，泥浆制作、固壁，成孔、出渣、清孔等费用；②对接上、下井管（滤管），焊接，安防，下滤料，洗井，连接试抽等费用。

b. 排水、降水。排水、降水的费用主要包括：①管道安装、拆除，场内搬运等费用；②抽水、值班、降水设备维修等费用。

14）其他。根据项目的专业特点或所在地区不同，可能会出现其他的措施项目。如工程定位复测费和特殊地区施工增加费等。

（2）措施项目费的计算。按照有关专业工程量计算规范规定，措施项目分为应予计量的措施项目和不宜计量的措施项目两类。

1）应予计量的措施项目。与分部分项工程费的计算方法基本相同，公式为

$$措施项目费=\sum(措施项目工程量\times综合单价) \tag{11-25}$$

不同的措施项目其工程量的计算单位是不同的，分列如下：

a. 脚手架费通常按建筑面积或垂直投影面积按“m^2”计算；

b. 混凝土模板及支架（撑）费通常是按照模板与现浇混凝土构件的接触面积以“m^2”计算；

c. 垂直运输费可根据不同情况用两种方法进行计算：①按照建筑面积以“m^2”为单位计算；②按照施工工期日历天数以“天”为单位计算。

d. 超高施工增加费通常按照建筑物超高部分的建筑面积以“m^2”为单位计算。

e. 大型机械设备进出场及安拆费通常按照机械设备的使用数量以“台次”为单位计算。

f. 施工排水、降水费分两个不同的独立部分计算：①成井费用通常按照设计图示尺寸以钻孔深度按“m”计算；②排水、降水费用通常按照排、降水日历天数按“昼夜”计算。

2）不宜计量的措施项目。对于不宜计量的措施项目，通常用计算基数乘以费率的方法予以计算。

a. 安全文明施工费。计算公式为

$$安全文明施工费=计算基数\times安全文明施工费费率(\%) \tag{11-26}$$

计算基数应为定额基价（定额分部分项工程费+定额中可以计量的措施项目费）、定额人工费或定额人工费与施工机具使用费之和，其费率由工程造价管理机构根据各专业工程的特点综合确定。

b. 其余不宜计量的措施项目。包括夜间施工增加费，非夜间施工照明费，二次搬运费，冬雨季施工增加费，地上、地下设施和建筑物的临时保护设施费，已完工程及设备保护费等。计算公式为

$$措施项目费=计算基数\times措施项目费费率(\%) \tag{11-27}$$

公式中的计算基数应为定额人工费，或者定额人工费与定额施工机具使用费之和，其费率由工程造价管理机构根据各专业工程特点和调查资料综合分析后确定。

3. 其他项目费

（1）暂列金额。暂列金额是指建设单位在工程量清单中暂定并包括在工程合同价款中的一笔款项。用于施工合同签订时，尚未确定或者不可预见的所需材料、工程设备、服务的采购，施工中可能发生的工程变更、合同约定调整因素出现时的工程价款调整以及发生的索赔、现场签证确认等的费用。

暂列金额由建设单位根据工程特点，按有关计价规定估算，施工过程中由建设单位掌握使用、扣除合同价款调整后如有余额，归建设单位。

（2）计日工。计日工是指在施工过程中，施工单位完成建设单位提出的工程合同范围以外的零星项目或工作，按照合同中约定的单价计价形成的费用。

计日工由建设单位和施工单位按施工过程中形成的有效签证来计价。

（3）总承包服务费。总承包服务费是指总承包人为配合、协调建设单位进行的专业工程发包，对建设单位自行采购的材料、工程设备等进行保管以及施工现场管理、竣工资料汇总整理等服务所需的费用。

总承包服务费由建设单位在招标控制价中根据总包范围和有关计价规定编制，施工单位投标时自主报价，施工过程中按签约合同价执行。

4. 规费和税金

规费和税金的构成和计算与按费用构成要素划分建筑安装工程费用项目的组成部分是相同的。

三、工程建设其他费用的构成和计算

工程建设其他费用，是指在建设期发生的与土地使用权取得、整个工程项目建设

以及未来生产经营有关的，构成建设投资但不包括在工程费用中的费用。

（一）建设用地费

建设用地费是指为获得工程项目建设土地的使用权而在建设期内发生的各项费用。包括通过划拨方式取得土地使用权而支付的土地征用及迁移补偿费，或者通过土地使用权出让方式取得土地使用权而支付的土地使用权出让金。

1．建设用地取得的基本方式

建设用地的取得，实质是依法获取国有土地的使用权。根据《中华人民共和国土地管理法》《中华人民共和国土地管理法实施条例》《中华人民共和国城市房地产管理法》规定，获取国有土地使用权的基本方式有两种：一是出让方式，二是划拨方式。建设土地取得的基本方式还包括租赁和转让方式。

（1）通过出让方式获取国有土地使用权。国有土地使用权出让，是指国家将国有土地使用权在一定年限内出让给土地使用者，由土地使用者向国家支付土地使用权出让金的行为。土地使用权出让最高年限按下列用途确定：

1）居住用地70年；

2）工业用地50年；

3）教育、科技、文化、卫生、体育用地50年；

4）商业、旅游、娱乐用地40年；

5）综合或者其他用地50年。

通过出让方式获取土地使用权又可以分成两种具体方式：一是通过招标、拍卖、挂牌等竞争出让方式获取国有土地使用权，二是通过协议出让方式获取国有土地使用权。

（2）通过竞争出让方式获取国有土地使用权。按照国家相关规定，工业（包括仓储用地，但不包括采矿用地）、商业、旅游、娱乐和商品住宅等各类经营性用地，必须以招标、拍卖或者挂牌方式出让；上述规定以外用途的土地的供地计划公布后，同一宗地有两个以上意向用地者的，也应当采用招标、拍卖或者挂牌方式出让。

（3）通过协议出让方式获取国有土地使用权。按照国家相关规定，出让国有土地使用权，除依照法律、法规和规章的规定应当采用招标、拍卖或者挂牌方式外，方可采取协议方式。以协议方式出让国有土地使用权的出让金不得低于按国家规定所确定的最低价。协议出让底价不得低于拟出让地块所在区域的协议出让最低价。

（4）通过划拨方式获取国有土地使用权。国有土地使用权划拨，是指县级以上人民政府依法批准，在土地使用者缴纳补偿、安置等费用后将该幅土地交付其使用，或者将土地使用权无偿交付给土地使用者使用的行为，国家对划拨用地有着严格的规定，下列建设用地，经县级以上人民政府依法批准，可以以划拨方式取得：

1）国家机关用地和军事用地。

2）城市基础设施用地和公益事业用地。

3）国家重点扶持的能源、交通、水利等基础设施用地。

4）法律、行政法规规定的其他用地。

依法以划拨方式取得土地使用权的，除法律、行政法规另有规定外，没有使用期限的限制。因企业改制、土地使用权转让或者改变土地用途等不再符合目录要求的，应当实行有偿使用。

2. 建设用地取得的费用

建设用地如通过行政划拨方式取得，则须承担征地补偿费用或对原用地单位或个人的拆迁补偿费用；若通过市场机制取得，则不但承担以上费用，还须向土地所有者支付有偿使用费，即土地出让金。

（1）征地补偿费。

1）土地补偿费。土地补偿费是对农村集体经济组织因土地被征用而造成的经济损失的一种补偿。征用耕地的补偿费，为该耕地被征用前三年平均年产值的6～10倍。征用其他土地的补偿费标准，由省、自治区、直辖市参照征用耕地的土地补偿费标准制定。土地补偿费归农村集体经济组织所有。

2）青苗补偿费和地上附着物补偿费。青苗补偿费是因征地时对其正在生长的农作物受到损害而做出的一种赔偿。在农村实行承包责任制后，农民自行承包土地的青苗补偿费应付给本人，属于集体种植的青苗补偿费可纳入当年集体收益。凡在协商征地方案后抢种的农作物、树木等，一律不予补偿。地上附着物是指房屋、水井、树木、涵洞、桥梁、公路、水利设施、林木等地面建筑物、构筑物、附着物等。视协商征地方案前地上附着物价值与折旧情况确定，应根据“拆什么、补什么；拆多少，补多少，不低于原来水平”的原则确定。如附着物产权属个人，则该项补助费付给个人。地上附着物的补偿标准，由省、自治区、直辖市规定。

3）安置补助费。安置补助费应支付给被征地单位和安置劳动力的单位，作为劳动力安置与培训的支出，以及不能就业人员的生活补助。征收耕地的安置补助费，按照需要安置的农业人口数计算。需要安置的农业人口数，按照被征收的耕地数量除以征地前被征收单位平均每人占有耕地的数量计算。每一个需要安置的农业人口的安置补助费标准，为该耕地被征收前三年平均年产值的4～6倍。但是，每公顷被征收耕地的安置补助费，最高不得超过被征收前三年平均年产值的15倍。

土地补偿费和安置补助费，尚不能使需要安置的农民保持原有生活水平的，经省、自治区、直辖市人民政府批准，可以增加安置补助费。但是，土地补偿费和安置补助费的总和不得超过土地被征收前三年平均年产值的30倍。

4）新菜地开发建设基金。新菜地开发建设基金指征用城市郊区商品菜地时支付的费用。这项费用交给地方财政，作为开发建设新菜地的投资。菜地是指城市郊区为供应城市居民蔬菜，连续3年以上常年种菜地或者养殖鱼、虾等的商品菜地和精养鱼塘。一年只种一茬或因调整茬口安排种植蔬菜的，均不作为需要收取开发基金的菜地。征用尚未开发的规划菜地，不缴纳新菜地开发建设基金。在蔬菜产销放开后，能够满足供应，不再需要开发新菜地的城市，不收取新菜地开发基金。

5）耕地占用税。耕地占用税是对占用耕地建房，或者从事其他非农业建设的单位和个人征收的一种税收，目的是合理利用土地资源、节约用地，保护农用耕地。耕地占用税征收范围，不仅包括占用耕地，还包括占用鱼塘、园地、菜地及其农业用地建房或者从事其他非农业建设，均按实际占用的面积和规定的税额一次性征收。其中，耕地是指用于种植农作物的土地。占用前三年曾用于种植农作物的土地也视为耕地。

6）土地管理费。土地管理费主要作为征地工作中所发生的办公、会议、培训、宣传、差旅、借用人员工资等必要的费用。土地管理费的收取标准，一般是在土地补偿费、青苗费、地上附着物补偿费、安置补助费四项费用之和的基础上提取2%～4%。如果是征地包干，还应在四项费用之和后再加上粮食价差、副食补贴、不可预见费等费用，在此基础上提取2%～4%作为土地管理费。

（2）拆迁补偿费用。在城市规划区内国有土地上实施房屋拆迁，拆迁人应当对被拆迁人给予补偿、安置。

1）拆迁补偿金。拆迁补偿金的方式：可以实行货币补偿，也可以实行房屋产权调换。货币补偿的金额，根据被拆迁房屋的区位、用途、建筑面积等因素，以房地产市场评估价格确定。具体办法由省、自治区、直辖市人民政府制定。

实行房屋产权调换的，拆迁人与被拆迁人按照计算得到的被拆迁房屋的补偿金额和所调换房屋的价格，结清产权调换的差价。

2）搬迁、安置补助费。拆迁人应当对被拆迁人或者房屋承租人支付搬迁补助费，对于在规定的搬迁期限届满前搬迁的，拆迁人可以付给提前搬家奖励费；在过渡期限内，被拆迁人或者房屋承租人自行安排住处的，拆迁人应当支付临时安置补助费；被拆迁人或者房屋承租人使用拆迁人提供的周转房的，拆迁人不支付临时安置补助费。

搬迁补助费和临时安置补助费的标准，由省、自治区、直辖市人民政府规定。有些地区规定，拆除非住宅房屋，造成停产、停业引起经济损失的，拆迁人可以根据被拆除房屋的区位和使用性质，按照一定标准给予一次性停产停业综合补助费。

（3）出让金、土地转让金。土地使用权出让金为用地单位向国家支付的土地所有权收益，出让金标准一般参考城市基准地价并结合其他因素制定。基准地价由市土地管理局会同市物价局、市国有资产管理局、市房地产管理局等部门综合平衡后报市级人民政府审定通过，以城市土地综合定级为基础，用某一地价或地价幅度表示某一类别用地在某一土地级别范围的地价，以此作为土地使用权出让价格的基础。

在有偿出让和转让土地时，政府对地价不作统一规定，但应坚持以下原则：即地价对目前的投资环境不产生大的影响；地价与当地的社会经济承受能力相适应；地价要考虑已投入的土地开发费用、土地市场供求关系、土地用途、所在区类、容积率和使用年限等有偿出让和转让使用权，要向土地受让者征收契税；转让土地如有增值，要向转让者征收土地增值税；土地使用者每年应按规定的标准缴纳土地使用费。土地使用权出让或转让，应先由地价评估机构进行价格评估后，再签订土地使用权出让和转让合同。

土地使用权出让合同约定的使用年限届满，土地使用者需要继续使用土地的，应当最迟于届满前一年申请续期，除根据社会公共利益需要收回该幅土地的，应当予以批准。经批准准予续期的，应当重新签订土地使用权出让合同，依照规定支付土地使用权出让金。

（二）与项目建设有关的其他费用

1．建设管理费

建设管理费是指建设单位为组织完成工程项目建设，在建设期内发生的各类管理性费用。

(1) 建设管理费的内容。

1) 建设单位管理费。是指建设单位发生的管理性质的开支，包括：工作人员工资、工资性补贴、施工现场津贴、职工福利费、住房基金、基本养老保险费、基本医疗保险费、失业保险费、工伤保险费、办公费、差旅交通费、劳动保护费、工具用具使用费、固定资产使用费、必要的办公及生活用品购置费、必要的通信设备及交通工具购置费、零星固定资产购置费、招募生产工人费、技术图书资料费、业务招待费、设计审查费、工程招标费、合同契约公证费、法律顾问费、工程咨询费、完工清理费、竣工验收费、印花税和其他管理性质开支。

2) 工程监理费。是指建设单位委托工程监理单位实施工程监理的费用。按照国家发展改革委关于《进一步放开建设项目专业服务价格的通知》（发改价格〔2015〕299号）规定，此项费用实行市场调节价。

3) 工程总承包管理费。如建设管理采用工程总承包方式，其总包管理费由建设单位与总包单位根据总包工作范围在合同中商定，从建设管理费中支出。

(2) 建设管理费的计算。建设单位管理费按照工程费用之和（包括设备工器具购置费和建筑安装工程费用）乘以建设单位管理费费率计算。

建设单位管理费费率按照建设项目的不同性质、不同规模确定。有的建设项目按照建设工期和规定的金额计算建设单位管理费。如采用监理，建设单位部分管理工作量转移至监理单位，监理费应根据委托的监理工作范围和监理深度在监理合同中商定。

2．可行性研究费

可行性研究费是指在工程项目投资决策阶段，依据调研报告对有关建设方案、技术方案或生产经营方案进行的技术经济论证，以及编制、评审可行性研究报告所需的费用。此项费用应依据前期研究委托合同计列，按照国家发展改革委关于《进一步放开建设项目专业服务价格的通知》（发改价格〔2015〕299号）规定，此项费用实行市场调节价。

3．研究试验费

研究试验费是指为建设项目提供或验证设计数据、资料等而进行必要的研究试验及按照相关规定在建设过程中必须进行试验、验证所需的费用。包括自行或委托其他部门研究试验所需人工费、材料费、试验设备及仪器使用费等。这项费用按照设计单位根据本工程项目的需要提出的研究试验内容和要求计算。在计算时要注意不应包括以下项目：

(1) 应由科技三项费用（即新产品试制费、中间试验费和重要科学研究补助费）开支的项目。

(2) 应在建筑安装费用中列支的施工企业对建筑材料、构件和建筑物进行一般鉴定、检查所发生的费用及技术革新的研究试验费。

（3）应由勘察设计费或工程费用中开支的项目。

4．勘察设计费

勘察设计费是指对工程项目进行工程水文地质勘察、工程设计所发生的费用。包括：工程勘察费、初步设计费（基础设计费）、施工图设计费（详细设计费）、设计模型制作费。

按照国家发展改革委关于《进一步放开建设项目专业服务价格的通知》（发改价格〔2015〕299号）规定，此项费用实行市场调节价。

5．专项评价及验收费

专项评价及验收费、包括环境影响评价费、安全预评价及验收费、职业病危害预评价及控制效果评价费、地震安全性评价费、地质灾害危险性评级费、水土保持评价及验收费、压覆矿产资源评价费、节能评估及评审费、危险与可操作性分析及安全完整性评价费以及其他专项评价及验收费。按照国家发展改革委关于《进一步放开建设项目专业服务价格的通知》（发改价格〔2015〕299号）规定，这些专项评价及验收费用均实行市场调节价。

（1）环境影响评价费。环境影响评价费是指在工程项目投资决策过程中，对其进行环境污染或影响评价所需的费用。包括编制环境影响报告书（含大纲）、环境影响报告表和评估等所需的费用，以及建设项目竣工验收阶段环境保护验收调查和环境监测、编制环境保护验收报告的费用。

（2）安全预评价及验收费。安全预评价及验收费指为预测和分析建设项目存在的危害因素种类和危险危害程度，提出先进、科学、合理可行的安全技术和管理对策，而编制评价大纲、编写安全评价报告书和评估等所需的费用，以及在竣工阶段验收时所发生的费用。

（3）职业病危害预评价及控制效果评价费。职业病危害预评价及控制效果评价费，指建设项目因可能产生职业病危害，而编制职业病危害预评价书、职业病危害控制效果评价书和评估所需的费用。

（4）地震安全性评价费。地震安全性评价费是指通过对建设场地和场地周围的地震活动与地震、地质环境的分析，而进行的地震活动环境评价、地震地质构造评价、地震地质灾害评价、编制地震安全评价报告书和评估所需的费用。

（5）地质灾害危险性评价费。地质灾害危险性评价费，是指在灾害易发区对建设项目可能诱发的地质灾害和建设项目本身可能遭受的地质灾害危险程度的预测评价、编制评价报告书和评估所需的费用。

（6）水土保持评价及验收费。水土保持评价及验收费是指对建设项目在生产建设过程中可能造成水土流失进行预测，编制水土保持方案和评估所需的费用，以及在施工期间的监测、竣工阶段验收时所发生的费用。

（7）压覆矿产资源评价费。压覆矿产资源评价费，是指对需要压覆重要矿产资源的建设项目，编制压覆重要矿床评价和评估所需的费用。

（8）节能评估及评审费。节能评估及评审费，是指对建设项目的能源利用是否科学合理进行分析评估，并编制节能评估报告以及评估所发生的费用。

(9) 危险与可操作性分析及安全完整性评价费。危险与可操作性分析及安全完整性评价费，是指对应用于生产具有流程性工艺特征的新建、改建、扩建项目进行工艺危害分析和对安全仪表系统的设置水平及可靠性进行定量评估所发生的费用。

(10) 其他专项评价及验收费。其他专项评价及验收费，是指根据国家法律法规，建设项目所在省、直辖市、自治区人民政府有关规定，以及行业规定需进行的其他专项评价、评估、咨询和验收所需的费用。如重大投资项目社会稳定风险评估、防洪评价等。

6. 场地准备及临时设施费

(1) 场地准备及临时设施费的内容。

1) 建设项目场地准备费是指为使工程项目的建设场地达到开工条件，由建设单位组织进行的场地平整等准备工作发生的费用。

2) 建设单位临时设施费是指建设单位为满足工程项目建设、生活、办公的需要，用于临时设施建设、维修、租赁、使用发生或摊销的费用。

(2) 场地准备及临时设施费的计算。

1) 场地准备及临时设施应尽量与永久性工程统一考虑。建设场地的大型土石方工程应进入工程费用中的总图运输费用中。

2) 新建项目的场地准备和临时设施费应根据实际工程量估算，或按工程费用的比例计算。改扩建项目一般只计拆除清理费。

$$场地准备和临时设施费=工程费用\times费率+拆除清理费 \tag{11-28}$$

3) 发生拆除清理费时可按新建同类工程造价或主材费、设备费的比例计算。凡可回收材料的拆除工程采用以料抵工方式冲抵拆除清理费。

4) 此项费用不包括已列入建筑安装工程费用中的施工单位临时设施费用。

7. 引进技术和引进设备其他费

引进技术和引进设备其他费是指引进技术和设备发生的，但未计入设备购置费中的费用。

(1) 引进项目图纸资料翻译复制费、备品备件测绘费。可根据引进项目的具体情况计列，或按引进货价（FOB）的比例估列；引进项目发生备品备件测绘费时按具体情况估列。

(2) 出国人员费用。包括买方人员出国设计联络、出国考察、联合设计、监造、培训等发生的差旅费、生活费等。依据合同或协议规定的出国人次、期限以及相应的费用标准计算。生活费按照财政部、外交部规定的现行标准计算，差旅费按中国民航公布的票价计算。

(3) 来华人员费用。包括卖方来华工程技术人员的现场办公费用、往返现场交通费用、接待费用等。依据引进合同或协议有关条款及来华技术人员派遣计划进行计算。来华人员接待费用可按每人次费用指标计算。引进合同价款中已包括的费用内容不得重复计算。

(4) 银行担保及承诺费。引进项目由国内外金融机构出面承担风险和责任担保所发生的费用，以及支付贷款机构的承诺费用。应按担保或承诺协议计取，投资估算和概算编制时可以担保金额或承诺金额为基数乘以费率计算。

8. 工程保险费

工程保险费是指为转移工程项目建设的意外风险，在建设期内对建筑工程、安装工程、机械设备和人身安全进行投保而发生的费用。包括建筑安装工程一切险、引进设备财产保险和人身意外伤害险等。

根据不同的工程类别，分别以其建筑、安装工程费乘以建筑、安装工程保险费率计算。民用建筑（住宅楼、综合性大楼、商场、旅馆、医院、学校）占建筑工程费的2‰～4‰；其他建筑（工业厂房、仓库、道路、码头、水坝、隧道、桥梁、管道等）占建筑工程费的3‰～6‰；安装工程（农业、工业、机械、电子、电器、纺织、矿山、石油、化学及钢铁工业、钢结构桥梁）占建筑工程费的3‰～6‰。

9. 特殊设备安全监督检验费

特殊设备安全监督检验费是指安全监察部门对在施工现场组装的锅炉及压力容器、压力管道、消防设备、燃气设备、电梯等特殊设备和设施，实施安全检验收取的费用。此项费用按照建设项目所在省（市、自治区）安全监察部门的规定标准计算。无具体规定的，在编制投资估算和概算时可按受检设备现场安装费的比例估算。

10. 市政公用设施费

市政公用设施费是指使用市政公用设施的工程项目，按照项目所在地省级人民政府有关规定，建设或缴纳的市政公用设施建设配套费用，以及绿化工程补偿费用。此项费用按工程所在地人民政府规定标准计列。

（三）与未来生产经营有关的其他费用

1. 联合试运转费

联合试运转费是指新建或新增加生产能力的工程项目，在交付生产前按照设计文件规定的工程质量标准和技术要求，对整个生产线或装置进行负荷联合试运转所发生的费用净支出（试运转支出大于收入的差额部分费用）。试运转支出包括试运转所需原材料、燃料及动力消耗、低值易耗品、其他物料消耗、工具用具使用费、机械使用费、保险金、施工单位参加试运转人员工资以及专家指导费等；试运转收入包括试运转期间的产品销售收入和其他收入。联合试运转费不包括应由设备安装工程费用开支的调试及试车费用，以及在试运转中暴露出来的，因施工原因或设备缺陷等发生的处理费用。

2. 专利及专有技术使用费

专利及专有技术使用费是指在建设期内，为取得专利、专有技术、商标权、商誉、特许经营权等发生的费用。

（1）专利及专有技术使用费的主要内容。

1）国外设计及技术资料费、引进有效专利、专有技术使用费和技术保密费。

2）国内有效专利、专有技术使用费用。

3）商标权、商誉和特许经营权费等。

（2）专利及专有技术使用费的计算。在专利及专有技术使用费的计算时应注意以下问题：

1）按专利使用许可协议和专有技术使用合同的规定计列。

2）专有技术的界定应以省、部级鉴定批准为依据。

3）项目投资中只计算需在建设期支付的专利及专有技术使用费。协议或合同规定在生产期支付的使用费应在生产成本中核算。

4）一次性支付的商标权、商誉及特许经营权费按协议或合同规定计列。协议或合同规定在生产期支付的商标权，或特许经营权费应在生产成本中核算。

5）为项目配套的专用设施投资，包括专用铁路线、专用公路、专用通信设施、送变电站、地下管道、专用码头等，如由项目建设单位负责投资但产权不归属本单位的，应作无形资产处理。

3. 生产准备费

（1）生产准备费的内容。在建设期内，建设单位为保证项目正常生产而发生的人员培训费、提前进厂费以及投产使用必备的办公、生活家具用具及工器具等的购置费用。包括：

1）人员培训费及提前进厂费。包括自行组织培训或委托其他单位培训的人员工资工资性补贴、职工福利费、差旅交通费、劳动保护费、学习资料费等。

2）为保证初期正常生产（或营业、使用）必需的生产办公、生活家具用具购置费。

（2）生产准备费的计算。

1）新建项目按设计定员为基数计算，改扩建项目按新增设计定员为基数计算：

$$生产准备费=设计定员\times生产准备费指标(元/人) \quad (11-29)$$

2）可采用综合的生产准备费指标进行计算，也可以按费用内容的分类指标计算。

四、预备费和建设期利息的计算

（一）预备费

预备费是指在建设期内因各种不可预见因素的变化，而预留的可能增加的费用，包括基本预备费和价差预备费。

1. 基本预备费

（1）基本预备费的内容。基本预备费是指投资估算或工程概算阶段预留的，由于工程实施中不可预见的工程变更及洽商、一般自然灾害处理、地下障碍物处理、超规超限设备运输等而可能增加的费用，亦可称为工程建设不可预见费。基本预备费一般由以下四部分构成：

1）工程变更及洽商。在批准的初步设计范围内，技术设计、施工图设计及施工过程中所增加的工程费用；设计变更、工程变更、材料代用、局部地基处理等增加的费用。

2）一般自然灾害处理。一般自然灾害造成的损失，和预防自然灾害所采取的措施费用。实行工程保险的工程项目，该费用应适当降低。

3）不可预见的地下障碍物处理的费用。

4）超规超限设备运输增加的费用。

（2）基本预备费的计算。基本预备费是按工程费用和工程建设其他费用二者之和为计取基础，乘以基本预备费费率进行计算。

$$基本预备费=(工程费用+工程建设其他费用)\times基本预备费费率 \quad (11-30)$$

基本预备费费率的取值应执行国家及部门的有关规定。

2. 价差预备费

(1) 价差预备费的内容。价差预备费是指为在建设期内利率、汇率或价格等因素的变化而预留的可能增加的费用，亦称为价格变动不可预见费。价差预备费的内容包括：人工、设备、材料、施工机具的价差费，建筑安装工程费及工程建设其他费用调整，利率、汇率调整等增加的费用。

(2) 价差预备费的测算方法。价差预备费一般根据国家规定的投资综合价格指数，按估算年份价格水平的投资额为基数，采用复利方法计算。计算公式为

$$PF=\sum_{t=1}^{n} I_t[(1+f)^m(1+f)^{0.5}(1+f)^{t-1}-1] \tag{11-31}$$

式中　PF——价差预备费；

n——建设期年份数；

I——建设期中第 t 年的静态投资计划额，包括工程费用、工程建设其他费用及基本预备费；

f——年涨价率；

m——建设前期年限（从编制估算到开工建设，单位：年）。

年涨价率，政府部门有规定的按规定执行，没有规定的由可行性研究人员预测。

（二）建设期利息

资源 11.3

建设期利息主要是指在建设期内发生的为工程项目筹措资金的融资费用及债务资金利息。

建设期利息的计算，根据建设期资金用款计划，在总贷款分年均衡发放前提下，可按当年借款在年中支用考虑，即当年借款按半年计息，上年借款按全年计息。计算公式为

$$Q_j=\left(P_{j-1}+\frac{1}{2}A_j\right)\times i \tag{11-32}$$

式中　Q_j——建设期第 j 年应计利息；

P_{j-1}——建设期第 $j-1$ 年末累计贷款本金与利息之和；

A——建设期第 j 年贷款金额。

第二节　建设工程工程量清单计价

资源 11.4

一、工程计价的含义

工程计价是指按照法律、法规和标准规定的程序、方法和依据，对工程项目实施建设的各个阶段的工程造价及其构成内容进行预测和确定的行为。工程计价依据是指工程计价活动依据的与计价内容、计价方法和价格标准相关的工程计量计价标准，工程计价定额及工程造价信息等。

工程计价的含义应该从以下三方面进行解释：

(1) 工程计价是工程价值的货币形式。工程计价是指按照规定计算程序和方法，用货币的数量表示建设项目（包括拟建、在建和已建的项目）的价值。工程计价是自下而上的分部组合计价，建设项目兼具单件性与多样性的特点，每一个建设项目都需要按业主的特定需求进行单独设计、单独施工，不能批量生产和按整个项目确定价格，只能将整个项目进行分解，划分为可以按有关技术参数测算价格的基本构造要素（或称分部、分项工程），并计算出基本构造要素的费用。

(2) 工程计价是投资控制的依据。投资计划按照建设工期、工程进度和建设价格等逐年分月制定，正确的投资计划有助于合理有效地使用资金。工程计价的每一次估算对下次估算都是严格控制的，即后一次估算不能超过前一次估算的幅度。工程计价基本确定了建设资金的需要量，为筹集资金提供了比较准确的依据。当建设资金来源于金融机构的贷款时，金融机构在对项目的偿贷能力进行评估的基础上，也需要依据工程计价来确定给予投资者的贷款数额。

(3) 工程计价是合同价款管理的基础。合同价款是业主依据承包商按图样完成的工程量，在历次支付过程中应支付给承包商的款额，是发包人确认后按合同约定的计算方法确定形成的合同约定金额、变更金额、调整金额、索赔金额等各工程款额的总和。合同价款管理的各项内容中始终有工程计价的存在，在签约合同价的形成过程中有招标控制价、投标报价以及签约合同价等计价活动；在工程价款的调整过程中，需要确定调整价款额度，工程计价也贯穿其中；工程价款的支付仍然需要工程计价工作，以确定最终的支付额。

二、工程计价基本原理

1. 利用函数关系对拟建项目的造价进行类比匡算

当一个建设项目还没有具体的图样和工程量清单时，需要利用产出函数对建设项目投资进行匡算。在微观经济学中把过程的产出和资源的消耗这两者之间的关系称为产出函数。在建筑工程中，产出函数建立了产出的总量或规模与各种投入（比如人力、材料、机械等）之间的关系。因此，对某一特定的产出，可以通过对各投入参数赋予不同的值，从而找到一个最低的生产成本。房屋建筑面积的大小和消耗的人工之间的关系就是产出函数的一个例子。

投资的匡算常常基于某个表明设计能力或者形体尺寸的变量，比如建筑面积、高速公路的长度、工厂的生产能力等。在这种类比估算方法下尤其要注意规模对造价的影响。项目的造价并不总是和规模大小呈线性关系的，典型的规模经济或规模不经济情况都会出现。因此要慎重选择合适的产出函数，寻找规模和经济有关的经验数据，例如生产能力指数法与单位生产能力估算法就分别采用不同的生产函数。

2. 分部组合计价原理

如果一个建设项目的设计方案已经确定，常用的是分部组合计价法。任何一个建设项目都可以分解为一个或几个单项工程，任何一个单项工程都是由一个或几个单位工程所组成。作为单位工程的各类建筑工程和安装工程仍是复杂的综合实体，单位工程可以按照结构部位、路段长度及施工特点或施工任务分解为分部工程。从工程计价的角度，分部工程按照不同的施工方法、材料、工序及路段长度等，可以划分为更为简单细小的部分，即分项工程。将分项工程进一步分解或适当组合，就得到基本构造单元。

工程造价计价的主要思路就是将建设项目细分至最基本的构造单元，找到适当的计量单位及当时当地的单价，采取一定的计价方法，进行分部组合汇总，计算出相应工程造价。工程计价的主要工作在于项目的分解与组合。

工程计价可以用公式表达如下：

分部分项工程费(或措施项目费)＝∑[基本构造单元工程量(定额项目或清单项目)×相应单价]

工程造价的计价可分为工程计量和工程计价两个环节：

(1) 工程计量。工程计量工作包括工程项目的划分和工程量的计算。

1) 单位工程基本构造单元的确定，即划分工程项目。编制工程概算预算时，主要是按工程定额进行项目的划分；编制工程量清单时，主要是按照清单工程量计算规范规定的清单项目进行项目的划分。

2) 工程量的计算，就是按照工程项目的划分和工程量计算规则，就不同的设计文件对工程实物量进行计算。工程实物量是计价的基础，不同的计价依据有不同的计算规则规定。目前，工程量计算规则包括两大类：①各类工程定额规定的计算规则；②各专业工程量计算规范附录中规定的计算规则。

(2) 工程计价。工程计价包括工程单价的确定和总价的计算。

1) 工程单价，是指完成单位工程基本构造单元的工程量所需要的基本费用。工程单价包括工料单价和综合单价。

a. 工料单价仅包括人工、材料、机具使用费，是各种人工消耗量、各种材料消耗量、各类施工机具台班消耗量与其相应单价的乘积。用下列公式表示：

工料单价＝∑(人材机消耗量×人材机单价)

b. 综合单价除包括人工、材料、机具使用费外，还包括可能分摊在单位工程基本构造单元的费用。根据我国现行有关规定，又可以分成清单综合单价与全费用综合单价两种。清单综合单价中除包括人工、材料、机具使用费用外，还包括企业管理费、利润和风险因素；全费用综合单价中除包括人工、材料、机具使用费外，还包括企业管理费、利润、规费和税金。

综合单价根据国家、地区、行业定额或企业定额消耗量和相应生产要素的市场价格，以及定额或市场的取费费率来确定。

2) 工程总价是指经过规定的程序或办法逐级汇总形成的相应工程造价。根据采用的单价内容和计算程序不同，分为工料单价法和综合单价法。

a. 工料单价法：首先依据相应计价定额的工程量计算规则计算项目的工程量，然后依据定额的人、材、机要素消耗量和单价，计算各个项目的直接费，然后再计算直接费合价，最后按照相应的取费程序计算其他各项费用，汇总后形成相应工程造价。

b. 综合单价法：若采用全费用综合单价（完全综合单价），首先依据相应工程量计算规范规定的工程量计算规则计算工程量，并依据相应的计价依据确定综合单价，然后用工程量乘以综合单价，并汇总即可得出分部分项工程费（以及措施项目费），最后再按相应的办法计算其他项目费，汇总后形成相应工程造价。我国现行的《建设工程工程量清单计价规范》(GB 50500) 规定清单综合单价属于非完全综合单价，非完全综合单价计入规费和税金后，形成完全综合单价。

三、工程计价标准和依据

工程计价标准和依据，包括计价活动的相关规章规程、工程量清单计价和工程量计算规范、工程定额和相关造价信息等。

工程定额主要作为国有资金投资工程编制投资估算、设计概算和最高投标限价(招标控制价) 的依据，在项目建设前期各阶段，可以用于建设投资的预测和估计；在工程建设交易阶段，工程定额可以作为建设产品价格形成的辅助依据。工程量清单计价依据主要适用于合同价格形成，以及后续的合同价款管理阶段。计价活动的相关规章规程，则根据其具体内容适用于不同阶段的计价活动。造价信息是计价活动所必需的依据。

1. 计价活动的相关规章规程

主要包括国家标准：《工程造价术语标准》(GB/T 50875)、《建筑工程建筑面积计算规范》(GB/T 50353) 和《建设工程造价咨询规范》(GB/T 51095)。中国建设工程造价管理协会标准包括：建设项目投资估算编审规程、建设项目设计概算编审规程、建设项目施工图预算编审规程、建设工程招标控制价编审规程、建设项目工程结算编审规程、建设项目工程竣工决算编制规程、建设项目全过程造价咨询规程、建设工程造价咨询成果文件质量标准、建设工程造价鉴定规程、建设工程造价咨询工期标准等。

2. 工程量清单计价和工程量计算规范

工程量清单计价和工程量计算规范有《建设工程工程量清单计价规范》(GB 50500)、《房屋建筑与装饰工程工程量计算规范》(GB 50854)、《仿古建筑工程工程量计算规范》(GB 50855)、《通用安装工程工程量计算规范》(GB 50856)、《市政工程工程量计算规范》(GB 50857)、《园林绿化工程工程量计算规范》(GB 50858)、《构筑物工程工程量计算规范》(GB 50859)、《矿山工程工程量计算规范》(GB 50860)、《城市轨道交通工程工程量计算规范》(GB 50861)、《爆破工程工程量计算规范》(GB 50862) 等组成。

3. 工程定额

工程定额主要指国家、地方或行业主管部门制定的各种定额，包括工程消耗量定额和工程计价定额等。工程消耗量定额主要是指完成规定计量单位的合格建筑安装产品消耗的人工、材料、施工机具台班的数量标准。工程计价定额是指直接用于工程计价的定额或指标，包括预算定额、概算定额、概算指标和投资估算指标。此外，部分地区和行业造价管理部门还会颁布工期定额，工期定额是指在正常的施工技术和组织条件下，完成建设项目和各类工程建设投资费用的计价依据。

资源 11.5

4. 工程造价信息

工程造价信息是指工程造价管理机构发布的建设工程人工、材料、工程设备、施工机具的价格信息，以及各类工程的造价指数、指标等。

第十二章 建设工程造价管理相关法规与制度

第一节　建设工程造价管理相关法律法规

资源 12.1

资源 12.2

一、建筑法

《中华人民共和国建筑法》（以下简称《建筑法》）主要适用于各类房屋建筑及其附属设施的建造和与其配套的线路、管道、设备的安装活动，但其中关于施工许可、企业资质审查和工程发包、承包、禁止转包，以及工程监理、安全和质量管理的规定，也适用于其他专业建筑工程的建筑活动。

（一）建筑许可

建筑许可包括建筑工程施工许可和从业资格两个方面。

1. 建筑工程施工许可

（1）施工许可证的申领。除国务院建设行政主管部门确定的限额以下的小型工程外，建筑工程开工前，建设单位应当按照国家有关规定，向工程所在地县级以上人民政府建设行政主管部门申请领取施工许可证。按照国务院规定的权限和程序批准开工报告的建筑工程，不再领取施工许可证。

申请领取施工许可证，应当具备如下条件：①已办理建筑工程用地批准手续；②在城市规划区内的建筑工程，已取得规划许可证；③需要拆迁的，其拆迁进度符合施工要求；④已经确定建筑施工单位；⑤有满足施工需要的施工图纸及技术资料；⑥有保证工程质量和安全的具体措施；⑦建设资金已经落实；⑧法律、行政法规规定的其他条件。

（2）施工许可证的有效期限。建设单位应当自领取施工许可证之日起 3 个月内开工。因故不能按期开工的，应当向发证机关申请延期；延期以两次为限，每次不超过 3 个月。既不开工又不申请延期或者超过延期时限的，施工许可证自行废止。

（3）中止施工和恢复施工。在建的建筑工程因故中止施工的，建设单位应当自中止施工之日起 1 个月内，向发证机关报告，并按照规定做好建设工程的维护管理工作。

建筑工程恢复施工时，应当向发证机关报告；中止施工满 1 年的工程恢复施工前，建设单位应当报发证机关核验施工许可证。

按照国务院有关规定批准开工报告的建筑工程，因故不能按期开工或者中止施工的，应当及时向批准机关报告情况。因故不能按期开工超过6个月的，应当重新办理开工报告的批准手续。

2. 从业资格

（1）单位资质。从事建筑活动的施工企业、勘察、设计和监理单位，按照其拥有的注册资本、专业技术人员、技术装备、已完成的建筑工程业绩等资质条件，划分为不同的资质等级，经资质审查合格，取得相应等级的资质证书后，方可在其资质等级许可的范围内从事建筑活动。

（2）专业技术人员资格。从事建筑活动的专业技术人员应当依法取得相应的执业资格证书，并在执业资格证书许可的范围内从事建筑活动。

（二）建筑工程发包与承包

1. 建筑工程发包

（1）发包方式。建筑工程依法实行招标发包，对不适用于招标发包的可以直接发包。建筑工程实行招标发包的，发包单位应当将建筑工程发包给依法中标的承包单位。建筑工程实行直接发包的，发包单位应当将建筑工程发包给具有相应资质条件的承包单位。

政府及其所属部门不得滥用行政权力，限定发包单位将招标发包的建筑工程发包给指定的承包单位。

（2）禁止行为。提倡对建筑工程实行总承包，禁止将建筑工程肢解发包。建筑工程的发包单位可以将建筑工程的勘察、设计、施工、设备采购一并发包给一个工程总承包单位。但是，不得将应当由一个承包单位完成的建筑工程肢解成若干部分发包给几个承包单位。

按照合同约定，建筑材料、建筑构配件和设备由工程承包单位采购的，发包单位不得指定承包单位购入用于工程的建筑材料、建筑构配件和设备或者指定生产厂、供应商。

2. 建筑工程承包

（1）承包资质。承包建筑工程的单位应当持有依法取得的资质证书，并在其资质等级许可的业务范围内承揽工程。

禁止建筑施工企业超越本企业资质等级许可的业务范围或者以任何形式用其他建筑施工企业的名义承揽工程。禁止建筑施工企业以任何方式允许其他单位或个人使用本企业的资质证书、营业执照，以本企业的名义承揽工程。

（2）联合承包。大型建筑工程或结构复杂的建筑工程，可以由两个以上的承包单位联合共同承包。共同承包的各方对承包合同的履行承担连带责任。两个以上不同资质等级的单位实行联合共同承包的，应当按照资质等级低的单位的业务许可范围承揽工程。

（3）工程分包。建筑工程总承包单位可以将承包工程中的部分工程发包给具有相应资质条件的分包单位。但是，除总承包合同中已约定的分包外，必须经建设单位认可。施工总承包的，建筑工程主体结构的施工必须由总承包单位自行完成。

建筑工程总承包单位按照总承包合同的约定对建设单位负责；分包单位按照分包

合同的约定对总承包单位负责。总承包单位和分包单位就分包工程对建设单位承担连带责任。

(4) 禁止行为。禁止承包单位将其承包的全部建筑工程转包给他人，或将其承包的全部建筑工程肢解以后以分包的名义分别转包给他人。禁止总承包单位将工程分包给不具备资质条件的单位。禁止分包单位将其承包的工程再分包。

(5) 建筑工程造价。建筑工程的发包单位与承包单位应当依法订立书面合同，明确双方的权利和义务。建筑工程造价应当按照国家有关规定，由发包单位与承包单位在合同中约定。

发包单位和承包单位应当全面履行合同约定的义务。不按照合同约定履行义务的，依法承担违约责任。发包单位应当按照合同约定，及时拨付工程款项。

(三) 建筑工程监理

国家推行建筑工程监理制度。所谓建筑工程监理，是指具有相应资质条件的工程监理单位受建设单位委托，依照法律、行政法规及有关的技术标准、设计文件和建筑工程承包合同，对承包单位在施工质量、建设工期和建设资金使用等方面，代表建设单位实施的监督管理活动。

实行监理的建筑工程，建设单位与其委托的工程监理单位应当订立书面委托监理合同。实施建筑工程监理前，建设单位应当将委托的工程监理单位、监理的内容及监理权限，书面通知被监理的建筑施工企业。

工程监理单位应当根据建设单位的委托，客观、公正地执行监理任务。工程监理人员发现工程设计不符合建筑工程质量标准或者合同约定的质量要求的，应当报告建设单位要求设计单位改正；认为工程施工不符合工程设计要求、施工技术标准和合同约定的，有权要求建筑施工企业改正。

(四) 建筑安全生产管理

建筑工程安全生产管理必须坚持安全第一、预防为主的方针，建立健全安全生产的责任制度和群防群治制度。

建筑工程设计应当符合按照国家规定制定的建筑安全规程和技术规范，保证工程的安全性能。建筑施工企业在编制施工组织设计时，应当根据建筑工程的特点制定相应的安全技术措施；对专业性较强的工程项目，应该编制专项安全施工组织设计，并采取安全技术措施。

建筑施工企业应在施工现场采取维护安全、防范危险、预防火灾等措施；有条件的，应当对施工现场实行封闭管理。施工现场对毗邻的建筑物、构筑物和特殊作业环境可能造成损害的，建筑施工企业应当采取措施加以保护。

施工现场安全由建筑施工企业负责。实行施工总承包的，由总承包单位负责。分包单位向总承包单位负责，服从总承包单位对施工现场的安全生产管理。建筑施工企业必须为从事危险作业的职工办理意外伤害保险，支付保险费。

涉及建筑主体和承重结构变动的装修工程，建设单位应当在施工前委托原设计单位或者具备相应资质条件的设计单位提出设计方案；没有设计方案的，不得施工。房屋拆除应当由具备保证安全条件的建筑施工单位承担，由建筑施工单位负责人对安全负责。

（五）建筑工程质量管理

建设单位不得以任何理由，要求建筑设计单位或建筑施工单位违反法律、行政法规和建筑工程质量、安全标准，降低工程质量，建筑设计单位和建筑施工单位应当拒绝建设单位的此类要求。

建筑工程的勘察、设计单位必须对其勘察、设计的质量负责。勘察、设计文件应当符合有关法律、行政法规的规定和建筑工程质量、安全标准，建筑工程勘察、设计技术规范以及合同的约定。设计文件选用的建筑材料、建筑构配件和设备，应当注明其规格、型号、性能等技术指标，其质量要求必须符合国家规定的标准。对设计文件选用的建筑材料、建筑构配件和设备，建筑设计单位不得指定生产厂、供应商。

建筑施工企业对工程的施工质量负责。建筑施工企业必须按照工程设计图纸和施工技术标准施工，不得偷工减料。工程设计的修改由原设计单位负责，建筑施工企业不得擅自修改工程设计。建筑施工企业必须按照工程设计要求、施工技术标准和合同的约定，对建筑材料、构配件和设备进行检验，不合格的不得使用。

建筑工程竣工经验收合格后，方可交付使用；未经验收或验收不合格的，不得交付使用。交付竣工验收的建筑工程，必须符合规定的建筑工程质量标准，有完整的工程技术经济资料和经签署的工程保修书，并具备国家规定的其他竣工条件。

建筑工程实行质量保修制度。建筑工程的保修范围应当包括地基基础工程、主体结构工程、屋面防水工程和其他土建工程，以及电气管线、上下水管线的安装工程，供热、供冷系统工程等项目；保修的期限应当按照保证建筑物合理寿命年限内正常使用、维护使用者合法权益的原则确定。

二、合同法

《中华人民共和国合同法》（以下简称《合同法》）中的合同是指平等主体的自然人、法人、其他组织之间设立、变更、终止民事权利义务关系的协议。

（一）合同的主体

《合同法》中所列的平等主体有三类，即：自然人、法人和其他组织。

1. 自然人

自然人是指基于出生而依法成为民事法律关系主体的人。在我国《中华人民共和国民法通则》（以下简称《民法通则》）中，公民与自然人在法律地位上是一样的。但是，自然人的范围要比公民的范围广。公民是指具有本国国籍，依法享有法律所赋予的权利和承担法律所规定的义务的人。在我国，公民是社会中具有中华人民共和国国籍的一切成员。自然人则既包括公民，又包括外国人和无国籍的人。

2. 法人

法人是指具有民事权利能力和民事行为能力，依法独立享有民事权利和承担民事义务的组织。法人须具备的条件包括：①依法成立；②有必要的财产或者经费；③有自己的名称、组织机构和场所；④能够独立承担民事责任。我国《民法通则》将法人分为两大类，即：企业法人和非企业法人。

企业法人是指以从事成产、流通、科技等活动为内容，以获取盈利和增加积累、创造社会财富为目的的营利性社会经济组织。在我国社会经济生活中，活动最频繁的是企业法人，合同中最主要的当事人也是企业法人。

非企业法人是指为了实现国家对社会的管理及其他公益目的而设立的国家机关、事业单位或者社会团体。包括：国家机关法人、事业单位法人和社会团体法人。

3. 其他组织

其他组织是指依法或者依据有关政策成立，有一定的组织机构和财产，但又不具备法人资格的各类组织。赋予这些组织以合同主体的资格，有利于保护其合法权益、规范其外部行为、维护正常的社会经济秩序。

（二）合同的基本原则

1. 平等的原则

在合同法律关系中，当事人之间在合同的订立、履行和承担违约责任等方面，都处于平等的法律地位，彼此的权利和义务对等。不论自然人、法人还是其他组织，不论所有制性质和经济实力，不论其有无上下级隶属关系，合同一方当事人不得把自己的意志强加给另一方当事人。

2. 自愿的原则

自然人、法人及其他组织是否签订合同、与谁签订合同以及合同的内容和形式，除法律另有规定外，完全取决于当事人的自由意志，任何单位和个人不得非法干预。合同的自愿原则体现了民事活动的基本特征，是合同关系不同于行政法律关系、刑事法律关系的重要标志。

3. 公平的原则

当事人设定民事权利和义务，承担民事责任等时要公正、公允，合情合理。不允许在订立、履行、终止合同关系时偏袒一方。合同的公平原则要求当事人依据社会公认的公平观念从事民事活动，体现了社会公共道德的要求。

4. 诚实信用的原则

当事人在订立、履行合同的全过程中，都应当以真诚的善意，相互协作、密切配合、实事求是、讲究信誉，全面地履行合同所规定的各项义务。诚实信用原则的本质是将道德规范和法律规范合为一体，兼有法律调节和道德调节的双重职能。

5. 合法的原则

当事人订立、履行合同时，应当符合法律和行政法规的规定，符合社会公德的要求，这样既有利于维护社会经济秩序，又有利于维护社会公共利益。违背了合法原则，合同就失去了法律效力，也就无法得到法律的保护。

（三）合同法的构成

《合同法》由总则、分则和附则三部分组成。总则包括一般规定、合同的订立、合同的效力、合同的履行、合同的变更和转让、合同的权利义务终止、违约责任、其他规定。分则按照合同标的不同，将合同分为 15 类，即：买卖合同；供用电、水、气、热力合同；赠与合同；借款合同；租赁合同；融资租赁合同；承揽合同；建设工程合同；运输合同；技术合同；保管合同；仓储合同；委托合同；行纪合同；居间合同。

当事人订立合同，应当具有相应的民事权利能力和民事行为能力。当事人依法可以委托代理人订立合同。

三、招标投标法

资源 12.3

《中华人民共和国招标投标法》（以下简称《招标投标法》）规定，在中华人民共和国境内进行下列工程建设项目（包括项目的勘察、设计、施工、监理以及与工程建设有关的重要设备、材料等的采购），必须进行招标。

四、其他相关法律法规

资源 12.4

（一）价格法

《中华人民共和国价格法》规定，国家实行并完善宏观经济调控下主要由市场形成价格的机制。价格的制定应当符合价值规律，大多数商品和服务价格实行市场调节价，极少数商品和服务价格实行政府指导价或政府定价。

（二）土地管理法

《中华人民共和国土地管理法》是一部规范我国土地所有权和使用权、土地利用、耕地保护、建设用地等行为的法律。

（三）保险法

《中华人民共和国保险法》中所称保险，是指投保人根据合同约定，向保险人（保险公司）支付保险费，保险人对于合同约定的可能发生的事故因其发生所造成的财产损失承担赔偿保险金责任，或者当被保险人死亡、伤残、疾病或达到合同约定的年龄、期限时承担给付保险金责任的商业保险行为。

（四）税法相关法律

包含税务管理、税率、税收种类等法律法规。

（五）增值税

增值税是以商品（含应税劳务）在流转过程中产生的增值额作为计税依据而征收的一种流转税。从计税原理上说，增值税是对商品生产、流通、劳务服务中多个环节的新增价值或商品的附加值征收的一种流转税。实行价外税，也就是由消费者负担，有增值才征税没增值不征税。但在实际当中，商品新增价值或附加值在生产和流通过程中是很难准确计算的。

因此，中国也采用国际上的普遍采用的税款抵扣的办法。即根据销售商品或劳务的销售额，按规定的税率计算出销售税额，然后扣除取得该商品或劳务时所支付的增值税款，也就是进项税额，其差额就是增值部分应交的税额，这种计算方法体现了按增值因素计税的原则。

1. 种类

根据对外购固定资产所含税金扣除方式的不同，增值税可以分为：

（1）生产型增值税：生产型增值税指在征收增值税时，只能扣除属于非固定资产项目的那部分生产资料的税款，不允许扣除固定资产价值含有的税款。该类型增值税的征税对象大体上相当于国民生产总值，因此称为生产型增值税。

（2）收入型增值税：收入型增值税指在征收增值税时，只允许扣除固定资产折旧部分所含的税款，未提折旧部分不得计入扣除项目金额。该类型增值税的征税对象大体上相当于国民收入，因此称为收入型增值税。

（3）消费型增值税：消费型增值税指在征收增值税时，允许将固定资产价值中所含的税款全部一次性扣除。这样，就整个社会而言，生产资料都排除在征税范围之外。该类型增值税的征税对象仅相当于社会消费资料的价值，因此称为消费型增值税。中国从2009年1月1日起，在全国所有地区实施消费型增值税。

2. 营改增

营业税改增值税，简称营改增，是指以前缴纳营业税的应税项目改成缴纳增值税。营改增的最大特点是减少重复征税，可以促使社会形成更好的良性循环，有利于企业降低税负。

依据住房和城乡建设部办公厅《关于做好建筑业营改增建设工程计价依据调整准备工作的通知》（建办标〔2016〕4号）、财政部和国家税务总局《关于全面推开营业税改征增值税试点的通知》（财税〔2016〕36号），经国务院批准，自2016年5月1日起，在全国范围内全面推开营业税改征增值税（以下称营改增）试点，建筑业、房地产业、金融业、生活服务业等全部营业税纳税人，纳入试点范围，由缴纳营业税改为缴纳增值税。

住房和城乡建设部办公厅《关于调整建设工程计价依据增值税税率的通知》（建办标〔2018〕20号），工程造价计价依据中增值税税率由11%调整为10%，于2018年4月底前完成建设工程造价计价依据和相关计价软件的调整工作。住房和城乡建设部办公厅《关于重新调整建设工程计价依据增值税税率的通知》（建办标〔2019〕193号），工程造价计价依据中增值税税率由10%调整为9%，于2019年3月底前完成建设工程造价计价依据和相关计价软件的调整工作。

第二节　建设工程造价管理制度

资源12.5

一、建设工程造价管理体制

为保障国家及社会公众利益，维护公平竞争秩序和有关各方合法权益，各企事业单位及从业人员要贯彻执行国家的宏观经济政策和产业政策，遵守国家和地方的法律、法规及有关规定，自觉遵守工程造价咨询行业自律组织的各项制度和规定，并接受工程造价咨询行业自律组织的业务指导。

1. 政府部门的行政管理

政府设置了多层管理机构，明确了管理权限和职责范围，形成了一个严密的建设工程造价宏观管理组织系统。国务院建设主管部门在全国范围内行使建设管理职能，在建设工程造价管理方面的主要职能包括：

（1）组织制定建设工程造价管理有关法规、规章并监督其实施；

（2）组织制定全国统一经济定额并监督指导其实施；

（3）制定工程造价咨询企业的资质标准并监督其执行；

（4）负责全国工程造价咨询企业资质管理工作，审定甲级工程造价咨询企业的资质；

（5）制定工程造价管理专业技术人员执业资格标准并监督其执行；

（6）监督管理建设工程造价管理的有关行为。

各省、自治区、直辖市和国务院其他主管部门的建设管理机构在其管辖范围内行使相应的管理职能；省辖市和地区的建设管理部门在所辖地区行使相应的管理职能。

2. 行业协会的自律管理

中国建设工程造价管理协会是我国建设工程造价管理的行业协会。此外，在全国各省、自治区、直辖市及一些大中城市，也先后成立了建设工程造价管理协会，对工程造价咨询工作及造价工程师的执业活动实行行业服务和自律管理。

中国建设工程造价管理协会作为建设工程造价咨询行业的自律性组织，其行业管理的主要职能包括：

（1）研究建设工程造价管理体制改革、行业发展、行业政策、市场准入制度及行为规范等理论与实践问题；

（2）积极协助国务院建设主管部门，规范建设工程造价咨询市场，制定、实行工程造价咨询企业资质标准、市场准入和清除制度，协调解决工程造价咨询企业、造价工程师执业中出现的问题，建立健全行业法规体系，推进行业发展；

（3）接受国务院建设主管部门委托，承担工程造价咨询企业的资质申报、复核、变更，造价工程师的注册、变更和继续教育等具体工作；

（4）建立和完善建设工程造价咨询行业自律机制。按照“客观、公正、合理”和诚信为本，操守为重”的要求，贯彻执行工程造价咨询单位执业行为准则和造价工程师职业道德行为准则、执业操作规程、工程造价咨询合同示范文本等行规行约，并监督、检查实施情况；

（5）以服务为宗旨，维护会员的合法权益，协调行业内外关系，并向政府有关部门和有关方面反映会员单位和造价工程师的意见和建议，努力发挥政府与企业之间的桥梁与纽带作用；

（6）建立建设工程造价信息服务系统，编辑、出版建设工程造价管理有关刊物和参考资料，组织交流和推广建设工程造价咨询先进经验，举办有关职业培训和国内外建设工程造价咨询业务研讨活动；

（7）对外代表我国造价工程师组织和建设工程造价咨询行业，与国际组织及各国同行组织建立联系与交往，签订有关协议，为开展建设工程造价管理国际交流与合作提供服务；

（8）受理违反行业自律行为的投诉，对违规的工程造价咨询企业、造价工程师实行行业惩戒，或提请政府建设主管部门进行处罚；

（9）指导各专业委员会和地方建设工程造价管理协会的业务工作。

各地方建设工程造价管理协会作为建设工程造价咨询行业管理的地方性组织，在业务上接受中国建设工程造价管理协会的指导，协助地方政府建设主管部门和中国建设工程造价管理协会，进行本地区建设工程造价咨询行业的自律管理。

二、建设工程造价专业人员资格管理

我国实行造价工程师执业管理制度。取得造价工程师职业资格的人员，必须经过注册，方能以注册造价工程师的名义进行执业。我国造价工程师分为一级造价工程师和二级造价工程师。

根据《国家职业资格目录》，为统一和规范造价工程师职业资格设置和管理，提高工程造价专业人员素质，提升建设工程造价管理水平，2018 年 7 月住房和城建设部、交通运输部、水利部、人力资源社会保障部印发关于《造价工程师职业资格制度规定》及《造价工程师职业资格考试实施办法》的通知，规范工程造价职业资格。本规定印发之前取得的全国建设工程造价员资格证书、公路水运工程造价人员资格证书以及水利工程造价工程师资格证书，效用不变。专业技术人员取得一级造价工程师、二级造价工程师职业资格，可认定其具备工程师、助理工程师职称，并可作为申报高一级职称的条件。原人事部、原建设部发布的《造价工程师执业资格制度暂行规定》（人发〔1996〕77 号）同时废止。根据该暂行规定取得的造价工程师执业资格证书与本规定中一级造价工程师职业资格证书效用等同。

（一）造价工程师执业资格制度

注册造价工程师是指通过全国造价工程师执业资格统一考试或者资格认定、资格互认，取得中华人民共和国造价工程师执业资格，并注册取得中华人民共和国造价工程师注册执业证书和执业印章，从事工程造价活动的专业人员。未取得注册证书和执业印章的人员，不得以注册造价工程师的名义从事工程造价活动。

1. 资格考试

一级造价工程师职业资格考试全国统一大纲、统一命题、统一组织。二级造价工程师职业资格考试全国统一大纲，各省、自治区、直辖市自主命题并组织实施。原则上每年举行 1 次。一级和二级造价工程师职业资格考试均设置基础科目和专业科目。

（1）一级造价工程师报考条件。凡遵守中华人民共和国宪法、法律、法规，具有良好的业务素质和道德品行，具备下列条件之一者，可以申请参加一级造价工程师职业资格考试：

1）具有工程造价专业大学专科（或高等职业教育）学历，从事工程造价业务工作满 5 年；具有土木建筑、水利、装备制造、交通运输、电子信息、财经商贸大类大学专科（或高等职业教育）学历，从事工程造价业务工作满 6 年。

2）具有通过工程教育专业评估（认证）的工程管理、工程造价专业大学本科学历或学位，从事工程造价业务工作满 4 年；具有工学、管理学、经济学门类大学本科学历或学位，从事工程造价业务工作满 5 年。

3）具有工学、管理学、经济学门类硕士学位或者第二学士学位，从事工程造价业务工作满 3 年。

4）具有工学、管理学、经济学门类博士学位，从事工程造价业务工作满 1 年。

5）具有其他专业相应学历或者学位的人员，从事工程造价业务工作年限相应增加 1 年。

一级造价工程师职业资格考试成绩实行 4 年为一个周期的滚动管理办法，在连续的 4 个考试年度内通过全部考试科目，方可取得一级造价工程师职业资格证书。

（2）免试条件。

1）已取得造价工程师一种专业职业资格证书的人员，报名参加其他专业科目考试的，可免考基础科目。考试合格后，核发人力资源社会保障部门统一印制的相应专业考试合格证明。该证明作为注册时增加执业专业类别的依据。

2）具有以下条件之一的，参加一级造价工程师考试可免考基础科目。①已取得公路工程造价人员资格证书（甲级）。②已取得水运工程造价工程师资格证书；③已取得水利工程造价工程师资格证书。

（3）二级造价工程师报考条件。凡遵守中华人民共和国宪法、法律、法规，具有良好的业务素质和道德品行，具备下列条件之一者，可以申请参加二级造价工程师职业资格考试：

1）具有工程造价专业大学专科（或高等职业教育）学历，从事工程造价业务工作满 2 年；具有土木建筑、水利、装备制造、交通运输、电子信息、财经商贸大类大学专科（或高等职业教育）学历，从事工程造价业务工作满 3 年。

2）具有工程管理、工程造价专业大学本科及以上学历或学位，从事工程造价业务工作满 1 年；具有工学、管理学、经济学门类大学本科及以上学历或学位，从事工程造价业务工作满 2 年。

3）具有其他专业相应学历或学位的人员，从事工程造价业务工作年限相应增加 1 年。

（4）考试科目。造价工程师执业资格考试分为 4 个科目："工程造价管理基础理论与相关法规""工程造价计价与控制""建设工程技术与计量（土建工程或安装工程）"和"工程造价案例分析"。

对于长期从事工程造价管理业务工作的技术人员，符合一定的学历和专业年限条件的，可免试"工程造价管理基础理论与相关法规""建设工程技术与计量"2 个科目，只参加"工程造价计价与控制"和"工程造价案例分析"2 个科目的考试。

造价工程师执业资格考试成绩实行两年为一个周期的滚动管理办法。参加四个科目考试的人员必须在连续两个考试年度内通过全部科目；免试部分科目的人员必须在一个考试年度内通过应试科目。考试成绩在全国专业技术人员资格考试服务平台或各省（自治区、直辖市）人事考试机构网站发布。

（5）证书取得。一级造价工程师职业资格考试合格者，由各省、自治区、直辖市人力资源社会保障行政主管部门颁发中华人民共和国一级造价工程师职业资格证书。该证书由人力资源社会保障部统一印制，住房和城乡建设部、交通运输部、水利部按专业类别分别与人力资源社会保障部用印，在全国范围内有效。

二级造价工程师职业资格考试合格者，由各省、自治区、直辖市人力资源社会保障行政主管部门颁发中华人民共和国二级造价工程师职业资格证书。该证书由各省、自治区、直辖市住房城乡建设、交通运输、水利行政主管部门按专业类别分别与人力资源社会保障行政主管部门用印，原则上在所在行政区域内有效。各地可根据实际情况制定跨区域认可办法。

凡以不正当手段取得《资格证书》的，由各省（自治区、直辖市）专业技术人员管理部门收回《资格证书》，按《专业技术人员资格考试违纪违规行为处理规定》（中华人民共和国人力资源和社会保障部令第31号）严肃处理。

2. 注册

注册造价工程师实行注册执业管理制度。取得造价工程师执业资格的人员，经过注册方能以注册造价工程师的名义执业。

（1）初始注册。取得注册造价工程师执业资格证书的人员，受聘于一个工程造价咨询企业或者工程建设领域的建设、勘察设计、施工、招标代理、工程监理、工程造价管理等单位，可自执业资格证书签发之日起1年内向聘用单位工商注册所在地的省、自治区、直辖市人民政府建设主管部门或者国务院有关部门提出注册申请。

受聘于具有工程造价咨询资质的中介机构的，应当提供聘用单位为其交纳的社会基本养老保险凭证、人事代理合同复印件，或者劳动、人事部门颁发的离退休证复印件。外国人、台港澳人员应当提供外国人就业许可证书、台港澳人员就业证书复印件。

逾期未申请注册的，须符合继续教育的要求后方可申请初始注册。初始注册的有效期为4年。

（2）延续注册。造价工程师注册有效期满需继续执业的，应当在注册有效期满30日前，按照规定的程序申请延续注册。延续注册的有效期为4年。

（3）变更注册。在注册有效期内，注册造价工程师变更执业单位的，应当与原聘用单位解除劳动合同，并按照规定的程序办理变更注册手续。变更注册后延续原注册有效期。

（4）不予注册的情形。

3. 执业

注册造价工程师的执业范围包括：

（1）建设项目建议书、可行性研究投资估算的编制和审核，项目经济评价，工程概算、预算、结算、竣工结（决）算的编制和审核；

（2）工程量清单、标底（或者控制价）、投标报价的编制和审核，工程合同价款的签订及变更、调整、工程款支付与工程索赔费用的计算；

（3）建设项目管理过程中设计方案的优化、限额设计等工程造价分析与控制，工程保险理赔的核查；

（4）工程经济纠纷的鉴定。

注册造价工程师应当在本人承担的工程造价成果文件上签字并盖章。修改经注册造价工程师签字盖章的工程造价成果文件，应当由签字盖章的注册造价工程师本人进行；注册造价工程师本人因特殊情况不能进行修改的，应当由其他注册造价工程师修改，并签字盖章；修改工程造价成果文件的注册造价工程师对修改部分承担相应的法律责任。

资源12.6

4. 其他

注册造价工程师享有的权利和义务及继续教育的规定参看相关规定。

（二）建设工程造价咨询企业管理

工程造价咨询企业是指接受委托，对建设项目投资、工程造价的确定与控制提供专业咨询服务的企业。工程造价咨询企业从事工程造价咨询活动，应当遵循独立、客观、公正、诚实信用的原则，不得损害社会公共利益和他人的合法权益。

1. 工程造价咨询企业资质等级标准

工程造价咨询企业资质等级分为甲级、乙级。

（1）甲级资质标准。

1）已取得乙级工程造价咨询企业资质证书满3年；

2）企业出资人中，注册造价工程师人数不低于出资人总人数的60%，且其出资额不低于企业注册资本总额的60%；

3）技术负责人已取得造价工程师注册证书，具有工程或工程经济类高级专业技术职称，且从事工程造价专业工作15年以上；

4）专职从事工程造价专业工作的人员（以下简称专职专业人员）不少于20人，其中，具有工程或者工程经济类中级以上专业技术职称的人员不少于16人，取得造价工程师注册证书的人员不少于10人，其他人员具有从事工程造价专业工作的经历；

5）企业与专职专业人员签订劳动合同，且专职专业人员符合国家规定的职业年龄（出资人除外）；

6）专职专业人员人事档案关系由国家认可的人事代理机构代为管理；

7）企业注册资本不少于人民币100万元；

8）企业近3年工程造价咨询营业收入累计不低于人民币500万元；

9）具有固定的办公场所，人均办公建筑面积不少于$10m^2$；

10）技术档案管理制度、质量控制制度、财务管理制度齐全；

11）企业为本单位专职专业人员办理的社会基本养老保险手续齐全；

12）在申请核定资质等级之日前3年内无违规行为。

（2）乙级资质标准。

1）企业出资人中，注册造价工程师人数不低于出资人总人数的60%，且其出资额不低于注册资本总额的60%；

2）技术负责人已取得造价工程师注册证书，并具有工程或工程经济类高级专业技术职称，且从事工程造价专业工作10年以上；

3）专职专业人员不少于12人，其中，具有工程或者工程经济类中级以上专业技术职称的人员不少于8人，取得造价工程师注册证书的人员不少于6人，其他人员具有从事工程造价专业工作的经历；

4）企业与专职专业人员签订劳动合同，且专职专业人员符合国家规定的职业年龄（出资人除外）；

5）专职专业人员人事档案关系由国家认可的人事代理机构代为管理；

6）企业注册资本不少于人民币50万元；

7）具有固定的办公场所，人均办公建筑面积不少于$10m^2$；

8）技术档案管理制度、质量控制制度、财务管理制度齐全；

9）企业为本单位专职专业人员办理的社会基本养老保障手续齐全；

10）暂定期内工程造价咨询营业收入累计不低于人民币50万元；

11）在申请核定资质等级之日前3年内无违规行为。

2. 工程造价咨询企业的业务承接

资源 12.7

工程造价咨询企业应当依法取得工程造价咨询企业资质，并在其资质等级许可的范围内从事工程造价咨询活动。工程造价咨询企业依法从事工程造价咨询活动，不受行政区域限制。甲级工程造价咨询企业可以从事各类建设项目的工程造价咨询业务；乙级工程造价咨询企业可以从事工程造价 5000 万元人民币以下的各类建设项目的工程造价咨询业务。

（1）业务范围。工程造价咨询业务范围包括：

1）建设项目建议书及可行性研究投资估算、项目经济评价报告的编制和审核；

2）建设项目概（预）算的编制与审核，并配合设计方案比选、优化设计、限额设计等工作进行工程造价分析与控制；

3）建设项目合同价款的确定（包括招标工程工程量清单和标底、投标报价的编制和审核）；合同价款的签订与调整（包括工程变更、工程洽商和索赔费用的计算）与工程款支付，工程结算及竣工结（决）算报告的编制与审核等；

4）工程造价经济纠纷的鉴定和仲裁的咨询；

5）提供工程造价信息服务等。

工程造价咨询企业可以对建设项目的组织实施进行全过程或者若干阶段的管理和服务。

（2）执业。

1）咨询合同及其履行。工程造价咨询企业在承接各类建设项目的工程造价咨询业务时，可以参照《建设工程造价咨询合同》（示范文本）与委托人签订书面工程造价咨询合同。

2）执业行为准则。工程造价咨询企业在执业活动中应遵循执业行为准则。

（3）企业分支机构。工程造价咨询企业设立分支机构的，应当自领取分支机构营业执照之日起 30 日内，到分支机构工商注册所在地省、自治区、直辖市人民政府建设主管部门备案。

省、自治区、直辖市人民政府建设主管部门应当在接受备案之日起 20 日内，报国务院建设主管部门备案。

分支机构从事工程造价咨询业务，应当由设立该分支机构的工程造价咨询企业负责承接工程造价咨询业务、订立工程造价咨询合同、出具工程造价成果文件。分支机构不得以自己名义承接工程造价咨询业务、订立工程造价咨询合同、出具工程造价成果文件。

（4）跨省区承接业务。工程造价咨询企业跨省、自治区、直辖市承接工程造价咨询业务的，应当自承接业务之日起 30 日内到建设工程所在地省、自治区、直辖市人民政府建设主管部门备案。

3. 工程造价咨询企业的法律责任

包括三部分的规定和处罚措施：①资质申请或取得的违规责任；②经营违规的责任；③其他违规责任。

第十三章 工程经济

第一节 资金的时间价值及其计算

资源 13.1

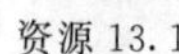

资源 13.2

一、现金流量

（一）现金流量的含义

在工程经济中，现金流入量、现金流出量、净现金流量统称为现金流量。如果将研究对象视为一个独立的经济系统，则在某一时点 t 流入系统的资金称为现金流入，记为 CI_t；流出系统的资金称为现金流出，记为 CO_t；同一时点上的现金流入与现金流出之差称为净现金流量，记为 NCF（Net Cash Flow）或 $(CI-CO)_t$。现金流入和现金流出是站在特定的系统角度划分的，例如，企业从银行借入一笔资金，从企业的角度考察是现金流入，从银行的角度考察是现金流出。

（二）现金流量图

现金流量图是一种反映经济系统资金运动状态的图形，运用现金流量图可以全面、形象、直观地表示现金流量的三要素：大小（资金数额），方向（资金流入或流出）和作用点（资金发生的时间点），如图 13－1 所示。

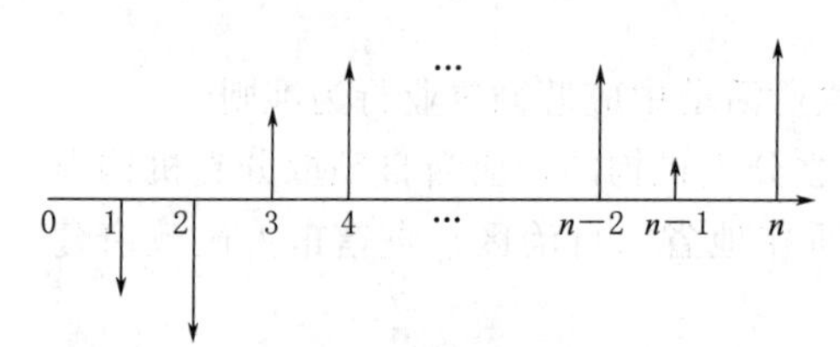

图 13－1 现金流量示意图

现以图 13－1 为例，说明现金流量图的绘制规则如下：

（1）横轴为时间轴，0 表示时间序列的起点，n 表示时间序列的终点。轴上每一间隔代表一个时间单位（计息周期），可取年、半年、季或月等。整个横轴表示的是所考察的经济系统的寿命期。

（2）与横轴相连的垂直箭线代表不同时点的现金流入或现金流出。在横轴上方的箭线表示现金流入（收益）；在横轴下方的箭线表示现金流出（费用）。

（3）现金流量的方向（流入与流出）是对特定的系统而言的。贷款方的流入是借款方的流出；反之亦然。通常工程项目现金流量的方向是针对资金使用者的系统而言的。

（4）垂直箭线的长短要能适当体现各时点现金流量的大小，并在各箭线上方（或下方）注明其现金流量的数值。

（5）垂直箭线与时间轴的交点即为现金流量发生的时点。

二、资金的时间价值

1. 资金时间价值的含义

将一笔资金存入银行会获得利息，进行投资可获得收益（也可能会发生亏损）。

而向银行借贷，也需要支付利息。这反映出资金在运动中，其数量会随着时间的推移而变动，变动的这部分资金就是原有资金的时间价值。

任何技术方案的实施，都有一个时间上的延续过程，由于资金时间价值的存在，使不同时点上发生的现金流量无法直接进行比较。只有通过一系列的换算，站在同一时点上进行对比，才能使比较结果符合客观实际情况。这种考虑了资金时间价值的经济分析方法，使方案的评价和选择变得更加现实和可靠。

2. 利息和利率

利息是资金时间价值的重要表现形式，可以代表资金的时间价值。用利息作为衡量资金时间价值的绝对尺度，用利率作为衡量资金时间价值的相对尺度。

（1）利息。在借贷过程中，债务人支付给债权人的超过原借款本金的部分就是利息，即

$$I=F-P \tag{13-1}$$

式中　I——利息；

F——还本付息总额；

P——本金。

在工程经济分析中，利息常常被看成是资金的一种机会成本。因为，如果债权人放弃资金的使用权利，就放弃了现期消费的权利，而牺牲现期消费是为了能在将来得到更多的消费资金。从投资者角度看，利息体现为放弃现期消费的损失的必要补偿。为此，债务人就要为占用债权人的资金付出一定的代价。在工程经济分析中，利息是指占用资金所付的代价或者是放弃现期消费所得的补偿。

（2）利率。利率是在单位时间内（如年、半年、季、月、周、日等）所得利息与借款本金之比，通常用百分数表示，即

$$i=\frac{I_t}{P}\times 100\% \tag{13-2}$$

式中　i——利率；

I_t——单位时间获得利息金额；

P——借款本金。

用于表示计算利息的时间单位称为计息周期，计息周期通常为年、半年、季，也可以为月、周或日。

【例 13-1】　某公司年初借本金 1000 万元，一年后付息 80 万元，试求这笔借款的年利率。

解：根据式（13-2）计算年利率为

$$(80/1000)\times 100\%=8\%$$

（3）影响利率的主要因素。利率的高低取决于以下因素：

1）社会平均利润率。在通常情况下，平均利润率是利率的最高界限。因为利息是利润分配的结果，如果利率高于利润率，借款人投资后无利可图，就不会借款了。

2）借贷资本的供求情况。利息是使用资金的代价（价格），受供求关系的影响，在平均利润率不变的情况下，借贷资本供过于求，利率下降，反之，利率上升。

3）借贷风险。借出资本要承担一定的风险，而风险的大小也影响利率的波动。风险越大，利率也就越高。

4）通货膨胀。通货膨胀对利率的波动有直接影响，如果资金贬值幅度超过名义利率，往往会使实际利率无形中成为负值。

5）借出资本的期限长短。借款期限长，不可预见因素多，风险大，利率也就高，反之，利率就低。

三、利息计算方法

利息计算有单利和复利之分。当计息周期数在一个以上时，就需要考虑单利与复利的问题。

（一）单利计算

单利是指在计算每个周期的利息时，仅考虑最初的本金，而不计入在先前计息周期中所累积增加的利息，即通常所说的“利不生利”的计息方法。其计算公式如下

$$I_t = P \times i_d \tag{13-3}$$

式中 I_t——第 t 个计息期的利息额；

P——本金；

i_d——计息周期单利利率。

设 I_n 代表 n 个计息周期所付或所收的单利总利息，则有下式

$$I_n = \sum_{i=1}^{n} I_t = \sum_{i=1}^{n} P \times i_d = P \times i_d \times n \tag{13-4}$$

由式（13-4）可知，在以单利计息的情况下，总利息与本金、利率以及计息周期数成正比。而周期末单利本利和 F 等于本金加上利息，即

$$F = P + I_n = P + (1 + n \times i_d) \tag{13-5}$$

式中 $(1+n\times i_d)$——单利终值系数。

在利用式（13-5）计算本利和 F 时，要注意式中 n 和 i_d 反映的周期要匹配。如 i_d 为年利率，则 n 应为计息的年数，若 i_d 为月利率，n 即应为计息的月数。

【例 13-2】 假如某公司以单利方式在第 1 年初借入 1000 万元，年利率 8%，第 4 年末偿还，试计算各年利息与年末本利和。

解：计算过程和计算结果见表 13-1。

表 13-1　各年单利利息与本利和计算表　单位：万元

使用期	计息本金	利　息	年末本利和	偿还额
1	1000	1000×8%=80	1080	0
2	1000	80	1160	0
3	1000	80	1240	0
4	1000	80	1320	1320

由［例 13-2］可见，单利的年利息额仅由本金所产生的，其新生利息，不再加入本金产生利息，此即“利不生利”。由于没有反映资金随时都在“增值”的规律，

即没有完全反映资金的时间价值，因此，单利在工程经济分析中使用较少。

（二）复利计算

复利是指将其上期利息结转为本金，一并计算本期利息，即通常所说的“利生利”“利滚利”的计息方法，其计算式如下：

$$I_t = i \times F_{t-1} \tag{13-6}$$

式中　I_t——第 t 年利息；

i——计息周期（年）利率；

F_{t-1}——第 $t-1$ 年末复利本利和。

第 t 年末复利本利和的表达式如下：

$$F_t = F_{t-1} \times (1+i) = F_{t-2} \times (1+i)^2 = \cdots = P \times (1+i)^n \tag{13-7}$$

【例 13-3】 数据同［例 13-2］，试按复利计算各年的利息和年末本利和。

解： 按复利计算时，计算结果见表 13-2。

表 13-2　**各年复利利息与本利和计算表**　单位：万元

使用期	计息本金	利　息	年末本利和	偿还额
1	1000	1000×8%=80	1080	0
2	1080	1080×8%=86.4	1166.4	0
3	1166.4	1166.4×8%=93.312	1259.712	0
4	1259.712	1259.712×8%=100.777	1360.489	1360.489

比较表 13-1 和表 13-2 可以看出，同一笔借款，在利率和利息期均相同的情况下，用复利计算出的利息金额比用单利计算出的利息金额大。如果本金越大，利率越高，年数越多时，两者差距就越大。复利反映利息的本质特征，更符合资金在社会生产过程中运动的实际状况。因此，在工程经济分析中，一般采用复利计算。

复利计算有间断复利计算和连续复利计算之分。按期（年、半年、季、月、周、日）计算复利的方法称为间断复利（即普通复利），按瞬时计算复利的方法称为连续复利。在实际运用中，一般采用间断复利。

四、等值计算

（一）影响资金等值的因素

不同时期、不同数额但其“价值等效”的资金称为资金等值，或资金等效值。

由于资金的时间价值，金额相同的资金发生在不同时间，会产生不同的价值。反之，不同时点绝对值不等的资金，在时间价值的作用下却可能具有相等的价值。这些影响资金等值的因素有三个：资金的多少、资金发生的时间、利率（或折现率）的大小。其中，利率是一个关键因素，在等值计算中，一般以同一利率为依据。

在工程经济分析中，等值是一个十分重要的概念，为确定某一经济活动的有效性或者进行方案比选提供了可能。

（二）等值计算方法

常用的等值计算方法主要包括两大类，即一次支付和等额支付。

1. 一次支付

又称整付，是指所分析系统的现金流量，无论是流入还是流出，分别在时点上发生一次。

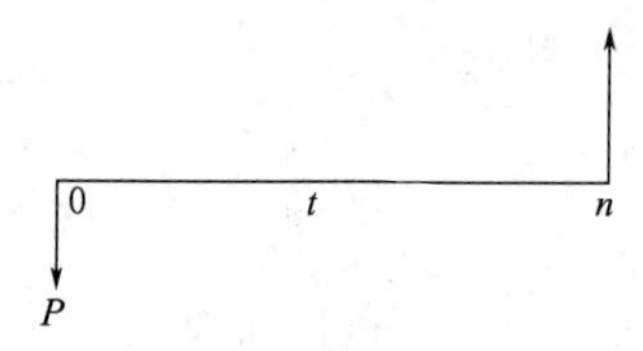

图 13-2 一次支付现金流量示意图

(1) 终值计算（已知 P，求 F）。现有一笔资金 P，年利率为 i，按复利计算，则 n 年末的本利和 F 为多少？即已知 P、i、n，求 F。其现金流量图如图 13-2 所示。

根据复利的含义，n 年末本利和 F 的计算过程见表 13-3。

表 13-3　　n 年末复利本利和 F 的计算过程

计息期	期初金额（1）	本期利息额（2）	期末本利和 $F_t=(1)+(2)$
1	P	$P\cdot i$	$F_1=P+P\cdot i=P(1+i)$
2	$P(1+i)$	$P(1+i)\cdot i$	$F_2=P(1+i)+P(1+i)\cdot i=P(1+i)^2$
3	$P(1+i)^2$	$P(1+i)^2\cdot i$	$F_3=P(1+i)2+P(1+i)2\cdot i=P(1+i)^3$
⋮	⋮	⋮	⋮
n	$P(1+i)^{n-1}$	$P(1+i)^{n-1}\cdot i$	$F_n=P(1+i)^{n-1}+P(1+i)^{n-1}\cdot i=P(1+i)^n$

由表 13.3 可以看出，一次支付 n 年末复本利和 F 的计算公式为

$$F=P(1+i)^n \tag{13-8}$$

式中 i——计息周期复利率；

n——计息周期数；

P——现值（即现在的资金价值或本金，Present Value），指资金发生在（或折算为）某一特定时间序列起点时的价值；

F——终值（即未来的资金价值或本利和，Future Value），指资金发生在（或折算为某一特定时间序列终点时的价值；

$(1+i)^n$——一次支付终值系数，用 $(F/P,i,n)$ 表示。

则式（13-8）又可写成

$$F=P(F/P,i,n) \tag{13-9}$$

在 $(F/P,i,n)$ 这类符号中，括号内斜线左侧的符号表示所求的未知数，斜线右侧的符号表示已知数。$(F/P,i,n)$ 就表示在已知 P、i 和 n 的情况下求解 F 值。为了计算方便，通常按照不同的利率 i 和计息周期数 n 计算出 $(1+i)^n$ 的值，并列表(复利系数表)。在计算 F 时，只要从复利系数表中查出相应的复利系数再乘以本金即可。

【例 13-4】 某公司从银行借款 1000 万元，年复利率 $i=10\%$，试问 5 年后一次需支付本利和多少？

解： 按式（13-9）计算得

$$F=P(F/P,i,n)=1000\times(F/P,10\%,5)$$

从复利系数表查出系数（F/P,10%,5）为1.611，代入上式得

$$F=1000\times1.611=1611(\text{万元})$$

也可用公式计算：

$$F=P(1+i)^n=1000\times(1+10\%)^5=1610.51(\text{万元})$$

(2) 现值计算（已知 F，求 P）。由式（13-8）即可求出现值 P。

$$P=F(1+i)^{-n} \tag{13-10}$$

式中，$(1+i)^{-n}$称为一次支付现值系数，用符号（$P/F,i,n$）表示。

在工程经济分析中，一般是将未来时刻的资金价值折算为现在时刻的价值，该过程称为“折现”或“贴现”，其所使用的利率常称为折现率或贴现率。故 $(1+i)^{-n}$或（$P/F,i,n$）也可称为折现系数或贴现系数。式（13-10）常写成

$$P=F(P/F,i,n) \tag{13-11}$$

【例13-5】 某公司希望5年后收回2000万元资金，年复利率 $i=10\%$，试问现在需一次投入多少？

解： 由式（13-11）得

$$P=F(P/F,i,n)=2000\times(P/F,10\%,5)$$

查复利系数表得（P/F，10%，5）为0.621，代入上式得

$$P=2000\times0.621=1242(\text{万元})$$

也可用公式计算

$$P=F(1+i)^{-n}=2000\times(1+10\%)^{-5}=1242(\text{万元})$$

2. 等额支付

在工程实践中，等额支付是最常见的支付形式。等额支付是指现金流量在多个时点发生，而不是集中在某一时点上，如图13-3所示。

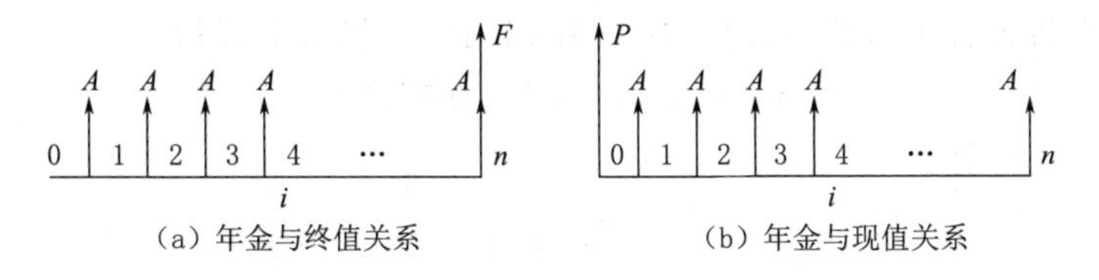

图13-3 等额系列现金流量示意图

A为年金，发生在（或折算为）某一特定时间序列各计息期末（不包括0期）的等额资金序列的价值。如果用 A 表示第 t 期末发生的现金流量（可正可负），用逐个折现的方法，可将多次现金流量换算成现值并求其代数和，即

$$P=A_1(1+i)^{-1}+A_2(1+i)^{-2}+\cdots+A_n(1+i)^{-n}=\sum_{t=1}^{n}A_t(1+i)^{-n} \tag{13-12}$$

或
$$P=\sum_{t=1}^{n}A_t(P/F,i,n) \tag{13-13}$$

同理，也可将多次现金流量换算成终值

$$F=\sum_{t=1}^{n}A_t(1+i)^{n-1} \tag{13-14}$$

或

$$F=\sum_{t=1}^{n}A_t(F/P,i,n-t) \tag{13-15}$$

在上述公式中，虽然所用系数都可以通过计算或查复利系数表得到，但如果 n 较大，A_t较多时，计算也是比较烦琐的。

如果多次现金流量 A_t是连续序列流量，且数额相等，则可简化上述计算公式。具有 $A_t=A=$常数 $(t=1,2,3,\cdots,n)$，特征的系列现金流量称为等额系列现金流量，如图 13－3 所示。

对于等额系列现金流量，其复利计算方法如下：

(1) 终值计算（已知 A，求 F）。由式（13－14）展开得

$$F=\sum_{t=1}^{n}A_t(1+i)^{n-1}=A[(1+i)^{n-1}+(1+i)^{n-2}+\cdots+(1+i)+1]$$

$$F=A\frac{(1+i)^n-1}{i} \tag{13-16}$$

式中 $\frac{(1+i)^n-1}{i}$——等额系列终值系数或年金终值系数，用符号（$F/A,i,n$）表示。

式（13－16）又可写成

$$F=A(F/A,i,n) \tag{13-17}$$

等额系列终值系数（$F/A,i,n$）可从复利系数表中查得。

【例 13－6】 若在 10 年内，每年末存入银行 2000 万元，年利率 8%，按复利计算则第 10 年末本利和为多少？

解：由式（13－17）得

$$F=A(F/A,i,n)=2000\times(F/A,8\%,10)$$

从复利系数表查出（$F/A,8\%,10$）为 14.487，代入上式得

$$F=2000\times14.487=28974(\text{万元})$$

也可用公式计算：

$$F=A\frac{(1+i)^n-1}{i}=28973.12(\text{万元})$$

(2) 现值计算（已知 A，求 P）。由式（13－10）和式（13－16）得

$$P=F(1+i)^{-n}=A\frac{(1+i)^n-1}{i(1+i)^n} \tag{13-18}$$

式中 $\frac{(1+i)^n-1}{i\ (1+i)^n}$——等额系列现值系数或年金现值系数，用符号（$P/A,i,n$）表示。

式（13－18）又可写成

$$P=A(P/A,i,n) \tag{13-19}$$

等额系列现值系数（$P/A,i,n$）可从复利系数表查得。

【例 13－7】 若想在 5 年内每年末收回 2000 万元，当年复利率为 10%时，试问开始需一次投资多少？

解：由式（13－19）得

$$P=A(P/A,i,n)=2000\times(P/A,10\%,5)$$

从复利系数表查出系数（$P/A,10\%,5$）为 3.791，代入上式得

$$P=2000\times3.791=7582(\text{万元})$$

也可用公式计算

$$P=A\frac{(1+i)^n-1}{i(1+i)^n}=7582(\text{万元})$$

（3）资金回收计算（已知 P，求 A）。等额系列资金回收计算是等额系列现值计算的逆运算，故由式（13-18）可得

$$A=P\frac{i(1+i)^n}{(1+i)^n-1} \tag{13-20}$$

式中　$\frac{i(1+i)^n}{(1+i)^n-1}$——等额系列资金回收系数，用符号（$A/P,i,n$）表示，则式（13-20）又可写成

$$A=P(A/P,i,n) \tag{13-21}$$

等额系列资金回收系数（$A/P,i,n$）可从复利系数表查得。

【例 13-8】 若投资 2000 万元，年复利率为 8%，在 10 年内收回全部本利，则每年末应收回多少？

解：由式（13-21）得：$A=P(A/P,i,n)=2000\times(A/P,8\%,10)$ 从复利系数表查出系数（$A/P,8\%,10$）为 0.1490，代入上式得

$$A=2000\times0.1490=298.0(\text{万元})$$

也可用公式计算

$$A=P\frac{i(1+i)^n}{(1+i)^n-1}=298.1(\text{万元})$$

（4）偿债基金计算（已知 F，求 A）。偿债基金计算是等额系列终值计算的逆运算，故由式（13-16）可得

$$A=F\frac{i}{(1+i)^n-1} \tag{13-22}$$

式中　$\frac{i}{(1+i)^n-1}$——等额系列偿债基金系数，用符号（$A/F,i,n$）表示，则式（13-22）又可写成

$$A=F(A/F,i,n) \tag{13-23}$$

等额系列偿债基金系数（$A/F,i,n$）可从复利系数表查得。

【例 13-9】 若想在第 5 年末获得 2000 万元，每年投入金额相等，年复利率为 10%，则每年末需投入多少？

解：由式（13-23）得

$$A=F(A/F,i,n)=2000\times(A/F,10\%,5)$$

从复利系数表查出系数（$A/F,10\%,5$）为 0.1638，代入上式得

$$A=2000\times0.1638=327.6(\text{万元})$$

也可用公式计算

$$A=F\frac{i}{(1+i)^n-1}=327.6(\text{万元})$$

上述资金等值计算公式的用途及其相互之间的关系如图 13-4 所示。

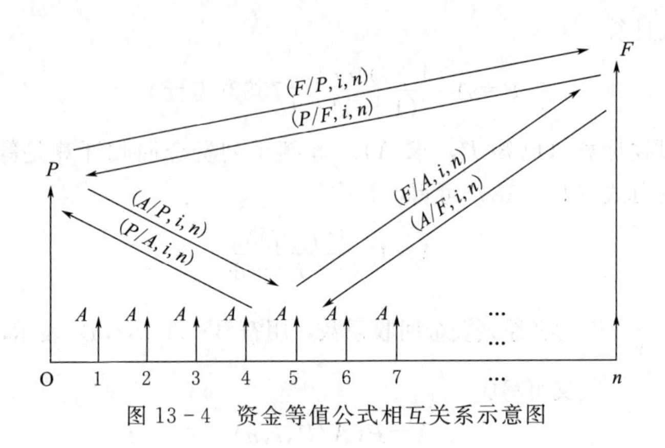

图 13-4　资金等值公式相互关系示意图

从复利系数的结构和等值计算原理可知，等值计算受到折现率、资金流量及其发生的时间点的影响，因此，在工程经济分析中要重视以下两点：

(1) 正确选取折现率。折现率是决定现值大小的一个重要因素，必须根据一定的准则选用。

(2) 注意现金流量的分布情况。从收益角度来看，获得的时间越早，数额越大，其现值就越大。因此，应使建设项目早日投产，早日达到设计生产能力，早获收益，多获收益，才能达到最佳经济效益。从投资角度看，投资支出的时间越晚、数额越小，其现值就越小。因此，应合理分配各年投资额，在不影响项目正常实施的前提下，尽量减少建设初期投资额，加大建设后期投资比重。

(三) 名义利率和有效利率

在复利计算中，利率周期通常以年为单位，它可以与计息周期相同，也可以不同。当利率周期与计息周期不一致时，就出现了名义利率和有效利率的概念。

1. 名义利率

名义利率 r 是指计息周期利率 i 乘以一个利率周期内的计息周期数 m 所得的利率周期利率，即

$$r=i\times m \tag{13-24}$$

若月利率为 1%，则年名义利率为 12%。计算名义利率时忽略了前面各期利息再生利息的因素，这与单利的计算相同。反过来，若年利率为 12%，按月计息，则月利率为 1%（计息周期利率），而年利率为 12%（利率周期利率）同样是名义利率。通常所说的利率周期利率都是名义利率。

2. 有效利率

有效利率是指资金在计息中所发生的实际利率，包括计息周期有效利率和利率周期有效利率。

(1) 计息周期有效利率。即计息周期利率 i，即

$$i=\frac{r}{m} \tag{13-25}$$

（2）利率周期有效利率。若用计息周期利率来计算利率周期有效利率，并将利率周期内的利息再生利息因素考虑进去，这时所得的利率周期利率称为利率周期有效利率（又称利率周期实际利率）。根据利率的概念即可推导出利率周期有效利率的计算式（13-26）。

已知利率周期名义利率 r，一个利率周期内计息 m 次（如图 13-5 所示），则计息周期利率为 $i=r/m$，在某个利率周期初有资金 P，则利率周期终值 F 的计算式为

$$F=P\left(1+\frac{r}{m}\right)^{m} \tag{13-26}$$

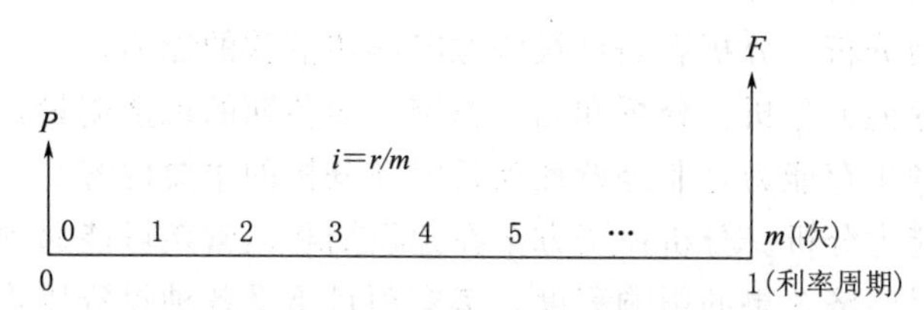

图 13-5　利率周期有效利率计算的现金流量图

根据利息的定义可得该利率周期的利息 I 为

$$I=F-P=P\left(1+\frac{r}{m}\right)^{m}-P=P\left[\left(1+\frac{r}{m}\right)^{m}-1\right] \tag{13-27}$$

再根据利率的定义可得该利率周期的有效利率 $I_。$为

$$i_{\mathrm{eff}}=\frac{I}{P}=\left(1+\frac{r}{m}\right)^{m}-1 \tag{13-28}$$

由此可见，利率周期有效利率与名义利率的关系，实质上与复利和单利的关系相同。假设年名义利率 $r=10\%$，则按年、半年、季、月、日计息的年有效利率见表 13-4。

表 13-4　　年有效利率计算结果

年名义利率（r）	计息周期	年计息次数（m）	计息期利率（$i=r/m$）	年有效利率 i_{eff}
10%	年	1	10%	10%
	半年	2	5%	10.25%
	季	4	2.5%	10.38%
	月	12	0.833%	10.46%
	日	365	0.0274%	10.51%

从表 13-4 可以看出，在名义利率 r 一定时，每年计息期数越多，i_{eff} 与 r 相差越大，这一结论具有普遍性。因此，在工程经济分析中，如果各方案的计息周期不同，就不能简单地使用名义利率来评价，而必须换算成同一周期的有效利率进行评价，否则会得出不正确的结论。

资源 13.3

第二节 投资方案经济效果评价

一、经济效果评价的内容及指标体系

（一）经济效果评价的内容

经济效果评价是指对评价方案计算期内，各种有关技术经济因素和方案投入与产出的有关财务、经济资料数据进行调查、分析、预测，对方案的经济效果进行计算、评价，分析比较各方案的优劣，从而确定和推荐最佳方案的过程。

投资方案经济效果评价的内容主要包括盈利能力分析、偿债能力分析、财务生存能力分析和抗风险能力评价。

（1）盈利能力分析。分析和测算投资方案计算期的盈利能力和盈利水平。

（2）偿债能力分析。分析和测算投资方案偿还借款的能力。

（3）财务生存能力分析。分析和测算投资方案各期的现金流量，判断投资方案能否持续运行。财务生存能力是非经营性项目财务分析的主要内容。

（4）抗风险能力分析。分析投资方案在建设期和运营期可能遇到的不确定性因素和随机因素对项目经济效果的影响程度，考察项目承受各种投资风险的能力。

（二）经济效果评价的基本方法

经济效果评价是工程经济分析的核心内容，其目的在于确保决策的正确性和科学性，避免或最大限度地减少投资方案的风险，最大限度地提高项目投资的综合经济效益。

经济效果评价的基本方法包括确定性评价方法和不确定性评价方法。对同一投资方案而言，必须同时进行确定性评价和不确定性评价。

按是否考虑资金时间价值，经济效果评价方法又可分为静态评价方法和动态评价方法。静态评价方法不考虑资金时间价值，其最大特点是计算简便，适用于方案的初步评价，或对短期投资项目进行评价，以及对于逐年收益大致相等的项目评价。动态评价方法考虑资金时间价值，能较全面地反映投资方案整个计算期的经济效果。因此，在进行方案比较时，一般以动态评价方法为主。

（三）经济效果评价指标体系

投资方案经济效果评价指标不是唯一的，根据不同的评价深度要求和可获得资料的多少，以及项目本身所处的条件不同，可选用不同的评价指标，这些指标有主有次，可以从不同侧面反映投资方案的经济效果。

根据是否考虑资金时间价值，可分为静态评价指标和动态评价指标，如图 13-6 所示。经济效果评价指标还可以分为时间性指标、价值性指标和比率性指标。

1. 投资收益率

投资收益率，是指投资方案达到设计生产能力一个正常生产年份的年净收益总额与方案投资总额的比率。它是评价投资方案盈利能力的静态指标，表明投资方案正常生产年份中，单位投资每年所创造的年净收益额。对运营期内各年的净收益额变化幅度较大的方案，可计算运营期年平均净收益额与投资总额的比率。

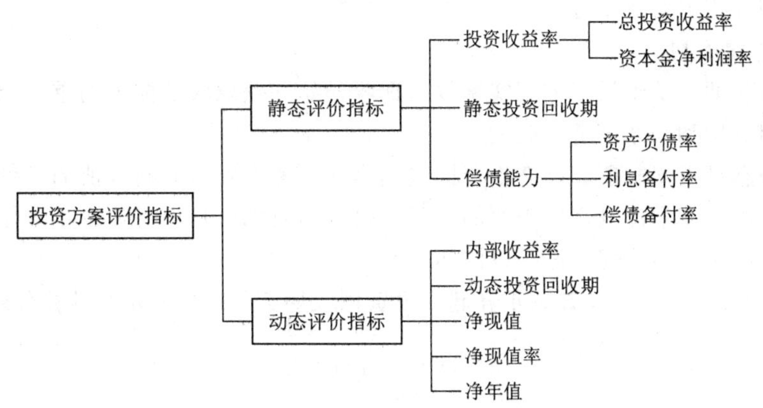

图 13-6　投资方案经济评价指标体系

（1）计算公式

$$投资收益率\ R=\frac{年净收益或年平均收益}{投资总额}\times 100\% \tag{13-29}$$

（2）评价准则。将计算出的投资收益率 R 与所确定的基准投资收益率 Re 进行比较。

1）若 $R\geqslant Re$，则方案在经济上可以考虑接受；

2）若 $R<Re$，则方案在经济上是不可行的。

（3）投资收益率的应用指标。根据分析目的不同，投资收益率又可分为总投资收益率（ROI）和资本金净利润率（ROE）。

1）总投资收益率（ROI）。表示项目总投资的盈利水平。

$$ROI=\frac{EBIT}{TI}\times 100\% \tag{13-30}$$

式中　$EBIT$——项目达到设计生产能力后正常年份的年息税前利润或运营期内年平均息税前利润；

TI——项目总投资。

总投资收益率高于同行业的收益率参考值，表明用总投资收益率表示的项目盈利能力满足要求。

2）资本金净利润率（ROE），表示项目资本金的盈利水平。

$$ROE=\frac{NP}{EC}\times 100\% \tag{13-31}$$

式中　NP——项目达到设计生产能力后正常年份的年净利润或运营期内年平均净利润。

EC——项目资本金。

资本金净利润率高于同行业的净利润率参考值，表明用项目资本金净利润率表示的项目盈利能力满足要求。

（4）投资收益率指标的优点与不足。投资收益率指标的经济意义明确、直观，计算简便，在一定程度上反映了投资效果的优劣，可适用于各种投资规模。但不足的是，没有考虑投资收益的时间因素，忽视了资金时间价值的重要性。指标计算的主观随意性太强，即正常生产年份的选择比较困难，具有不确定性和人为因素。因此，较少单独采用投资收益率指标作为主要的决策依据。

2. 投资回收期

投资回收期是反映投资方案实施以后回收初始并获取收益能力的重要指标，分为静态投资回收期和动态投资回收期。

(1) 静态投资回收期。静态投资回收期是在不考虑资金时间价值的条件下，以项目的净收益回收其全部投资所需要的时间。投资回收期可自项目建设年开始算起，也可自项目投产年开始算起，需予以注明。

1) 计算公式。自建设开始年算起，投资回收期 P（以年表示）计算公式

$$\sum_{t=0}^{P_t}(CI-CO)_t=0 \tag{13-32}$$

式中　P_t——静态投资回收期；

$(CI-CO)_t$——第 t 年净现金流量。

静态投资回收期可根据现金流量表计算，其具体计算可分以下两种情况：

a. 项目建成投产后各年的净收益（即净现金流量）均相同，则静态投资回收期的计算公式为

$$P_t=\frac{TI}{A} \tag{13-33}$$

式中　TI——项目总投资；

A——每年净收益，即 $A=(CI-CO)_t$。

b. 项目建成投产后各年的净收益不相同，则静态投资回收期可根据累计净现金流量求得（如图 13-7 所示），也就是在现金流量表中累计净现金流量由负值转向正值之间的年份。其计算公式为

$$P_t=(\text{累计净现金流量出现正值的年份数}-1)+\frac{\text{上一年累计净现金流量的绝对值}}{\text{出现正值年份的净现金流量}} \tag{13-34}$$

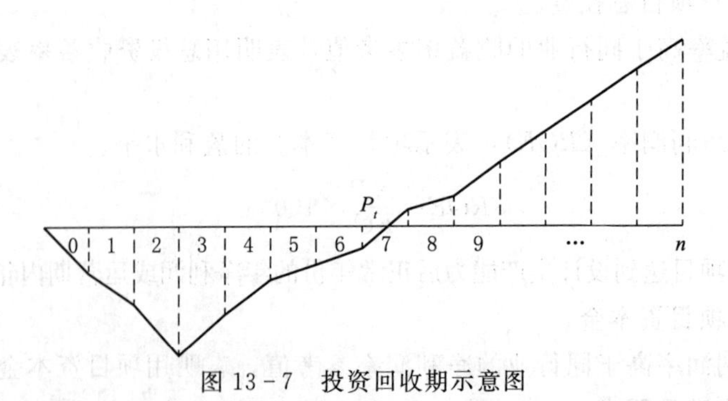

图 13-7　投资回收期示意图

2) 评价准则。将计算出的静态投资回收期（P_t）与所确定的基准投资回收期（P_c）进行比较：①若 $P_t \leqslant P_c$，表明项目投资能在规定的时间内收回，则项目（或方案）在经济上可以考虑接受；②若 $P_t > P_c$，则项目（或方案）在经济上是不可行的。

(2) 动态投资回收期。动态投资回收期是将投资方案各年的净现金流量按基准收

益率折成现值之后，再来推算投资回收期，这是它与静态投资回收期的根本区别。动态投资回收期就是投资方案累计现值等于零时的时间（年份）。

动态投资回收期的表达式为

$$\sum_{t=0}^{P'_t}(CI-CO)_t(1+i_e)^{-t}=0 \qquad (13-35)$$

式中　P'_t——动态投资回收期；

i_e——基准收益率。

在实际应用中，可根据项目现金流量表用下列近似公式计算

$$P'_t=(\text{累计净现金流量出现正值的年份数}-1)+\frac{\text{上一年累计净现金流量的绝对值}}{\text{出现正值年份的净现金流量}} \qquad (13-36)$$

按静态分析计算的投资回收期较短，决策者可能认为经济效果尚可。但若考虑资金时间价值，用折现法计算出的动态投资回收期，要比用传统方法计算出的静态投资回收期长些，该方案未必能被接受。

（3）投资回收期指标的优点和不足。投资回收期指标容易理解，计算也比较简便。项目投资回收期在一定程度上显示了资本的周转速度，资本周转速度越快，回收期越短，风险越小，盈利越多。适于分析技术上更新迅速的项目、资金相当短缺的项目、未来情况很难预测而投资者又特别关心资金补偿的项目。

但不足的是，投资回收期没有全面考虑投资方案整个计算期内的现金流量，即只间接考虑投资回收之前的效果，不能反映投资回收之后的情况，即无法准确衡量方案在整个计算期内的经济效果。

3. 偿债能力指标

（1）利息备付率。利息备付率（*ICR*）也称已获利息倍数，是指投资方案在借款偿还期内的息税前利润（*EBIT*）与当期应付利息（*PI*）的比值。利息备付率从付息资金来源的充裕性角度，反映投资方案偿付债务利息的保障程度。

1）计算公式

$$ICR=\frac{EBIT}{PI} \qquad (13-37)$$

式中　*EBIT*——息税前利润；

PI——计入总成本费用的应付利息。

2）评价准则。利息备付率应分年计算。利息备付率越高，表明利息偿付的保障程度越高。利息备付率应大于1，并结合债权人的要求确定。

（2）偿债备付率。偿债备付率（*DSCR*）是指投资方案在借款偿还期内各年可用于还本付息的资金（$EBITDA-T_{Ax}$）与当期应还本付息金额（*PD*）的比值。偿债备付率表示可用于还本付息的保障程度

1）计算公式

$$DSCR=\frac{EBITDA-T_{AX}}{PD} \qquad (13-38)$$

式中　*EBITDA*——息税前利润加折旧和摊销；

T_{AX}——企业所得税；

PD——应还本付息金额。包括还本金额和计入总成本费用的全部利息。融资租赁费用可视同借款偿还。运营期内的短期借款本息也应纳入计算。如果项目在运营期内有维持运营的投资，可用于还本付息的资金应扣除维持运营的投资。

2）评价准则。偿债备付率应分年计算。偿债备付率越高，表明可用于还本付息的资金保障越高。偿债备付率应大于1，并结合债权人的要求确定。

（3）资产负债率。资产负债率（$LOAR$）是指投资方案各期末负债总额（TL）与资产总额（TA）的比率。计算公式为

$$LOAR=\frac{TL}{TA}\times 100\% \tag{13-39}$$

式中　TL——期末负债总额；

TA——期末资产总额。

适度的资产负债率，表明企业经营安全、稳健，具有较强的筹资能力，也表明企业和债权人的风险较小。对该指标的分析，应结合国家宏观经济状况、行业发展前景、企业所处的竞争环境状况等具体条件确定。

4. 净现值

净现值（Net Present Value，NPV）是反映投资方案在计算期内获利能力的动态评价指标。投资方案的净现值是指用一个预定的基准收益率（或设定的折现率）I_c，分别将整个计算期内各年所发生的净现金流量，都折现到投资方案开始实施时的现值之和。

（1）计算公式

$$NPV=\sum_{i=0}^{n}(CI-CO)_t(1+I_c)^{-t} \tag{13-40}$$

式中　NPV——净现值；

$(CI-CO)_t$——第t年的净现金流量（应注意“+”“－”号）；

I_c——基准收益率；

n——投资方案计算期。

（2）评价准则。净现值是评价项目盈利能力的绝对指标。

1）当方案的$NPV\geqslant 0$时，说明该方案能满足基准收益率要求的盈利水平，在经济上是可行的。

2）当方案的$NPV<0$时，说明该方案不能满足基准收益率要求的盈利水平，在经济上是不可行的。

（3）净现值指标的优点与不足。净现值指标考虑了资金的时间价值，并全面考虑了项目在整个计算期内的经济状况，经济意义明确直观，能够直接以金额表示项目的盈利水平判断直观。

但不足之处是，净现值与基准收益率密切相关，基准收益率的确定往往比较困难。在互斥方案评价时，净现值须慎重考虑互斥方案的寿命，如果互斥方案寿命不

等，必须构造一个相同的分析期限，才能进行方案比选。净现值不能反映项目投资中单位投资的使用效率，不能直接说明在项目运营期各年的经营成果。

(4) 基准收益率 I_c 的确定。基准收益率也称基准折现率，是企业或行业投资者可接受的投资方案最低标准的动态收益水平。它表明投资决策者对项目资金时间价值的估价，是投资资金应当获得的最低盈利率水平，是评价和判断投资方案在经济上是否可行的依据。

基准收益率的确定一般以行业的平均收益率为基础，同时综合考虑资金成本、投资风险、通货膨胀以及资金限制等影响因素。对于政府投资项目，进行经济评价时使用的基准收益率是由国家组织测定，并发布的行业基准收益率。非政府投资项目可由投资者自行确定基准收益率。

确定基准收益率时应考虑以下因素：

1) 资金成本和机会成本 (i_1)。资金成本是为取得资金使用权所支付的费用。项目投资后所获利润额必须能补偿资金成本，有利可图。因此，基准收益率不应小于资金成本，否则便无利可图。投资的机会成本是指投资者将有限的资金，用于除拟建项目以外的其他投资机会所能获得的最好收益。显然，基准收益率应不低于单位资金成本和单位投资的机会成本，这样才能使资金得到最有效的利用。这一要求可用下式表达

$$I_c \geqslant i_1 = \max\{单位资金成本,单位投资机会成本\} \tag{13-41}$$

a. 当项目完全由企业自有资金投资时，可参考行业基准收益率。

b. 当项目投资由自有资金和贷款组成时，最低收益率不应低于行业基准收益率与贷款利率的加权平均收益率。如果有几种不同的贷款时，贷款利率应为加权平均贷款利率。

2) 投资风险 (i_2)。在项目计算期内，投资者要冒着一定风险进行决策。在确定基准收益率时，仅考虑资金成本、机会成本因素是不够的，还应考虑风险因素。通常，以一个适当的风险贴补率提高 I_c 值。即以一个较高的收益水平来补偿投资者所承担的风险，风险越大，贴补率越高。投资者为了减少对风险大、盈利低的项目投资，可以采取提高基准收益率的办法来进行投资方案的经济评价。

3) 通货膨胀 (i_3)。在通货膨胀影响下，各种材料、设备、房屋、土地的价格以及人工费都会上升。为反映和评价出拟建项目未来的真实经济效果，在确定基准收益率时，应考虑通货膨胀因素。若项目现金流量是按当年价格预测估算的，则应以年通货膨胀率 i_3，修正 i_c 值，若项目的现金流量是按基准年不变价格预测估算的，预测结果已排除通货膨胀因素的影响，不再重复考虑通货膨胀的影响。

综合以上分析，基准收益率的确定如下

a. 当按当年价格预测项目现金流量时，

$$i_c = (1+i_1)(1+i_2)(1+i_3) - 1 \approx i_1 + i_2 + i_3 \tag{13-42}$$

b. 当按不变价格预测项目现金流时，

$$i_c = (1+i_1)(1+i_2) - 1 \approx i_1 + i_2 \tag{13-43}$$

上述近似处理的条件是 i_1、i_2、i_3，均为小数。

资金成本和机会成本是确定基准收益率的基础，投资风险和通货膨胀是确定基准

收益率必须考虑的影响因素。

5. 净年值

净年值（Net Annual Value，NAV）又称等额年值、等额年金，是以一定的基准收益率将项目计算期内净现金流量等值换算而成的等额年值。净现值是将投资过程的现金流量换算为基准期的现值，而净年值则是将该现金流量换算为等额年值。由于同一现金流量的现值和等额年值是等价的（或等效的），因此，净现值法与净年值法在方案评价中能得出相同的结论。而在多方案评价时，特别是各方案的计算期不相同时，应用净年值比净现值更为方便。

（1）净年值的计算公式为

$$NAV=\left[\sum_{i=0}^{n}(CI-CO)_t(1+i_c)^{-t}\right](A/P,\ i_c,\ n) \tag{13-44}$$

或
$$NAV=NPV(A/P,i_c,n) \tag{13-45}$$

式中　$(A/P,i_c,n)$——资本回收系数。

（2）评价准则。由于 $(A/P,i_c,n)>0$，由式（13-44）可知，NPV 与 NAV 总是同为正或同为负，故 NAV 与 NPV 在评价同一个项目时的结论总是一致的，其评价准则是：①$NAV\geqslant 0$ 时，则投资方案在经济上可以接受；②$NAV<0$ 时，则投资方案在经济上应予拒绝。

6. 内部收益率

内部收益率（Internal Rate of Return，IRR）是使投资方案在计算期内各年净现金流量的现值累计等于零时的折现率。即在该折现率时，项目的现金流入现值和等于其现金流出的现值和。

内部收益率容易被人误解为是项目初期投资的收益率。事实上，内部收益率的经济含义是投资方案占用的尚未回收资金的获利能力，它分布在项目的整个计算期内。现举例说明如下。

【例 13-10】 某投资方案的现金流量见表 13-5，其内部收益率 $IRR=20\%$。未回收期投资在计算期内的恢复过程见表 13-6。

表 13-5　投资方案的现金流量表　　单位：万元

第 t 期末	0	1	2	3	4	5	6
现金流量 A_t	−1000	300	300	300	300	300	307

表 13-6　未回收投资在计算期内的恢复过程　　单位：万元

第 t 期末	0	1	2	3	4	5	6
现金流量 A_t	−1000	300	300	300	300	300	307
第 t 期末回收投资 F_{t-1}	—	−1000	−900	−780	−636	−463.20	−255.840
第 t 期末的利息 $i\times F_{t-1}$	—	−200	−180	−156	−127.2	−92.64	−51.168
第 t 期末未回收投资 F_t	−1000	−900	−780	−636	−463.2	−255.84	0

由此可见，项目的内部收益率是项目到计算期末正好将未收回的资金全部收回来的折现率，是项目对贷款利率的最大承担能力。

上述项目现金流量图如图 13-8 所示。可发现，在整个计算期内，未回收投资 F_t 始终为负，只有计算期末的未回收投资 $F_n=0$。

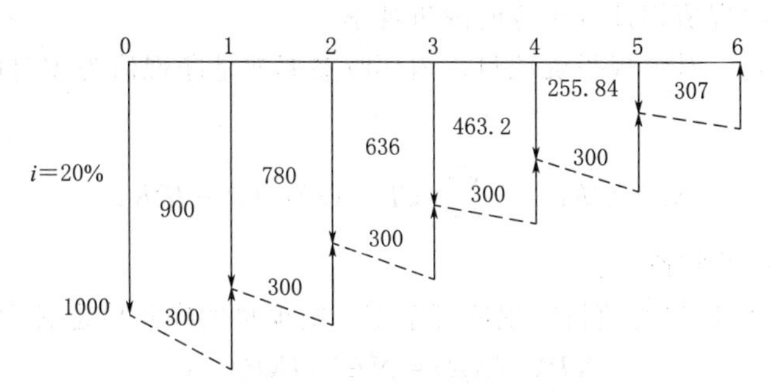

图 13-8　未回收投资现金流量示意图（单位：万元）

因此，可将内部收益率定义为在项目的整个计算期内，如果按利率 $i=i^*$ 计算，始终存在未回收投资，且仅在计算期终了时，投资才恰好被完全收回时，即

$$F_t(i^*)\leqslant 0 \quad (t=0,1,2,3,\cdots,n-1) \tag{13-46}$$

$$F_n(i^*)=0 \quad (t=n) \tag{13-47}$$

i^* 便是项目的内部收益率，内部收益率的经济含义是使未回收投资余额及其利息恰好在项目计算期末完全收回的一种利率，也是项目为其所占有资金（不含逐年已回收可作他用的资金）所提供的盈利率。

在项目计算期内，由于项目始终处于偿付“未被收回的”投资的状况，内部收益率指标正是项目占用的尚未回收资金的获利能力。它能反映项目自身的盈利能力，其值越高，方案的经济性越好。因此，在工程经济分析中，内部收益率是考察项目盈利能力的主要动态评价指标。

内部收益率不是初始投资在整个计算期内的盈利率，它不仅受项目初始投资规模的影响，而且受项目计算期内各年净收益大小的影响。

对具有常规现金流量的投资方案，其净现值的大小与折现年的高低有直接的关系。若已知某投资方案各年的净现金流量，则该方案的净现值就完全取决于所选用的折现率。即净现值是折现率的函数，其表达式如下

$$NPV(i)=\sum_{i=0}^{n}(CI-CO)_t(1+i_c)^{-t} \tag{13-48}$$

工程经济中常规投资项目的净现值函数曲线在 $-1<i<+\infty$，净现值是单调下降的，且递减率逐渐减小。即随着折现率的逐渐增大，净现值将由大变小，由正变负，NPV 与 i 之间的一般关系如图 13-9 所示。

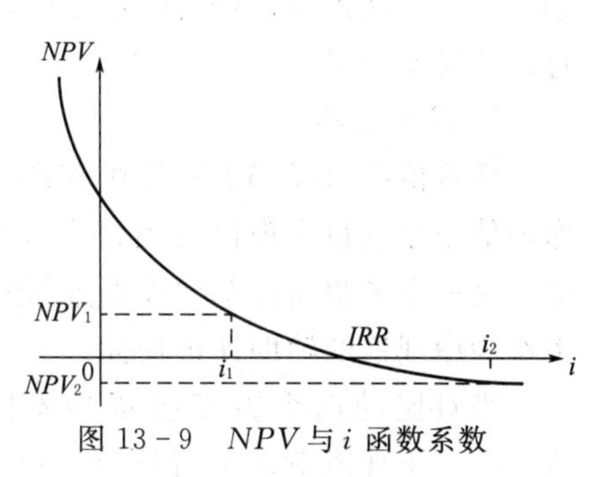

图 13-9　NPV 与 i 函数系数

按照净现值的评价准则，只要 $NPV(i)\geqslant 0$，方案或项目就可接受，但由于 $NPV(i)$ 是 i 的递减函数，故折现率定得越高，方案被接受的可能性就越小。显然，i 可以大到使 $NPV(i)=0$，这时 $NPV(i)$ 曲线与横轴相交，i 达到了其临界值 i^*。内部收益率 IRR 是净现值评价准则的一个分水岭，其实质就是使投资方案在计算期内各年净现金流量的现值累计等于零时的折现率。

（1）计算公式。对常规投资项目，内部收益率就是净现值为零时的收益率，其数学表达式为

$$NPV(IRR)=\sum_{i=0}^{n}(CI-CO)_t(1+IRR)^{-t} \tag{13-49}$$

式中　IRR——内部收益率。

资源 13.4

由于 IRR 值可达到的项目净现值等于零，则项目的净年值也必为零。故有

$$NPV(IRR)=NAV(IRR)=0 \tag{13-50}$$

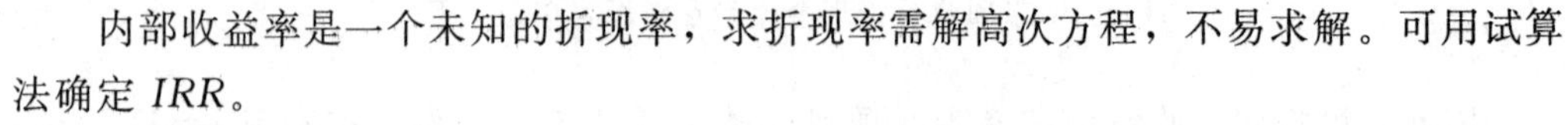

内部收益率是一个未知的折现率，求折现率需解高次方程，不易求解。可用试算法确定 IRR。

采用线性内插法计算 IRR，适用于具有常规现金流量的投资方案。而对于具有非常规现金流量的方案，由于其内部收益率的存在可能不唯一，不适用内插法。

（2）评价准则。求得内部收益率后，与基准收益率 i_c，进行比较：①若 $IRR\geqslant i_c$，则投资方案在经济上可以接受；②若 $IRR<i_c$，则投资方案在经济上应予拒绝。

（3）内部收益率指标的优点和不足。内部收益率指标考虑了资金的时间价值，以及项目在整个计算期内的经济状况，能够直接衡量项目未回收投资的收益率。不足是内部收益率计算需要大量的与投资项目有关的数据，计算比较麻烦。

（4）IRR 与 NPV 的比较。根据内部收益率原理，从图 13－9 净现值函数曲线可知：

1）当 $IRR>i_1$（基准收益率）时，方案可以接受；从图可见，i_1 对应的 $NPV(i_1)>0$，方案也可以接受。

2）当 $IRR<I_2$（基准收益率）时，方案不能接受；I_2 对应的 $NPV(I_2)<0$，方案也不能接受。

综上，用 NPV、IRR 均可对独立方案进行评价，且结论是一致的。NPV 法计算简便，但得不出投资过程收益程度，且受外部参数（I_c）的影响，IRR 法计算较复杂，但能反映投资过程的收益程度，IRR 的大小不受外部参数影响，完全取决于投资过程的现金流量。

7. 净现值率

净现值率（$NPVR$）是在 NPV 的基础上发展起来的，可作为 NPV 的一种补充。净现值率是项目净现值与项目全部投资现值之比，是单位投资现值所能带来的净现值，是一个考察项目单位投资盈利能力的指标。为考虑投资的利用效率，常用净现值率作为净现值的辅助评价指标。

当对比的两个方案投资额不同时，用净现值的相对指标（单位投资的净现值）——净现值率来进行评价，更为客观。如果仅以各方案的 NPV 大小来选择方

案，由于净现值只表明盈利总额，不能说明投资的利用效果，单纯以净现值最大作为方案选优的标准，往往导致评价人趋向于选择投资大、盈利多的方案，而忽视盈利额较多，但投资更少、经济效果更好的方案。此时可采用净现值率进行评价更为直观。

（1）计算公式。净现值率（$NPVR$）计算公式如下

$$NPVR=\frac{NPV}{I_{P}} \tag{13-51}$$

$$I_{P}=\sum_{t=0}^{m}I_{t}(P/F,i_{c},t) \tag{13-52}$$

式中　I_{p}——投资现值；

I_{t}——第 t 年投资额；

m——建设期年数。

（2）评价准则。若 $NPV \geqslant 0$，说明投资方案在经济上可接受。若 $NPVR<0$，说明投资方案在经济上不可行。

资源 13.5

第三节　不确定性分析与风险分析

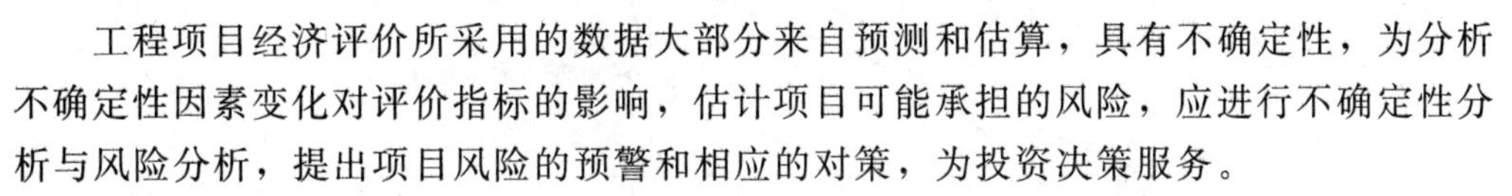

工程项目经济评价所采用的数据大部分来自预测和估算，具有不确定性，为分析不确定性因素变化对评价指标的影响，估计项目可能承担的风险，应进行不确定性分析与风险分析，提出项目风险的预警和相应的对策，为投资决策服务。

不确定性分析包括盈亏平衡分析和敏感性分析。风险分析应采用定性与定量相结合的方法，分析风险因素发生的可能性及给项目带来经济损失的程度。盈亏平衡分析只适用于财务评价，敏感性分析和风险分析可同时用于财务评价和国民经济评价。

一、盈亏平衡分析

盈亏平衡分析系指通过计算项目达产年的盈亏平衡点（Break - even Point. BEP），分析项目成本与收入的平衡关系，判断项目对产出品数量、销售价格、成本等变化的适应能力和抗风险能力，为投资决策提供科学依据。

1. 基本的损益方程式

根据成本总额对产品数量的依存关系，全部成本可分解成固定成本和变动成本两部分，考虑收入和利润。成本、产量和利润的关系可统一于一个数学模型（也称为量本利模型）。其表达形式为

$$\left.\begin{array}{l}\text{利润}=\text{销售收入}-\text{总成本}-\text{销售税金}\\ \text{销售税金}=\text{单位产品销售税金及附加}\times\text{销售量}\end{array}\right\} \tag{13-53}$$

假设产量等于销售量，并且项目的销售收入与总成本均是产量的线性函数

$$\text{销售收入}=\text{单位售价}\times\text{销量} \tag{13-54}$$

$$\text{总成本}=\text{变动成本}+\text{固定成本}=\text{单位变动成本}\times\text{产量}+\text{固定成本} \tag{13-55}$$

则利润的表达式如下

$$B=pQ-C_{v}Q-C_{F}-tQ \tag{13-56}$$

式中　B——利润；

p——单位产品售价；

Q——销售量或生产量；

t——单位产品销售税金及附加；

C_v——单位产品变动成本；

C_F——固定成本。

式中明确表达了产销量、成本、利润之间的数量关系，是基本的损益方程式。它含有相互联系的6个变量，给定其中5个，便可求出另一个变量的值。

由于单位产品的销售税金及附加是随产品的销售单价变化而变化的，为了便于分析，将销售收入与销售税金及附加合并考虑，即可将产销量、成本、利润的关系反映在直角坐标系中，成为基本的量本利图，如图13-10所示。

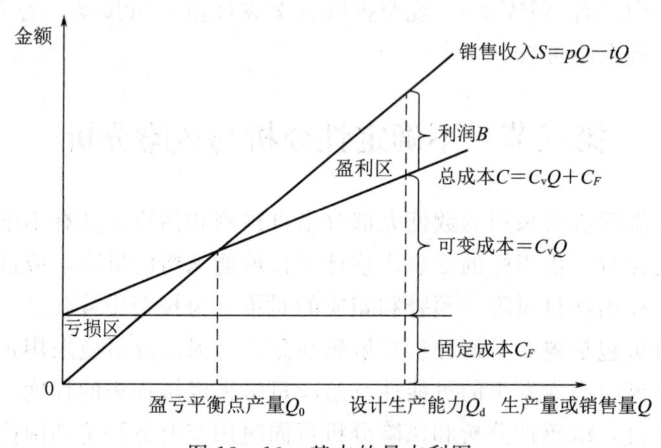

图13-10　基本的量本利图

2. 盈亏平衡分析方法

图13-10为盈亏平衡图。销售收入线与总成本线的交点是盈亏平衡点，表明项目在此产销量下，总收入扣除销售税金及附加后与总成本相等，既没有利润，也不发生亏损。在此基础上，增加销售量，销售收入超过总成本，收入线与成本线之间的距离为利润值，形成盈利区。反之，形成亏损区。

根据生产成本、销售收入与产销量之间是否呈线性关系，盈亏平衡分析又可进一步分为线性盈亏平衡分析和非线性盈亏平衡分析。

线性盈亏平衡分析的前提条件是生产量等于销售量。生产量变化，单位成本不变，从而使总生产成本成为生产量的线性函数。生产量变化，销售单价不变，从而使销售收入成为销售量的线性函数。

盈亏平衡点的表达形式：项目盈亏平衡点（BEP）的表达形式有多种。可以用实物产销量、年销售额、单位产品售价、单位产品的可变成本以及年固定总成本的绝对量表示，也可以用某些相对值表示，例如生产能力利用率等。其中，以产量和生产能力利用率表示的盈亏平衡点应用最为广泛。

（1）用产量表示的盈亏平衡点$BEP(Q)$。令基本损益方程式中的利润B-O，此

时的产量 Q 即为盈亏临界点产销量。即

$$BEP(Q)=\frac{年固定总成本}{单位产品销售价格-单位产品可变成本-单位产品销售税金及附加} \tag{13-57}$$

(2) 用生产能力利用率表示的盈亏平衡点 BEP (%)。是指盈亏平衡点产销量占项目正常产量的比重。正常产量，是指达到设计生产能力的产销数量，也可以用销售金额来表示。生产能力利用率的计算式如下

$$BEP(\%)=\frac{盈亏平衡点销售量}{正常产销量}\times 100\% \tag{13-58}$$

进行项目评价时，生产能力利用率表示的盈亏平衡点，根据正常年份的产品产销量、变动成本、固定成本、产品价格和销售税金及附加等数据来计算。即

$$BEP(\%)=\frac{年固定总成本}{年销售收入-年可变成本-年销售税金及附加}\times 100\% \tag{13-59}$$

式 (13-57) 与式 (13-59) 之间的换算关系为

$$BEP(Q)=BEP(\%)\times 设计生产能力 \tag{13-60}$$

盈亏平衡点应按项目的正常年份计算，不能按计算期内的平均值计算。

(3) 用年销售额表示的盈亏平衡点 $BEP(S)$。大部分项目均会产销多种产品。多品种项目可使用年销售额来表示盈亏临界点。

$$BEP(S)=\frac{单位产品销售价格\times 年固定总成本}{单位产品销售价格-单位产品可变成本-单位产品销售税金及附加}\times 100\% \tag{13-61}$$

(4) 用销售单价表示的盈亏平衡点 $BEP(p)$。如果按设计生产能力进行生产和销售，BEP 还可由盈亏平衡点价格 $BEP(p)$ 来表达，即

$$BEP(p)=\frac{年固定总成本}{设计生产能力}+单位产品可变成本+单位产品销售税金及附加 \tag{13-62}$$

【例 13-11】 某项目设计生产能力为年产 50 万件产品，根据资料分析，估计单位产品价格为 100 元，单位产品可变成本为 80 元，固定成本为 300 万元，试用产量、生产能力利用率、销售额、单位产品价格分别表示项目的盈亏平衡点。已知该产品销售税金及附加的合并税率为 5%。

解： (1) 计算 $BEP(Q)$，由式 (13-57) 计算得

$$BEP(Q)=\frac{300\times 10000}{100-80-100\times 5\%}=200000(件)$$

(2) 计算 $BEP(\%)$，由式 (13-59) 计算得

$$BEP(\%)=\frac{300}{(100-80-100\times 5\%)\times 50}\times 100\%=40\%$$

(3) 计算 $BSP(S)$，由式 (13-61) 计算得

$$BEP(S)=\frac{100\times 300}{100-80-100\times 5\%}=2000(万元)$$

（4）计算 $BEP(p)$，由式（13－62）计算得

$$BEP(p)=\frac{300}{50}+80+EPE(p)\times5\%=86+BEP(p)\times5\%$$

$$BEP(p)=\frac{86}{1-5\%}=90.53(\text{元})$$

盈亏平衡点反映了项目对市场变化的适应能力和抗风险能力。盈亏平衡点越低，达到此点的盈亏平衡产量和收益或成本也就越少，项目投产后盈利的可能性越大，适应市场变化的能力越强，抗风险能力也越强。

线性盈亏平衡分析方法在应用中的局限性表现为：实际的生产经营过程中，收益和支出与产品产销量之间的关系往往是呈现非线性的关系，而非假设的线性关系。例如，当项目的产销量在市场中占有较大份额时，其产销量的高低可能会明显影响市场的供求关系，从而使得市场价格发生变化。再如，根据报酬递减规律，变动成本随着生产规模的扩大而可能与产量呈非线性的关系，在生产中还有一些辅助性的生产费用（通常称为半变动成本）随着产量的变化而呈曲线分布，这时就需要用到非线性盈亏平衡分析方法。

盈亏平衡分析虽能度量项目风险的大小，但不能揭示产生项目风险的根源。虽然通过降低盈亏平衡点就可以降低项目的风险，提高项目的安全性；通过降低成本可以降低盈亏平衡点，但如何降低成本，应该采取哪些可行的方法或通过哪些有效的途径来达到该目的，盈亏平衡分析并没有给出答案，还需采用其他方法实现该目的。

二、敏感性分析

敏感性分析指通过分析不确定性因素发生增减变化时，对财务或经济评价指标的影响，并计算敏感度系数和临界点，找出敏感因素，确定评价指标对该因素的敏感程度和项目对其变化的承受能力。

敏感性分析有单因素敏感性分析和多因素敏感性分析两种。单因素敏感性分析是对单一不确定因素变化的影响进行分析，即假设各不确定性因素之间相互独立，每次只考察一个因素，其他因素保持不变，只分析这个可变因素对经济评价指标的影响程度和敏感程度。多因素敏感性分析是当两个或两个以上互相独立的不确定因素同时变化时，分析这些变化的因素对经济评价指标的影响程度和敏感程度。

单因素敏感性分析是敏感性分析的基本方法，常计算敏感度系数和临界点：

（1）敏感度系数（S_{AF}）。系指项目评价指标变化率与不确定性因素变化率之比，可按下式计算

$$S_{AF}=\frac{\Delta A/A}{\Delta F/F} \tag{13-63}$$

式中　$\Delta F/F$——不确定性因素 F 的变化率；

$\Delta A/A$——不确定性因素 F 发生 ΔF 变化时，评价指标 A 的相应变化率。

（2）临界点（转换值）。指不确定性因素的变化使项目由可行变为不可行的临界数值，一般采用不确定性因素相对基本方案的变化率或其对应的具体数值表示。临界点可通过敏感性分析图得到近似值，也可采用试算法求解敏感性分析的计算结果，可

采用敏感性分析表和敏感性分析图表示。

【例 13-12】 某投资方案设计年生产能力为 10 万台，计划项目投产时总投资为 1200 万元，其中建设投资为 1150 万元，流动资金为 50 万元；预计产品价格为 39 元/台；销售税金及附加为销售收入的 10%；年经营成本为 140 万元；方案寿命期为 10 年；到期时预计固定资产余值为 30 万元，基准折现率为 10%。试就投资额、单位产品价格、经营成本这三个影响因素对该投资方案进行敏感性分析。

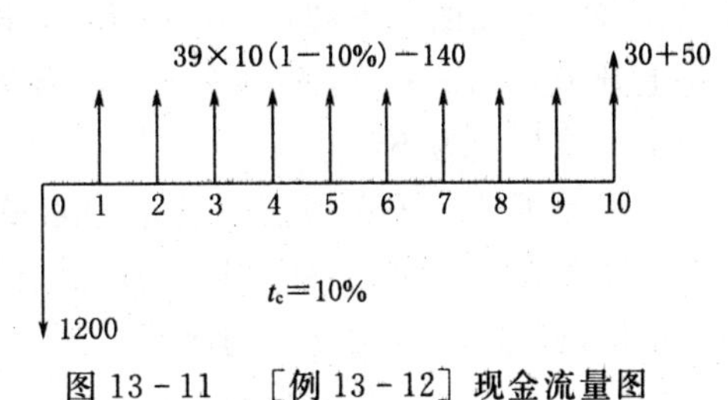

图 13-11　[例 13-12] 现金流量图

解：(1) 绘制的现金流量图如图 13-11 所示。

(2) 选择净现值为敏感性分析的对象，根据净现值的计算公式，可计算出项目在初始条件下的净现值。

$$NPV=-1200+[39\times10\times(1-10\%)-140]\times(P/A,10\%,10)+80\times(P/F,10\%,10)=127.35(\text{万元})$$

由于 $NPV>0$，该项目是可行的。

(3) 对项目进行敏感性分析。取定三个因素：投资额、产品价格和经营成本，然后令其逐一在初始值的基础上按±10%、±20%的变化幅度变动。分别计算相对应的净现值的变化情况，得出的结果见表 13-7 及图 13-12 所示。

表 13-7　　单因素敏感性分析表

项目＼变化幅度	−20%	−10%	0	+10%	+20%	平均+1%	平均−1%
投资额	367.475 万元	247.475 万元	127.35 万元	7.475 万元	−112.525 万元	−9.414%	+9.414%
产品价格	−303.904 万元	−88.215 万元	127.35 万元	343.165 万元	558.854 万元	+16.92%	−16.92%
经营成本	299.535 万元	213.505 万元	127.35 万元	41.445 万元	−44.585 万元	−6.749%	+6.749%

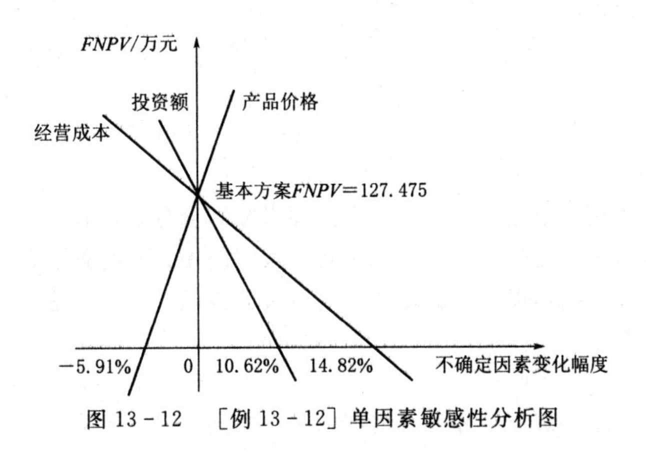

图 13-12　[例 13-12] 单因素敏感性分析图

由表13-7和图13-12可以看出，在各个变量因素变化率相同的情况下，产品价格每下降1%，净现值下降16.92%，且产品价格下降幅度超过5.91%时，净现值将由正变负，项目由可行变为不可行；投资额每增加1%，净现值将下降9.414%，当投资额增加的幅度超过10.62%时，净现值由正变负，项目变为不可行；经营成本每上升1%，净现值下降6.749%，当经营成本上升幅度超过14.82%时，净现值由正变负，项目变为不可行。

由此可见，按净现值对各个因素的敏感程度来排序，依次是：产品价格、投资额、经营成本，最敏感的因素是产品价格。因此，从方案决策的角度来讲，应该对产品价格进行进一步更准确的测算。因为从项目风险的角度来讲，如果未来产品价格发生变化的可能性较大，则意味着这一投资项目的风险性亦较大。

敏感性分析是工程项目经济评价时经常用到的一种方法，在一定程度上定量描述了不确定因素的变动对项目投资效果的影响，有助于搞清项目对不确定因素的不利变动所能容许的风险程度，有助于鉴别敏感因素，从而能够及早排除那些无足轻重的变动因素，将进一步深入调查研究的重点集中在敏感因素上，或者针对敏感因素制定出管理和应变对策，以达到尽量减少风险、增加决策可靠性的目的。但敏感性分析也有其局限性，它不能说明不确定因素发生变动的情况的可能性大小，也就是没有考虑不确定因素在未来发生变动的概率，而这种概率是与项目的风险大小密切相关的。

三、风险分析

影响项目实现预期经济目标的风险因素来源于法律法规及政策、市场供需、资源开发与利用、技术可靠性、工程方案、融资方案、组织管理、环境与社会、外部配套条件等多个方面。

1. 风险因素

影响项目效益的风险因素可归纳为以下几个方面。

（1）项目收益风险：产出品的数量（服务量）与预测（财务与经济）价格。

（2）建设风险：建筑安装工程量、设备选型与数量、土地征用和拆迁安置费、人工材料价格、机械使用费及取费标准等。

（3）融资风险：资金来源、供应量与供应时间等。

（4）建设工期风险：工期延长。

（5）运营成本费用风险：投入的各种原料、材料、燃料、动力的需求量与预测价格、劳动力工资、各种管理费取费标准等。

（6）政策风险：税率、利率、汇率及通货膨胀率等。

2. 风险识别

风险识别应采用系统论的观点对项目全面考察综合分析，找出潜在的各种风险因素，并对各种风险进行比较、分类，确定各因素间的相关性与独立性，判断其发生的可能性及对项目的影响程度，按其重要性进行排队或赋予权重。敏感性分析是初步识别风险因素的重要手段。

3. 风险估计

风险估计应采用主观概率和客观概率的统计方法，确定风险因素的概率分布，运用数理统计分析方法，计算项目评价指标相应的概率分布或累计概率、期望值、标准差。

4．风险评价

风险评价应根据风险识别和风险估计的结果，依据项目风险判别标准，找出影响项目成败的关键风险因素。项目风险大小的评价标准应根据风险因素发生的可能性及其造成的损失来确定，一般采用评价指标的概率分布或累计概率、期望值、标准差作为判别标准，也可采用综合风险等级作为判别标准。具体操作应符合下列规定：

1）以评价指标作判别标准：①财务（经济）内部收益率大于或等于基准收益率的累计概率值越大，风险越小；标准差越小，风险越小；②财务（经济）净现值大于或等于零的累计概率值越大，风险越小；标准差越小，风险越小。

2）以综合风险等级作判别标准。根据风险因素发生的可能性及其造成损失的程度，建立综合风险等级的矩阵，将综合风险分为K级、M级、T级、R级、I级，见表13-8。

表13-8　综合等级分类表

综合风险等级		风险影响的程度			
		严重	较大	适度	轻微
风险的可能性	高	K	M	R	R
	较高	M	M	R	R
	适度	T	T	R	I
	低	T	T	R	I

5．风险管理（风险策略、风险应对）

根据风险评价的结果，研究规避、控制与防范风险的措施，为项目全过程风险管理提供依据。决策阶段风险管理的主要措施包括：①强调多方案比选；②对潜在风险因素提出必要研究与试验课题；③对投资估算与财务（经济）分析，应留有充分的余地。

对建设或生产经营期的潜在风险可建议采取回避、转移、分担和自担措施。结合综合风险因素等级的分析结果，应提出下列应对方案：

K级：风险很强，出现这类风险就要放弃项目M级：风险强，修正拟议中的方案，通过改变设计或采取补偿措施等；

T级：风险较强，设定某些指标的临界值，指标一旦达到临界值，就要变更设计或对负面影响采取补偿措施；

R级：风险适度（较小），适当采取措施后不影响项目；

I级：风险弱，可忽略。

参 考 文 献

[1] 张毅．工程项目建设程序［M］．北京：中国建筑工业出版社，2018.

[2] 吴佐民．中国工程造价管理体系［M］．北京：中国建筑工业出版社，2014.

[3] 化学工业部人事教育司，化学工业部教育培训中心．三废处理与环境保护［M］．北京：化学工业出版社，1997.

[4] 住房和城乡建设部建筑市场监督司．中国建筑业改革与发展研究报告［M］．北京：中国建筑工业出版社，2018.

[5] 乐云，等．工程项目前期策划［M］．北京：中国建筑工业出版社，2011.

[6] 李永福，杨宏民，吴玉珊．建设项目全过程造价跟踪审计［M］．北京：中国电力出版社，2016.

[7] 曹小琳，景星荣．建筑工程定额原理与概预算［M］．北京：中国建筑工业出版社，2015.

[8] 陈金海，陈曼文，杨远哲，等．建设项目全过程工程咨询指南［M］．北京：中国建筑工业出版社，2018.

[9] 杨明宇，王辉，徐希萍．全过程工程咨询概论［M］．郑州：郑州大学出版社，2018.

[10] 水利部水利建设经济定额站．水利工程设计概（估）算编制规定［Z］．北京：中国水利水电出版社，2015.

[11] 中华人民共和国水利部．水利水电工程量清单计价规范［S］．北京：中国计划出版社，2007.

[12] 中华人民共和国住房和城乡建设部．建设工程工程量清单计价规范［S］．北京：中国计划出版社，2013.

[13] 全国造价工程师职业资格考试培训教材编审委员会．建设工程造价管理（全国造价工程师执业资格考试培训教材）［M］．北京：中国计划出版社，2017.

[14] 全国造价工程师职业资格考试培训教材编审委员会．建设工程计价（全国造价工程师执业资格考试培训教材）［M］．北京：中国计划出版社，2017.

[15] 方国华，朱成立，等．水利水电工程概预算［M］．郑州：黄河水利出版社，2008.

[16] 水利部建设与管理司，中国水利工程协会．水利工程造价人员知识读本［M］．郑州：河南地质彩色印刷厂，2011.

[17] 中国水利工程协会．水利工程造价人员培训教程［M］．北京：中国计划出版社，2011.

[18] 中国水利学会水利工程造价管理专业委员会．水利工程造价（上、下册）［M］．北京：中国计划出版社，2002.

[19] 刘全义，赵晓冬．建筑工程定额与预算［M］．北京：清华大学出版社，2016.

[20] 水电水利规划设计总院可再生能源定额站．水利工程造价指南基础卷［M］．2版．北京：中国水利水电出版社，2010.

[21] 水电水利规划设计总院可再生能源定额站．水利工程造价指南专业卷［M］．2版．北京：中国水利水电出版社，2010.

[22] 陶学明．建设工程计价基础与定额原理［M］．北京：机械工业出版社，2016.

[23] 黄伟典．工程定额原理［M］．2版．北京：中国电力出版社，2008.

[24] 中华人民共和国住房和城乡建设部．建设工程施工仪器仪表台班费用编制规则（增值税版）［S］．北京：中国计划出版社，2016.

[25] 中华人民共和国住房和城乡建设部．建设工程施工机械台班费用编制规则［S］．北京：中国计划出版社，2015.
[26] 英鹏程，欧长贵，贾汇松．工程建设定额原理与实务［M］．北京：航空工业出版社，2016.
[27] 周华庆，焦莉．公路工程定额编制与运用［M］．北京：中国建筑工业出版社，2012.